改性纳米碳纤维材料制备
及在环境污染治理中的应用

宋辛 著

北 京
冶 金 工 业 出 版 社
2020

内 容 提 要

本书介绍了常用改性纳米碳纤维材料的制备方法和流程，改性纳米碳纤维材料制备过程中多因素的影响及控制方法，并结合实例介绍了改性纳米碳纤维材料在环境污染治理中的应用，此外，还对改性纳米碳纤维材料的发展及应用前景进行了展望。

本书可供化学工程、环境工程、材料工程等方面的科研和工程技术人员阅读，也可供大专院校相关专业的师生参考。

图书在版编目(CIP)数据

改性纳米碳纤维材料制备及在环境污染治理中的应用/宋辛著.
—北京：冶金工业出版社，2020.3（2020.11 重印）
ISBN 978-7-5024-8444-6

Ⅰ.①改…　Ⅱ.①宋…　Ⅲ.①改性—纳米材料—碳纤维—材料制备—研究　②改性—纳米材料—碳纤维—应用—环境污染—污染防治—研究　Ⅳ.①TB383　②X505

中国版本图书馆 CIP 数据核字(2020)第 025854 号

出 版 人　苏长永
地　　址　北京市东城区嵩祝院北巷 39 号　邮编　100009　电话　(010)64027926
网　　址　www. cnmip. com. cn　电子信箱　yjcbs@ cnmip. com. cn
责任编辑　郭冬艳　美术编辑　吕欣童　版式设计　禹　蕊
责任校对　卿文春　责任印制　李玉山
ISBN 978-7-5024-8444-6
冶金工业出版社出版发行；各地新华书店经销；北京中恒海德彩色印刷有限公司印刷
2020 年 3 月第 1 版，2020 年 11 月第 2 次印刷
169mm×239mm；17.5 印张；338 千字；267 页
69.00 元
冶金工业出版社　投稿电话　(010)64027932　投稿信箱　tougao@cnmip. com. cn
冶金工业出版社营销中心　电话　(010)64044283　传真　(010)64027893
冶金工业出版社天猫旗舰店　yjgycbs. tmall. com
(本书如有印装质量问题，本社营销中心负责退换)

前　言

随着工业技术的不断发展，生产过程中产生的环境污染物越来越多，给全球生态平衡带来了巨大的破坏，并危及人类的生存。如何对环境污染物进行综合防治，已成为当今社会最突出的问题之一，引起世界各国政府的高度重视。近年来，由于纤维状结构的材料具有高可塑性和延展性，受到越来越多研究者的关注。纳米碳纤维是直径为 50~200nm，长径比为 100~500 的新型碳材料。它可填补常规碳纤维和单壁碳纳米管及多壁碳纳米管尺寸上的缺口，具有较高的强度、模量、长径比、热稳定性、化学活性、导电性等特点；另外，纳米碳纤维在成本和产量上与碳纳米管相比都具有绝对的优势。因此，其在环境污染消除、催化剂制备等方面都表现出潜在的应用前景。

本书介绍了改性纳米碳纤维材料制备过程常用的制备方法，包括气相生长法、等离子体增强化学气相沉淀法、静电纺丝法、水热合成法等；对制备过程中所涉及的各项参数，做了详细的分析和总结。此外还以实例说明改性纳米碳纤维材料在环境污染治理中的重要性，例如气态污染物的脱除、废水中有机物及重金属的脱除等。不仅使读者对改性纳米碳纤维材料的制备及应用有了充分的认识，还为未来我国在纳米碳纤维材料的发展和环境污染治理中的应用提供理论基础。

全书共分为 10 章。第 1 章论述了纳米碳纤维材料的来源及特点、应用现状；第 2 章论述了改性纳米碳纤维材料的常用制备方法及处理设备；第 3 章介绍了改性纳米碳纤维材料的特性表征方法；第 4 章详述了改性纳米碳纤维材料在脱除有机砷中的应用；第 5 章详述了改性纳米碳纤维材料在脱除甲苯中的应用；第 6 章详述了改性纳米碳纤维材料在脱除 NO_x 中的应用；第 7 章详述了改性纳米碳纤维材料在脱除有机污染物中的应用；第 8 章详述了改性纳米碳纤维材料在脱除 SO_2 中的应用；第 9 章详述了改性纳米碳纤维材料在脱除水中重金属离子中的应用；第 10 章详述了改性纳米碳纤维材料在脱除气态汞中的应用。

　　本书可为研究改性纳米碳纤维材料在环境污染治理应用的科研人员、从事环境污染治理的工作人员提供参考，也可供从事环境工程和材料工程的相关科研设计单位、咨询单位参考，并可作为大专院校相关专业师生的教学参考书。

　　在本书的编写过程中，许多院校、研究单位和相关的专家教授都给予了大力支持和帮助，在此致以衷心的感谢！

　　由于编者水平所限，书中不妥之处，望广大读者批评指正。

编　者

2019 年 12 月

目　录

1 绪 论

1.1 纳米碳纤维材料概述

1.1.1 纳米碳纤维的来源

纳米碳纤维（Carbon nanofiber，CNF）是一种具有细微结构并且呈纤维状的纳米碳材料。纳米碳纤维与纳米碳管在催化热解制备模式上进行对比，两者有着相似之处，但在微结构上又表现出较为显著的差异：对于单壁或多壁的纳米碳管，其石墨层与其内管轴线平行；而对于纳米碳纤维，其石墨层与其内管轴线形成一定角度。或者说，碳纳米纤维内部近似实心结构，单壁碳纳米管才是名副其实的碳纳米管。多壁碳纳米管由于其层数会随其直径的增大而增多，导致碳管晶化程度变差，因此很难与纳米碳纤维区分开来。所以到目前为止，人们对碳纳米纤维的释义暂时没有过于严格的规定。既然被定义为高性能纤维，碳纤维固然本身具备碳材料的固有特性，也具备纺织纤维常用的可加工性，目前理所当然成为先进复合材料重要的增强材料。碳纤维产业涉及发达国家支柱产业的升级甚至关乎国民经济整体素质的提高，担任着非常重要的角色，可为我国产业结构调整提供支撑，在促进传统材料更新换代方面也起着决定性的作用，对军事工业和国民经济发展上更是有不可估量的影响。

19 世纪末，研究者在催化烃类裂解与 CO 的歧化反应时，发现催化剂表面生成了极微小的纤维状物质，这是最早有关纳米碳纤维的报道。在 20 世纪 70 ~ 80 年代，Anderson 采用聚丙烯腈（PAN）与石油沥青混合制备的碳纤维，可以与其他材料复合，合成的材料具有优良的性质。自此，日本、苏联、美国与法国的研究人员开始研究如何从碳氨化合物直接气相生长制备尺寸较小且廉价的碳纤维。Endo 在 1988 年对气相生长碳纤维的生长方法与得到的碳纤维形貌进行了相关的综述。

在 20 世纪 80 年代，当其他课题组仍在发展商业化的可见的大尺寸的碳纤维时，Hyperion 组开始研究纳米尺寸的纤维。通过表征，他发现这种纳米纤维尺寸相对较长，并缠绕在一起，呈圆筒状的形态（现在被称为多壁碳纳米管）。据此，他们申请了一系列相关专利，并开发了大规模生产的能力，但 Hyperion 和其客户发表的相关研究成果很少。1991 年，Applied Sciences 与通用公司研发部门合作，共同开发气相生长的 CNF 方法，并将生产的 CNF 推向市场。通过表征发现这些 CNF 具有典型的叠杯形貌，且具有不同的厚度与比表面积，其生产成本在 200 美元/公斤左右。因为其相对较低的价格，与较大的生产能力，很多课题组都开始对 CNF 进行研究，并取得了大量的研究成果。日本科学家 Endo 与其合作者对 CNF 进行的研究，对叠杯形的 CNF 有了更加深入的认识。日本企业如住友、三井、昭和电工，和 Nikkiso 合作开发了 CNF 相关的生产工艺，具备了相当大的生产规模，并推出一系列产品。一些渗入 CNF 制备的复合材料的论文也公开发表在相关的文献中，如 CNF 应用于锂离子电池的研究。CNF 具有较小的尺寸、较大的比表面积与较高的力学性质，使其可以渗入材料增强材料的力学性能。为了充分利用 CNF 潜在的性质以进一步提高复合材料的力学性能，还需研究一些关键问题。这些问题主要可以分为下四点：

(1) CNF 的生长与其微观结构。

(2) 合成的 CNF 的力学性质。

(3) CNF 与其他材料复合制备纳米复合物。

(4) CNF 改性材料的制备与性能。

目前碳纳米纤维研究主要着眼于以下几方面。

1.1.1.1　木质素基碳纤维

1959 年日本学者近藤昭男首先利用聚丙烯腈制造碳纤维，随后又相继出现以沥青、黏胶纤维为基体的碳纤维产品，传统的石化原料就一直作为碳纤维的主要原材料。然而，由于它们的不可再生性以及复杂的生产工艺，驱使研究者们去寻找可再生及低成本的原料来生产碳材料。木质素基于上述的优点成为一种极具潜力的原材料。因此，以木质素为原料制备碳纤维不仅拓宽了它的高值化利用范围，同时为碳纤维原料的来源提供了新的思路，还可以减少化石资源的使用及其带来的环境污染问题，具有良好的社会和经济效应。

对于木质素基碳纤维最早的研究始于 1969 年，由 Otani 等利用制浆中的木质素磺酸盐和碱木素通过熔融纺丝和干法纺丝成功制备出了木质素基碳纤维。但由于当时条件下的木质素纯度不高且在碳化过程中热稳定性较差，性能无法与聚丙烯腈基碳纤维相比，因此对这一领域研究随之消失。

随着造纸行业迅速发展，木质素种类及纯度越来越高，木质素基碳纤维再次迎来发展热潮。Sudo 等利用蒸汽爆破法制备得到白桦木质素，而后在减压条件下氢解裂解，再在 300~350℃ 对木质素进行热熔化改性得到用于熔融纺丝的黏稠性物质。通过热熔融纺丝技术以 100m/min 的速度获得纤维。将得到的纤维在空气氛围中以 1~2℃/min 的速度升温至 210℃ 进行预氧化，然后以 5℃/min 的速度在 N_2 氛围下升温至 1000℃ 进行碳化，保温 20min 即得到木质素基碳纤维。

在木质素碳纤维的早期研究中，大部分使用熔融纺丝技术来制备木质素碳纤维，所制备的碳纤维直径集中在微米级别，而伴随着超级电容器成为研究热门，考虑到木质素的广泛应用，有必要制备纳米级别的木质素基纳米碳纤维，来满足超级电容器等一系列先进储能器件的需要。Wang 等在 2013 年将乙醇木质素与 PEO 溶解于 DMF 溶液并利用静电纺丝技术纺成原丝。他们将原丝浸入尿素溶液中进行氮掺杂，再进行预氧化和碳化过程得到微纳米级碳纤维，来提升材料的比表面积，使其有更多微孔。然后，对所得到的木质素基碳纤维进行锂电池电化学性能测试，未经过氮掺杂的碳纤维电极在 30mA/g 的扫描速率下测得 445mA·h/g 的比电容量；经过氮掺杂的碳纤维电极在 30mA/g 的扫描速率下拥有 576mA·h/g 的比电容容量，甚至在 2000mA/g 的扫描速率下也能有 200mA·h/g 的比电容量，作为电极材料其拥有较好的循环性能。Lai 等于 2014 年将碱木质素与聚乙烯醇（PVA）混合于去离子水中，然后在 75℃ 的温度下加热溶解配制得到纺丝液。通过静电纺丝方式将此纺丝溶液纺成复合纳米纤维原丝，然后在空气中进行多段升温达到纤维的热稳定化。再在惰性气体中以 5℃/min 升温至 1200℃ 进行碳化从而制备得到木质素基纳米碳纤维。当木质素与 PVA 的质量比为 7:3 时，所制得的碳纳米纤维平均直径在 100nm 左右，其比表面积达到 $583m^2/g$。将此碳纳米纤维用作电化学电容器的电极材料，其在 0.4A/g 的电流密度下，比电容值可以达到 64F/g，并且具有较好的可循环性，在循环 6000 次后，其比电容值下降约 10%，具有较好的倍率性能。

在纳米碳材料中，孔结构和比表面积对其电容性能有着重要影响，通常情况下，高比表面积和合适孔径分布的碳材料具有较为优异的电化学性能。研究者们通过在改善纳米碳纤维的孔结构和提高比表面积、引入赝电容和提高电导率等方面做了大量的工作来进一步提高纳米碳纤维的各项性能，从而提高纳米碳纤维的电化学性能。这些大量的工作多集中在改变前驱体、引入造孔剂、以及后期活化等几个方面。在以木质素为前驱体的纳米碳纤维中，引入造孔剂的选择不同，会不同程度的改变纳米碳纤维的性能。由于木质素中酚羟基、醇羟基等官能团的存在，再加上木质素不确定的结构，使得在木质素前驱体中引入孔结构以及对孔结构进行优化变得困难。

1.1.1.2 螺旋纳米碳纤维

螺旋纳米碳纤维由多层石墨片卷曲而成，直径在 30~300nm，长度为 30~300μm，是近几年比较受关注的新型碳材料，除具有直纳米碳纤维的低密度、耐高温、耐腐蚀、高强度等优异性能外，其独有的螺旋结构和手性结构使其具有高比表面积、高比模量及高导电性等物理化学性能，从而在吸波隐身材料、微电子器件、储能储氢材料及功能复合材料等方面具有深远的应用潜力。

宏观上讲，碳纤维为维持其特殊的螺旋形结构，会产生"搭接孔"或"微裂纹",导致纤维表面结构也不同,所以特殊结构的螺旋纳米碳纤维作为锂离子电池负极材料嵌入 Li⁺ 的性能必然不同,并且特殊结构的螺旋纳米碳纤维具有量子尺寸效应、小尺寸效应、表面效应,能增强电极的导电能力和缩短锂离子的嵌入距离。和目前商业化的实际比容量为 330～340mA·h/g 的石墨负极材料相比,特殊结构的螺旋纳米碳纤维实际比容量有望超过石墨负极材料 1 倍以上,成为一种新的具有发展前景的负极材料。

1953 年,科学家 Davis 首次报道了新型碳材料螺旋状纳米碳纤维的发现,但制备实验的重复性较差,未做深入研究。20 世纪 90 年代初,日本的科学家 Motojima 等人首次报道了可以制备出重现性很好的螺旋状纳米碳纤维,引发了研究者的兴趣,为其发展提供了发展空间。化学气相沉积法(CVD)制备碳纳米纤维是采用金属(Fe、Cu 等)或其合金为催化剂,在高温(800～1200℃)下催化裂解碳氢化合物直接生成碳纳米纤维,重现性好,适合工业化生产。

螺旋纳米碳纤维除了具有普通碳纤维具有的特性外,由于其独特的螺旋结构和手性结构,在吸波隐身材料、微电子器件、储能储氢材料及功能复合材料等方面具有深远的应用潜力。影响螺旋纳米碳纤维实现产业化生产的关键是可控制备和制备成本,这两方面也成为学者的研究热点。

螺旋纳米碳纤维的形态和微观结构决定了其物理和化学性质,不同的工艺条件制得的螺旋纳米碳纤维的形态和微观结构也不同。

Yang 等使用 SUS410 催化剂制备出的螺旋纳米碳纤维为单螺旋实心碳纤维,螺旋直径为 300～400nm,内部螺旋直径为零,纤维直径为 50～100nm,螺距为零到几百纳米,其形态就像 α-螺旋蛋白。单螺旋纳米碳纤维的生长模式是同轴沉积并且双向生长。以形状为梨形或四边形的催化剂为中心,在相反的方向上彼此持续卷曲形成螺旋纳米碳纤维,这两个方向生成的纤维具有相反的螺旋手性。

经 X 射线和电子衍射分析可知,螺旋纳米碳纤维的微观结构几乎全部为无定形结构,碳层的排列为任意方向。对其在 Ar 环境下加热 3000℃ 热处理后螺旋形态依然存在,胶囊状结晶碳层在同一方向上排列,由 5～10 层组成,层间距为 0.341nm。其纤维表面积高达 90～100m²/g,但是经过热处理后,外碳层变为密度大的石墨层,表面积降低到 20m²/g。

Yang 等用 54Fe-38Cr-4Mn-4Mo 作为催化剂制备出弹簧状螺旋纳米碳纤维,纤维直径为 300nm,螺旋直径和螺距几乎相同。在电镜下观察发现,螺旋纳米碳纤维上带有锯齿状或波浪状碳,其锯齿间距为 20nm,每一根螺旋碳纤维都由两根碳纤维组成,两根纤维融合在一起形成带有锯齿状碳的双螺旋纳米碳纤维,其表面上有明显的凹痕或条纹,螺旋端点的催化剂为多晶面。在透射电镜下观察到螺旋纳米碳纤维有一个细长持续的阴影,他们认为是管状纳米孔的存在。对锯齿状碳进行选择区域电子衍射，结果表明锯齿状碳具有较高结晶度，然而其尖端突出的部分，石墨层在纤维轴方向堆叠。

Celorrio 等用钴盐和镍盐的混合物作为催化剂合成螺旋纳米碳纤维，并对其进行 X 射线衍射。结果表明，（002）晶面在 24° 有一个强特征峰，（t00）晶面在 44° 有一个弱峰，这是典型的石墨结构峰。Si 含量的增加降低了（002）的衍射峰。在 26° 有一个叠加的宽峰，这说明螺旋纳米碳纤维的主体部分石墨化程度良好。通过布拉格定律得出螺旋纳米碳纤维的石墨面间距 $d_{(002)}$，比理想的石墨面间距（0.335nm）大一些，这说明碳材料在晶体结构上有一点扭曲。对螺旋纳米碳纤维进行拉曼光谱分析得出，在 $1200 \sim 1700 cm^{-1}$ 范围内，拉曼光谱有 G 带或石墨带和 D 带，且存在不同类型的结构缺陷。研究者们广泛认为，D 带代表了材料存在的缺陷，G 带代表了石墨的秩序排列。结构排序的增加导致出现狭窄的 G 带。因此，两个带之间的强度关系将同结构序列的程度成比例关系，其强度比减少表明其结构有序度增加。

于立岩等以利用氢电弧等离子体法制备的纳米铜-镍合金作为催化剂，制备了对称生长的螺旋纳米碳纤维，扫描电镜发现在单个纳米铜-镍合金粒子上对称生长出两根螺旋纳米碳纤维，碳纤维的螺旋直径在 100nm 左右，纤维直径在 50nm 左右，而螺旋碳纤维的长度为微米级。透射电镜发现这两根螺旋纤维的旋向相反（一根左旋，另一根右旋），但其螺旋直径、螺旋长度以及纤维直径均相同，且纤维的直径大约等于纳米铜-镍合金粒子的粒径，而螺旋直径大约是纳米铜-镍合金粒子粒径的 2 倍。纳米铜-镍合金粒子形貌投影分别是四边形、三角形、椭圆形和菱形。由此可见，作为催化剂，纳米合金粒子的形状并不是导致碳纤维以螺旋方式对称生长的决定因素，但纳米合金粒子投影的几何外形却都是规则的，不论纳米合金粒子的形状如何，在一个纳米合金粒子处都可以生长出两根螺旋形纤维。而且都呈特定角度对称地生长。螺旋纤维间的夹角大多数为 60°、90° 和 110°。通过对 IR 谱图分析可知，反应产物中既含有不饱和的 C—C 双键，又含有饱和的 —CH₂— 和 —CH₃— 基团，在 $1707 cm^{-1}$ 处有一羰基峰，说明反应产物中的 C＝C 双键发生了氧化。

螺旋纳米碳纤维具有十分广阔的应用前景，所以对其进行广泛而深入的基础和应用研究具有重要的科学意义。螺旋纳米碳纤维除了具有直碳纤维的各种优异性能外，还具有典型的手性、高弹性、良好的吸波性能等。然而，到目前为止还没有制备出单一螺旋方向的螺旋纳米碳纤维，螺旋方向的控制还没有得到很好的解决。分散性不好会影响螺旋纳米碳纤维的应用和其他各种性能的精确测定，尤其是吸波性能，这是当前研究螺旋纳米碳纤维亟待解决的问题之一。随着制备工艺的完善和生长机理的进一步探索，螺旋纳米碳纤维的可控制备及工业化生产将成为现实，其应用领域将不断扩展，必将带来巨大的经济和社会效益。

1.1.1.3　静电纺丝

静电纺丝技术（electrospinning technique）是一种简单有效的纳米纤维制备工艺，至今通过静电纺丝方法，已成功制备得到多种高分子聚合物纳米纤维。20 世纪 30 年代，Formhals 最早公开了一种利用静电力制备高聚物纤维的装置，被认为是静电纺丝技术的开端。随后其继续公开了一系列专利，但是未引起人们的重视。1969 年，泰勒发现喷丝头末端的液滴在电压升高的过程中，逐渐形成半球形液滴；当电场力和表面张力平衡时，半球形液滴又变为圆锥形；当电场力继续增大，超过表面张力时，在圆锥形液滴的顶端会射出高分子射流。在此过程中形成的那个圆锥形液滴被称之为"泰勒锥"，且锥角为恒定值 49.3°。

1971 年，Baumgarten 利用静电纺丝成功获得了直径小于 1μm 的丙烯酸树脂纤维，并且验证了泰勒的发现。1977 年，Martin 等等通过静电纺丝制得了多组分的纳米纤维，使得纳米纤维同时具有多种聚合物的特性。

直到 20 世纪 90 年代，美国的 Reneker 课题组制备得到了直径在 50nm 到 5μm 之间的聚环氧乙烷纤维，同时还发现了电场强度和溶液黏度对纤维直径的一些影响规律。从此，该课题组对静电纺丝技术展开了深入的研究和分析，揭开了静电纺丝技术神秘的面纱。因此，Reneker 也被后人尊称为"静电纺丝之父"。2000 年以后，静电纺丝技术在世界各国都引起了广泛的重视，无论是在研究领域还是在工业应用领域。研究者们的研究焦点已经从早前简单的对纳米纤维的制备和表征，逐渐向对纳米纤维的成形过程及机理研究拓展，从而加强对纳米纤维成形工艺的控制，进而为纳米纤维在工业应用领域的发展奠定一定的理论基础。目前，静电纺丝技术已经在以下几个方面得到了快速发展：

（1）可用于电纺的聚合物材料大大增加。为了满足日益增加的工业应用需求，电纺材料由早期的几种水溶性高分子聚合物增加到了现在的多糖类、蛋白质类等高聚物，并且将一些不能单独电纺的材料通过溶液共混的方式，成功获得了纳米纤维，如聚乙烯亚胺、聚苯胺等。目前，制备出来的纳米纤维种类多达 100 多种。

（2）纳米纤维的成形过程及机理被逐渐揭示。随着科技的进步，实验手段的丰富和发展，纳米纤维的成形过程有原先的宏观定论逐渐向微观认识发展。现在研究者们已经对纳米纤维成形过程中射流的运动轨迹有了清晰的认识，并对射流进行力学分析，通过建模的方式，用数学关系式的形式揭示了各个参数对射流半径以及稳定性的影响，使得静电纺丝技术的理论有了新的发展。

（3）纳米纤维逐渐向工业应用发展。随着静电纺丝技术的日益成熟，制备得到的纳米纤维如何为人们所用是其发展的关键。针对不同应用领域的应用需求，不同结构、种类的纳米纤维被开发，结合自身优异的特点，使其在众多领域得到了广泛的认可，例如过滤、生物医用、能源转化等领域。

（4）纳米纤维的制备逐渐向着工业化发展。纳米纤维潜在的应用价值毋庸置疑，但是实现批量化制备满足工业需求也是近年来研究者们的工作重点。目前，为了提高静电纺丝技术的产量，研究者们已经提出了多针头静电纺丝、气泡静电纺丝、磁流体静电纺丝等多种技术。

静电纺丝基本原理是利用静电力的作用，把具备一定黏度的溶液或熔融态物质拉伸并在液体挥发后固化变成纤维状物质。静电纺丝装置构成简单，分为：高压源，接收板和注射泵。其中高压源提供几千至几万的直流电压而在注射针头和接收板之间形成一个电场，注射泵提供原料并调节原料的供给速度，接收板接收来自注射针头的纤维。具体纺丝步骤一般为：首先，将配好的溶液（前驱体高分子溶液）放入注射装置中并调节好距离和原料供给速度；然后，将高压源一端和针头连接，另一端连接接收板，并选择合适的电压，当针头和接收板之间的电场足以克服溶液表面张力和溶液中电荷之间的引力时，溶液表面会形成泰勒锥，针头溶液便会被电场力拉伸并快速旋转甩向接收板，在通往接收板过程中，溶剂挥发而使得聚合物高分子固化成形而变成纤维。合理的控制纺丝条件，可以得到理想尺寸的纤维物质。

静电纺丝得到纤维状物质尺寸和形貌受众多因素影响且关系复杂，大致包含有：溶液的黏度、溶液的 pH 值、溶液的导电性能、电压大小、针头到接收板距离、纺丝环境湿度温度和高分子聚合物分子量等。实验过程中要充分把握各个纺丝条件以达到最终良好效果。其中溶液黏度对最终产物影响比较大，当黏度太低时，最终所得产品直径分布会很不均匀，出现很多带有类似液滴状纤维，甚至无法得到正常纤维；当黏度太大时，纺丝难度变大，针头容易被堵塞。纺丝湿度必须控制在一定范围，否则无法纺丝无法正常进行；另外，当往高分子溶液中加入某些离子化合物时，需要控制好离子电荷含量。

通常情况下，静电纺丝方法制备的纳米纤维集合体都是由无序排列的纳米纤维构成，这主要是由于电纺过程中高分子射流在高压电场里的不稳定振动造成，制备的纳米纤维膜过滤、组织工程等领域可以得到广泛应用，但纳米纤维膜本身强力较低，一般在要求强力的场合，纳米纤维膜要附着于某种骨架材料上复合使用，这在某种程度上就限制了其在某些领域的应用。因此，为了改善纳米纤维的二次加工性能，将纳米纤维制备成具有一定强力的连续纳米纤维纱，就成为拓宽静电纺丝纳米纤维应用领域的一个重要研究方向。

Farnaz 等利用相对配置的带有相反电荷的喷丝头，将纳米纤维喷到中性的接收辊上，将一端抽出通过卷绕罗拉收集到连续的 TiO_2 纳米纤维。Hossein 通过将 Farnaz 制备连续纳米纤维束的静电纺丝设备中的收集装置进行改进，成功制备了具有一定捻度的连续纳米纤维纱。Amalina 等利用针头静电纺丝设备将纳米纤维纺到一个喇叭口上，形成一个包覆整个口面的纤维膜，然后将此膜拉到位于喇叭口正上方的收集辊上，通过旋转喇叭口使得后面纺出来的纳米纤维加捻形成纳米纤维纱，然后卷绕到收集辊上。Usman 等依然采用共轭电极的静电纺丝方法，利用喇叭口作为接收装置，这种组合方式使得在喇叭口收集器表面形成一个中空的锥形纳米纤维网，方便纳米纤维的加捻成纱。Yan 等为了成功获得连续的纳米纤维纱，他们利用一对旋转的金属管来取向并加捻搭接在两管之间的纳米纤维，在两金属管之间配置了一个旋转的塑料管将加捻成纱的纳米纤维收集。Paul 等将纳米纤维搭接两个金属环之间，使得纤维整齐排列，然后通过旋转其中一个圆环，将整齐排列的纳米纤维束加捻，但是此方法只能获得有限长度的纳米纤维纱。Li 等利用通有气流的中空喇叭口，将收集到的纤维网通过旋转气流集合成纱。He 等在共轭电极静电纺丝的基础上提出了两对共轭电极静电纺丝方法，使得制备纳米纤维纱的效率得到显著提高。Liu 等将纳米纤维整齐定向地收集到了圆形的金属环上，经过后期的牵伸工艺形成了有限长度的纳米纤维纱。Lotus 等对收集装置进行改进，由一个旋转的中空半球体和一个金属杆组成。从喷丝头喷出的纳米纤维搭结在半球体和金属棒的表面，通过半球体旋转将纳米纤维束加捻成纳米纤维纱。Smita 利用水浴接收装置，将纳米纤维直接喷到水浴中，使得纳米纤维保持原先的丝束状，进而通过牵伸装置拉出水浴收集。Teo 等利用动态水浴中液体下流产生的漩涡的作用，使得纳米纤维加捻成纱。Qin 等利用旋转的圆盘和中空的金属棒作为接收装置，使得纳米纤维收集在二者之间，通过圆盘旋转将纳米纤维聚集加捻成纱，然后通过金属棒的中空通道到达卷绕辊，从而卷绕收集。

1.1.2　纳米碳纤维的物化特性

纳米碳纤维作为准一维纳米碳材料近年来受到广泛关注。特别是多孔纳米碳纤维因独特的纤维结构，不仅具有高的孔隙率、大的比表面积和大长径比等优点，还兼具低密度、高比模量、高比强度、高导电性和高导热性等特性，因而在储存材料、电极材料、催化剂和催化剂载体、高效吸附剂、分离剂以及复合材料等方面具有广阔的应用前景。

纳米碳纤维（Carbon Nanofiber, CNF）是介于石墨和球碳之间的材料，由纳米尺寸的石墨片层在空间与纤维轴向成不同角度堆积而成，其直径范围一般在 10 ~ 200nm 之间，广义则是直径 1μm 以下的碳纤维。除了具备普通碳纤维的优异性能，还具有缺陷数量少、比表面积大、长径比大、结构致密等特性，因而具有比碳纤维更广泛的应用前景。作为碳纤维最重要的组成部分之一，纳米碳纤维已被广泛应用于许多领域，如节能、能量存储、复合材料和感知设备等。例如，由于纳米碳纤维具有高强度、高的热传导性及导电性，可以作为增强剂提高聚合物材料的力学性能；纳米碳纤维由于结构规整，导电率高且电阻极小，可以用作抗静电材料添加物；此外，由于纳米碳纤维中主要是介孔有利于分子通过，同时金属催化剂可以较好地负载在纤维上，因此可以用作催化剂载体。

与富勒烯、碳纳米管独特的内部结构相比，碳纳米纤维有着许多独特的形貌，如：鱼骨状、树枝状、弹簧状和双螺旋状等形貌，从而丰富了其应用领域。在这些碳纳米材料中，表面碳原子的数目远大于金刚石和石墨中的数目使得表面效应对其结构有着巨大的影响，从而表现出许多不同的特殊性能。螺旋碳纳米纤维（HCNFs）除了具有普通气相生长碳纤维的特性（低密度、高比模量、高比强度等）外，还具有比表面积大、导电性好、弹性优良和手性特征等优点而广泛应用于电极材料、储氢材料、吸波材料和高性能增强复合材料等领域。

纳米碳纤维基面的碳原子由碳-碳 sp2 杂化共价键相连，其直径小、长径比大、低密度的特点是理想的高强度纤维材料，常用于原子能、航空航天等尖端的科学领域。具有高强度、高模量、高电导、耐高温、耐腐蚀、光滑度高和生物相容性好等性能，是理想的结构和功能性复合材料元素。因此，在纳米科技领域有着巨大的潜在应用价值。而螺旋状的纳米碳纤维除了具备直碳纤维的性能外，还有良好的高弹性、吸波性能、典型的手性、储氢性能等。因此，螺旋状纳米碳纤维的制备具有重要的研究意义。

纳米碳纤维由于具有独特的化学与物理性质以及广阔的应用前景，引起了学者的广泛关注。CNF 作为一种新型碳材料，相比于传统的碳材料，具有强度高、质量轻、导热性良好、导电性高等特点，可以作为储氢材料、高性能复合的材料、高容量的电极材料以及场发射材料。根据石墨片的方向，即石墨片与生长轴的夹角，可以将 CNF 分为板式纳米碳纤维（Platelet-type CNF，简称为 P-CNF），鱼骨式纳米碳纤维（Fishbone-type CNF，简称为 f-CNF）与管式纳米碳纤维（Tubular-type CNF，简称为 t-CNF）。其中，f-CNF 的结构特点是石墨片层与主轴倾斜，其负载制备的金属催化剂在加氢、脱氢及电化学反应均具有较高的催化活性。相比于传统的氧化物（如 Al_2O_3），f-CNF 具有可控的碳原子排列（如，石墨基面与进界面的比例）以及独特且可调变的物理化学性质。这些特点使得可以通过调变 f-CNF 的微观结构，间接改变负载金属的性质或其对反应物/产物的吸附性能，进而优化负载金属催化剂的催化性能。为了增进对 f-CNF 特殊结构的认识，在以往的报道中采用分子力学和分子动力学方法对此进行了一些研究。然而，到目前为止，f-CNF 的结构特征还未通过定量分析与其结构稳定性关联，以获得对应的构效关系。

纳米碳纤维是由纳米尺度的石墨片层在空间上经过不同堆积方式而成。通过高分辨率透射电子显微镜对纳米碳纤维进行观察可知，其内部石墨片层堆积方式主要有 3 种，即与纤维轴线成平行排列（$\theta = 90°$）、垂直排列（$\theta = 0°$）、或成一定角度（$0° < \theta < 90°$），并因此将纳米碳纤维分为板式、管式和鱼骨式纳米碳纤

维。板式和鱼骨式纳米碳纤维的外表面均为石墨边界，由于相邻石墨层的尺寸不同，这两种纳米碳纤维的外表面存在一定比例的石墨基面。对于管式纳米碳纤维而言，其外表面是由石墨层基面卷曲构成，所以其也被称为纳米碳管。由于管式纳米碳纤维外表面存在一定的结构缺陷，也会产生一定比例的石墨边界面。虽然纳米碳纤维与石墨有着类似的结构，但其石墨层尺寸较小而石墨边界比例较大，这会造成与石墨在物理和化学性质上的重大差异同时，纳米碳纤维中石墨层堆积方式的不同也会造成其性质的差异。

纳米碳纤维的微观结构与生长所采用的工艺条件息息相关，催化剂组成、碳源气体反应温度、甚至是催化剂载体都可能对纳米碳纤维的微观结构构成重大影响。Zhao 等采用 CO/H_2 和 CH_4/H_2 作为反应气体，分别考察了催化剂组分以及碳源种类等对纳米碳纤维微观结构的影响。他发现，不同的碳源/催化剂组合会得到不同结构的纳米碳纤维。其研究表明，CO/Fe；CO、CH_4、$C_2H_4/Ni\text{-}Fe$；CH_4/Fe 组合分别得到板式、鱼骨式以及管式纳米碳纤维。Zhou 认为不同金属对不同碳源的亲和性会造成在高温下碳在催化剂中饱和度差异，最终导致纳米碳纤维不同的微观结构。Huang 研究发现反应温度的不同会造成催化剂颗粒形状的不同，从而得到不同结构的纳米碳纤维出的研究表明，不同载体与催化剂之间有着不同的相互作用，这会导致催化剂颗粒粒度、形状以及晶面取向的不同，从而得到具有不同的微观结构的纳米碳纤维。

纳米碳纤维的一般性质如下：

（1）密度。催化生长的纳米碳纤维，由于其优异的结构与性能，使其在结构增强材料方面有着潜在的应用前景。作为新型的增强体，纳米碳纤维的密度是至关重要的因素通过文献中报道的方法可以测量纳米碳纤维密度，该方法需要将少量纳米碳纤维悬浮于已知密度的四氯化碳和四溴石烷的混合液中。在测量配制悬浮液之前，先将样品于稀盐酸中浸泡 72h，尽可能除去金属催化剂，之后再经过清洗与真空干燥。对经过这样处理的样品进行透射电子显微镜观察发现，样品的结构上并没有明显变化。Rodriguez 报道的采用 Cu-Ni 合金 600℃下分解乙烯得到的纳米碳纤维密度随着 Ni 含量的增加以相对平滑的方式增加，密度值介于 $1.75 \sim 2.2 g/cm^3$ 之间。

（2）比表面积。纳米碳纤维在催化、储能、环保等领域可以得到广泛的应用，所以其比表面积与吸附性能显得极其重要。在 77K 的低温条件下通过氮气吸附可以得到纳米碳纤维的等温吸脱附曲线，并通过相关的计算可得到其比表面积及孔径分布情况。Rodriguez 等在 600℃ 下 Ni-Cu 合金分解乙烯得到的纳米碳纤维，发现其等温曲线与 Ⅱ 型等温线相对应，说明此纳米碳纤维为无孔结构或是存在着氮气分子无法进入的小孔结构纳米碳纤维的比表面积大小与许多参数有关，如碳源气体、生长温度和催化剂组成等。Rodriguez 等采用不同比例的 Ni-Cu 催化剂分解乙烯时发现，所得纳米碳纤维的比表面积从 15% Ni（质量分数）时的 $10m^2/g$ 逐渐上升到 80% Ni（质量分数）的 $250m^2/g$；随着 Ni 含量的进一步增加，纳米碳纤维的比表面积逐渐下降至纯 Ni 时的 $75m^2/g$。Owens 等研究发现气体组成和添加的非金属原子不仅影响金属催化剂的表面性质，也会影响纳米碳纤维的表面积大小例如，大量氨气存在的情况下会生成表面积较大的纳米碳纤维；Ni 被 H_2S 预处理后得到的纳米碳纤维，其比表面积由原先的 $107m^2/g$ 增加到 $363m^2/g$。

（3）导电性。碳材料的导电性能与材料的微观结构以及石墨化程度息息相关。纳米碳纤维中石墨层的排列方式是由催化剂颗粒表面碳原子排列方式所控制，这表明材料在不同的工艺参数下会有不同导电性能。由于纳米碳纤维尺寸极小的缘故，不可能采用常规的方法直接测定其电阻率。为克服这一难点，研究者设计了特殊的装置能够测量特定压力下粉末材料的电阻率，这种装置两端为黄铜活塞，中间是内衬绝缘陶瓷套的中空圆柱组成压力舱，当样品在 62.05MPa 压力下时，使用数字万用表来测量样品的电阻。应当注意的是，因为样品中仍然存在孔隙，所以该方法测得的电阻率可能会比实际数值高得多。通过这种方法，Ismagilov 等测定了气相沉淀法得到的纳米碳纤维的电阻率为 $0.11\Omega \cdot cm$。Im 等测量了由静电纺丝法得到的纳米碳纤维的电阻率为 $0.04\Omega \cdot cm$。而 Zhou 等同样测定了由静电纺丝法得到的纳米碳纤维，他们发现电阻率的大小与测量的方向有关，平行于纤维的电阻率为 $1.25 \times 10^{-3}\Omega \cdot cm$，而垂直方向则为 $1.67 \times 10^{-3}\Omega \cdot cm$，垂直方向的电阻率要远大于平行方向的。同时，采用四探针法也可以测量单根纳米碳纤维的电阻率，Ebbesen 等测量的结果表明，每根纳米碳纤维的电阻率均不相同，且随着温度的变化而变化。

（4）力学性能。由于纳米碳纤维尺寸极小且难于控制从而造成测量上的困难，关于单根纤维的力学性能的报道比较少。Motojima 等报道了一种巧妙的方法成功地测量了较大尺寸螺旋状纳米碳纤维的机械弹性。在该方法中，纳米碳纤维的一端通过胶黏剂固定于铜网上，通过拉伸纤维的另一端将卷曲状纤维逐渐展开。通过透射电子显微镜的观察可知，纳米碳纤维的延伸率与原始卷曲时的长度呈现一定的函数关系。而通过这种方法测试的纳米碳纤维，其弹性延展长度可达到原始长度的 3 倍，半弹性延展可达到原有长度的 4.5 倍。Troiani 等研究发现，由非晶态碳薄膜通过电子辐射的方式形成的纳米碳管，其力学性能，如杨氏模量等可由透射电子显微镜图像的信息通过相关计算得到。Márquez-Lucero 等则提出，通过有限元分析软件对形变过程进行模拟，并将模拟结果与透射电子显微镜图像进行对比，通过相关计算可得到纳米碳管的拉伸应力。他们的结果显示，纳米碳管的拉伸应力大约为 265GPa。而 Mordkovich 等研究结果表明纳米碳纤维的拉伸强度约为 1.2GPa，拉伸弹性模量约为 600GPa，大约是钢的十倍可见其优异的力学性能。Chen 等采用纳米压痕法，通过金刚钻悬臂切断板式纳米碳纤维，并经过相关计算得到单根板式纳米碳纤维的弹性模量（（88 ± 23）GPa 至（97.7 ± 25.6）GPa）、硬度（1.2 ± 0.2GPa 至 1.5 ± 0.25GPa）、以及断裂能（（3.85 ± 0.95）J/m^2）等机械性数据。

纳米碳纤维的力学性能表现在每个碳原子与周围 3 个原子以共价键相结合，形成严密的结构，而其两端又是封闭的，没有悬空的化学键存在，使整个结构的稳定性更强，加之纳米尺度的碳原子之间的电荷作用力，使得纳米碳纤维具有高强度、高弹性和高刚度等力学性能。Endo 等报道了纳米碳纤维的力学性能，测量了经炭化和石墨化后纳米碳纤维的抗拉强度和弹性模量，并与 SiC 晶须进行比较，结果表明经炭化和石墨化后纳米碳纤维的抗拉强度和弹性模量均高于 SiC 晶须和普通碳纤维。Ozkan 等也研究了气相生长纳米碳纤维的力学性能，并通过实验得知对纳米碳纤维进行表面热处理和氧化后处理均能改变其抗拉强度和弹性模量，热处理过程使得纳米碳纤维的弹性模量从 180GPa 增加到 245GPa，然而其抗拉强度降低 15% ~20%。

（5）电学性能。纳米碳纤维的电学性能取决于其直径和旋转性的不同，直径和旋转性的变化都可能影响纳米碳纤维的导电性。由于纳米碳纤维本身长度极短并且直径很小，用传统方法将很难直接测量单根纤维的电阻，因此 Rodriguez 等设计一装置来测试粉末样品的电阻，经测量得纳米碳纤维的电阻率在（1.5 ~5.5）×10^{-3}Ω·cm 之间，可知在一些聚合物填料中加入少量的纳米碳纤维可以大幅度提高材料的导电性。

（6）电磁学性能。通过对纳米碳纤维的电磁学性能研究发现，在平行于管的轴向外加一磁场时，具有金属导电性的碳纳米管表现出 Aharonov-Bohm（简称 A-B）效应，也就是说，在这种情况下通过碳纳米管的磁通量是量子化的；金属筒外加一平行于轴向的磁场时，金属筒的电阻作为筒内的磁通量的函数将表现出周期性振荡行为，以 $h/2e$（h 为普朗克常数，e 为电子电量的绝对值）为周期的电阻振荡行为又称为 AAS 效应。Bachtold 等在碳纳米管中实现了对 AAS 效应的测量。可以预计，在不久的将来，碳纳米管将取代薄金属圆筒，在电子器件小型化和高速化的进程中发挥重要作用。

（7）热学性能。纳米碳纤维由于具有独特的细长结构，使得它的热传导率在平行于轴线和垂直于轴线方向上有明显的差异，平行于轴线方向上具有相当高的热传导率；而垂直于轴线方向上，热传导率却非常小。也正由于热传导率在两个方向上的明显差异，通过适当地排列纳米碳纤维，可以获得良好的各向异性热传导材料。Teng 等采用聚乳酸（PLA）分子接枝纳米碳纤维（PLA-g-VGCF），制得的（PLA-g-VGCF/PLA）纳米复合材料的热导率均比相应的未改性 VGCF/PLA 复合材料的热导率有明显提高，这可能是由于改性过的纳米复合材料 PLA-g-

VGCF/PLA 中纳米碳纤维的排列方向导致其热导率较高。

1.2 纳米碳纤维材料应用现状

1.2.1 纳米碳纤维材料在环境污染治理方面的应用

1.2.1.1 催化剂和催化剂载体

研究表明有很多碳材料，如碳纤维，能够将 NO 和 NH_3 海合物转化成 N_3 和 H_2。然而，水的存在会严重抑制该反应的进行，这就需要科研工作者寻找一种新型材料，既具有良好的疏水性，又具有较高比表面积而纳米碳纤维同时具备超疏水性和高比表面两大优势，可以成为该类反应理想的催化剂。

CNF 作为一种新型的纳米碳材料，不管是作为电催化剂还是催化剂载体材料，相比其他材料具有很多的优势，主要表现在如下几个方面：

（1）CNF 具有比较大的比表面积，通常可以达到 $50 \sim 300m^2/g$，这就使得负载在其上的金属催化剂有很好的固定及分散。同时 CNF 基本不含微孔，其空隙结构主要为大孔和中孔，这种空隙结构所带来的好处就是可以消除因大量微孔的存在而导致的扩散问题，增加了反应物及生成物的迁移能力，非常适合含有大分子反应物参与的液相反应体系。

（2）CNF 表面性质不活泼，且机械强度高，在作为电催化剂或载体时不易与其他物质发生反应，且其在强酸性和强碱性溶液中也能稳定存在，因此可以使用强酸对其进行一些改性，增加其催化性能而不改变其主体结构。

（3）CNF 具有独特的电子特化构成其主体结构的是石墨片层，而我们知道石墨片层具有离域 π 电子，因此，CNF 具有和石墨等类似的优良的导电性，但虽然都是由石墨片层组成，但它们在石墨片层的数量及空间堆积方式上又有不同，因此 CNF 所表现出的电子特性和石墨还是有所差别。而且，通过化学气巧沉积法（CVD）制备的 CNF 不可避免地会在其表面结构中引入缺陷及端面原子，这些缺陷及端面原子会调整 CNF 的电子结构，可以改变其电催化剂性能。

（4）CNF 具有特殊的纤维状表面结构，并且这种结构具有可控性，可以通过改变 CNF 的生长条件来调控其微结构，从而达到对其电催化性能的调控。

大量研究表明纳米碳纤维的表面性质，比如其微结构和表面官能团性质，会对其催化活性有显著的影响。钟仁升研究了两种不同微结构的 CNFs 在碱性条件下 ORR 催化性能的差异，研究发现管式纳米碳纤维（t-CNFs）比鱼骨式纳米碳纤维（f-CNFs）的氧还原活性更高，作者解释认为是 t-CNFs 表面端面原子含量更高，而有研究认为 CNFs 表面石墨层结构的端面原子相比基面原子具有较高的能量密度，因此 t-CNFs 才具有较高的催化活性。Kruusenberg 等人采用旋转环盘电极（RRDE）和旋转圆盘电极（RDE）的方法研究了不同微结构的 CNFs 其氧还原活性的差异，研究发现不同微结构的 CNFs 其氧还原的半波电位是不同的，且这种差异也会改变氧还原过程中双氧水的生产量。此外，Banks 等研究了纳米碳纤维的微结构对动力学反应速率的影响，发现相比较基面原子，在端面原子上的电极反应动力学速率要快很多。

以上这些说明纳米碳纤维微结构的差异会对其催化性能有重要的影响，因此可以通过改变合成方法来调控 CNFs 的微结构，使其表现出最佳的催化性能。然而随着对 CNFs 研究的不断深入，近年来许多研究发现纳米碳纤维修饰的电极上增强的电催化活性以及电子转移速率不仅仅与 CNFs 的微结构有关，而且与其表面的含氧官能团的含量及种类有关。

当纳米碳纤维作为催化剂载体时，它比起传统的载体材料（如氧化铅或氧化硅）有着自身独特的优势。首先，纳米碳纤维具有较高的比表面积，不仅可以将活性催化剂进行有效分散，还能保证活性催化剂的稳定，这对需要高度分散的活性催化剂来讲显得尤为重要。其次，纳米碳纤维之间相互缠绕形成丰富的中孔和大孔结构，可以消除因大量微孔结构的存在而导致的扩散问题，再者纳米碳纤维本身具有良好的电导率，将活性金属担载到其表面，两者的界面上会形成非常强烈的相互作用，引起催化剂颗粒形态特征上的修饰，从而可大幅提高金属颗粒的催化活性和选择性，还有纳米碳纤维具备碳材料载体所具有的共同优点：稳定的表面化学性质，这决定了其在强酸及强碱环境下仍然能够保持稳定性。最后，纳米碳纤维结构可控，通过控制制备条件可以简单地实现其结构、性能的调控，从而可满足不同催化剂载体的要求。总之，纳米碳纤维特殊的结构和性能使其在催化领域有着非常诱人的应用前景。

由于纳米碳纤维颗粒比较小、结构可控，使得贵金属可以很好地负载到 CNFs 的表面，并具有很好的分散度，因此作为烯烃、不饱和醛等加氢催化剂一般都有很好的催化活性。Ledoux 等考察了 CNFs 负载 Pd 催化剂对肉桂醛选择加氢反应的催化性能，在常压下成功地将 C ═C 键氢化并保持很高的选择性。他们认为传统的 Pd/C 催化剂中活性炭存在大量的微孔，这种微孔限制了反应物在催化剂上传递；而 CNFs 中主要是中孔，反应物分子能很好地通过，因而更有利于传质过程，从而使得产物与催化剂的接触时间明显缩短，因此 CNFs 负载 Pd 催化剂具有更高的活性和选择性。

碳材料在非均相催化应用非常广泛，尤其在液相催化中。先前，由自然界中的天然物质制备的活性炭常被选作催化剂载体，但活性炭中的微孔以及较难重复的特点使它不适合作为催化剂的载体进行研究。相比于活性炭，CNF 可以大规模的生产，因而其重复性较好，合成的 CNF 可以通过其他改性调控金属与载体之间的作用力。

1994 年，Rodriguez 采用 Fe 作为催化剂在 873K 条件下通入合成气制备 CNF。

他通过在 CNF 表面通过浸渍法引入活性组分（Fe 或 FeCu），再焙烧与还原制备一系列催化剂。与传统的氧化铝载体相比，CNF 制备 FeCu/CNF 催化剂在乙烯加氢反应中具有更好的活性。作者将此归因于 CNF 的基板面与活性组分之间的独特作用为。但是作者没有提供详细的表征，比如两者之间还原性能的差异。同年，Planeix 基于纳米碳管制备了 Ru/C 催化剂。通过 TEM 与化学吸附表征测定 Ru 颗粒的大小为 3.5nm。将该催化剂应用于肉桂醛加氢制肉桂醇反应中获得了 92% 的选择性，且转化率高达 80%。Planeix 将反应表现出的高选择性归因于可能是由于 Ru 与 C 之间的作用力。

Park 与 Baker 重点研究了 p-CNF，因其相比于其他两种 CNF，暴露了较多的边界面。采用磷处理 CNF，可以优先堵塞 p-CNF 边界暴露的 armchair 位。因而可以将 Ni 负载在 CNF 的 zigzag 位，制备的催化剂用于低碳烯烃的加氢具有良好的活性。Hoogenraad 针对 CNF 作为催化剂的载体进行了大量的研究工作。他发现 CNF 可替代活性炭，广泛地应用于液相催化反应中；而活性炭由于其表面组成复杂、难于控制，不适合作为催化剂的载体。Pd/CNF 催化剂可以将金属铅通过离子交换法在 pH 值在 5 ~ 6 的条件下负载在 CNF 表面。在合成制备的过程中，应注意要在 N_2 的保护气氛下操作。而如果在空气下干燥，制备得到的 Pd 颗粒会出现明显的团聚。

TEM 与 EXAFS 显示氢气还原后的颗粒大小在 1.5nm 左右，其与载体之间也存在明显的作用力。Hoogenraad 采用 CNF 制备的催化剂考评了硝基苯加氢制苯胺的反应。为了更好地理解其催化性能，首先对 CNF 亲疏水性进行了测试。结果发现原始 CNF 在油相中富集，说明其主要是疏水性；而 CNF 通过硝酸处理后得到的载体则主要富集在两相的界面处。而若进一步在 673K 条件下焙烧，又重新使得 CNF 表现出疏水性，这可能是由于表面含氧官能团数量减少。

Hoogenraad 进一步比较了 Pd 负载在 f-CNF、t-CNF 与活性炭制备的催化剂的催化性能。令人意外的是，相比于其他两种催化剂，f-CNF 负载的 Pd 表现出非常高的活性，但其研究缺乏系统的表征以解释该催化剂的构效关系。将金属颗粒限制在纳米碳材料中空孔道的结构中，在纳米催化、数据存储以及电子器件等领域中具有良好的应用前景。利用纳米碳材料的中空结构的位阻效应可以合成一系列纳米材料及亚纳米材料。而这些纳米材料通常自身不稳定，尤其是在高温高压条件下，因而在普通条件下很难制备。

此外，限制在纳米碳材料内部的物质相比于负载在外部的物质，具有明显不同的吸附、扩散、形貌及其他化学性质。Bao 观察到 CO、H_2 等气体在纳米碳材料内部具有较强的吸附性能，可以进一步用于气体吸收分离等工艺。同时，N_2 与 H_2O 等在材料内部孔道具有更快的扩散速度。Sigmund 观察到在 1185 ~ 1667K 温度下才能稳定存在的 γ-Fe，可以在室温条件下稳定存在于碳材料中空孔道内。

Gedanken 观察到钴在材料中空结构中呈现 fcc 的结构而不是通常较稳定的六角形结构。Bao 发现限制在中空孔道内的氧化铁相比于负载在材料外表面的氧化铁更容易被还原。

事实上，限域效应可以通过改变很多因素进而影响催化化学反应，比如改变物质的热力学性质，选择性的吸附反应物气体或者通过空间约束，进而改变反应的机理。当材料中空结构的内径减少时，纳米碳材料负载制备的催化剂表现出的限域效应更为显著。

Zhang 将 HRh(CO)(PPh$_3$)$_3$ 分别负载在碳材料的内部与外部，考察其催化丙烯加氢甲酰化的性能。他发现限域在材料内部的催化剂 TOF 为 0.10s^{-1}，而在材料外部的催化剂的 TOF 值为 0.06s^{-1}。这可能是因为直径为 3～4nm 的碳材料内部孔道与复合物催化剂的尺寸较为相配，有利于反应中间体的形成。此外，他们认为游离在孔道中的价电子与 PPh$_3$ 基团有较好的作用力，因而有利于电子从 PPh$_3$ 基团转移至 Rh 上，因而相比于负载在 SiO$_2$ 或活性炭上的 Rh，限域的 Rh 具有良好的催化活性。值得指出的是尽管作者未提供详细表征证实 Rh 完全进入孔道内部，但可以猜测至少部分 Rh 已经进入孔道内。

Li 将 Pd 颗粒负载在中空直径为 5～10nm 的纳米碳材料的孔道内，并考评其催化苯的加氢活性。他发现尽管 Y 型分子筛与活性炭具有较大的比表面积，然而负载在碳材料内部的 Pd 的催化活性是负载在 Y 型分子筛或活性炭等载体上 Pd 活性的两倍。他认为这主要是由于中空结构的毛细作用有利于反应物润湿进而进一步转化。Pham-Huu 将 Pd 负载在孔道直径为 40nm 的碳材料内部，并考察其催化肉桂酸液相选择性加氢。他发现其转化率与负载上活性炭上的 Pd 的催化转化率一致，但两者催化选择性却明显不同。其中，限制在内部的 Pd 催化产物中只有 10% 为肉桂醇，剩余的产物为 C═C 加氢的醛。然而，活性炭上负载的 Pd 催化得到的两种产物的量基本相等。Nhut 将 Ni$_2$S 负载在孔道为 50～80nm 的碳材料内部，并考察其催化 H$_2$S 氧化制 S 与 H$_2$O。他发现相比于负载在 SiC 上的 Ni$_2$S，限域的 Ni$_2$S 具有更高的活性。他将其归于碳材料表面性质的不同。通过 TEM 表征，他发现产物水在孔道内部冷凝，可以将固体 S 从活性内表面洗出至碳材料的外表面，因而限域的催化剂具有更高的活性。

1.2.1.2　吸附剂

纳米碳纤维在其生长过程中或在后期活化处理过程中，纤维的表面会形成许多浅孔，由此而引起的丰富的微孔结构，能够成为气体快速吸附/脱附的理想场所。此外，通过官能团化处理，纳米碳纤维表面会产生不同的官能团，使其在控制污染方面有着潜在的应用，并因此得到人们广泛的关注。同时，纳米碳纤维表现出较高的机械强度，因此它能够在液相反应中得到应用，与传统的吸附剂相比，它不仅可以承受剧烈的搅拌，而且具有更好的传递性能。

活性碳纤维是最近才被开发与应用的一种新型吸附材料，得益于其含有大量的微孔以及大面积的孔分布，这种材料的吸附性能要优于活性炭材料。活性碳纤维微孔的存在使吸附材料拥有很大的吸附优势，大面积的孔分布可以使吸附材料的吸附性能提高。对于活性碳纤维的研究已经有很多的相关报道。Leyva-Ramost 团队利用聚丙烯腈和酚醛树脂为活性碳纤维的原材料，制备性能优良的重金属离子吸附材料，这种材料对于 Pb（Ⅱ）的吸附效果显著，同时研究结果发现，吸附性能同样受到溶液酸碱度的影响，当污染物溶液的 pH 值稳定在 2～4 范围之内，活性碳纤维的吸附性能最为理想。由此可以得出结论，活性碳纤维在吸附重金属离子的过程中，除了吸附材料本身的比表面积影响之外，溶液的 pH 值对吸附的效果也有很关键的影响。此外，使用不同的氧化剂处理活性碳纤维，吸附效果也会受到影响。

电纺生产纳米纤维的技术日渐成熟，可制备连续纳米纤维长丝。电纺的纳米纤维直径约为 200～450nm，仅为传统纤维的几百分之一，具备更大的比表面积。其作为制备活性碳纳米纤维的前体，产物直径更小，比表面积更大。例如 KIM 等通过电纺制备直径为 300nm 聚丙烯腈（PAN）纤维膜，后通过碳化、活化等方法制备 ACNF，并应用于超级电容器的电极材料。WANG 等通过电纺制备 PAN 纳米纤维膜，后通过碳化、CO_2 活化等方法制备直径为 285nm 的 ACNF，作为电极材料应用于电吸附脱盐，除盐效果可达到 4.64mg/g。LEE 等通过电纺制备直径为 800nmPAN 纳米纤维膜，后通过碳化、水蒸气活化等方法制备 ACNF，并应用于吸附甲醛，其吸附灵敏度是普通活性碳纤维的两倍。

吸附材料要求具有大的比表面积、适宜的孔结构及表面结构。静电纺丝制备的碳纳米纤维不但拥有上述优点外，还具备制造方便、容易再生和良好的通透性等优势，被认为是优良的吸附材料。Guo 等电纺氧化石墨烯/PAN 制备了具有发达介孔结构的新型氧化石墨烯/碳复合纳米纤维。研究表明，与传统的碳纳米材料相比，新型复合材料对苯和丁酮等极性组分的吸附能力更强。Bai 等以 10%（质量分数，下同）PAN/N,N-二甲基甲酰胺（PAN/DMF）为前驱体，通过静电纺丝法和自由接枝技术制备了含苯磺酸（PSA）基团的碳纳米纤维。处理后，碳纳米纤维表面极性变大，亲水性增强。对苯、丁酮和乙醇等有机组分的吸附能力增强。Wang 等通过静电纺丝法制备去除 NO 的 PCNFs。Tong 等通过同轴静电纺丝法制备了 WO_3/C 纤维用于降解含苯酚废水。

除了用作传统的液体及气体过滤，也可将碳纳米纤维与其他特殊的聚合物复合，制成防护服和分子过滤器，用作分子过滤、生化阻隔以及对化学和生物武器试剂的探测和过滤。Chen 等采用静电纺丝法和微波法成功制得了 $Ni(OH)_2$/碳纳米纤维材料，作为非酶性葡萄糖生物传感器。检测下限为 0.1μmol/L，检测限范围为 0.005 ~ 13.0mmol/L。该传感器也可用于人体血清样本葡萄糖的检测。Li 等通过静电纺丝法和乳酸催化法制备了含多巴胺的碳纳米纤维，作为生物传感器用于测定邻苯二酚。

1.2.1.3　水泥基

纳米碳纤维（CNFs）拥有独特的纳米尺寸（内径 50 ~ 200nm，长度约 100μm），具备纳米材料特有的优良性能。相比 CFs 而言，CNFs 力学性能更好，在水泥基材料中的分散程度较高。CNFs 与 CNTs 材料结构类似，具有很高比刚度和比强度、良好的导电和导热性能、很强的耐蚀性。且 CNFs 的价格远低于 CNTs，因此适合于大批量生产与应用。此外与 CNTs 相比，CNFs 的表面边缘有许多暴露的平面，致使纤维的物理化学活性程度高，这种表面结构为 CNFs 类超材料的制备提供了前提条件。与石墨烯、炭黑等碳类材料相比，CNFs 在水泥基材料中的小掺量（如水泥体积率 2.25% 左右）即可达到石墨烯、炭黑较大掺量（如水泥基体积率的 10% 左右）的自感应特性。目前可用于智能混凝土的碳材料有：碳纤维、纳米碳纤维、碳纳米管、炭黑和石墨烯等。

大连理工大学王宝民、张源等通过热重分析和差热分析的方法得出：CNFs 开始热分解的温度为 540℃，540℃ 之前 CNFs 不会发生化学反应，质量没有损失。温度由 540℃ 变化至 740℃ 时，CNFs 的质量急剧下降，说明 CNFs 此时发生了热化学反应。而温度超过 740℃ 后，CNFs 的质量不随温度而改变，CNFs 的热化学反应完成。因此研究认为 CNFs 材料具有良好的热稳定性。M. Ardanuy 等研究认为 CNFs 环氧树脂的热分解温度大概为 350℃。因此 M. Ardanuy 认为 CNFs 环氧树脂具有良好的热稳定性，并且 CNFs 掺量对环氧树脂的热稳定性影响很小。CNFs 因其自身具有很高的电导率，所以能改善复合材料的导电性能。M. Ardanuy、韩宝国、高迪等研究发现 CNFs 能使环氧树脂、石蜡、自密实混凝土的导电性能得到很大的改善。CNFs 水泥基材料良好的导电能力和热稳定性，使其有可能成为一种功能良好、性能稳定的智能水泥基材料。

水泥基材料中导电纤维的分散程度会影响其内部孔隙的体积与数量，从而对水泥基材料的机械强度产生影响。当纤维掺量不变时，纤维的分散程度决定着导电网络的密集程度、导电网络的面积和基体中导电网络的均匀程度从而影响智能水泥基材料导电通道的形成和功能特性的效果。因此纤维的均匀分散对智能水泥基材料能否有效发挥其智能特性十分重要。所以有必要研究纤维在水泥基材料中的分散方法，并对纤维均匀分散程度做出合理的判定。

纳米碳纤维增强型复合材料中，研究较多的基体材料主要为金属基、聚合物基等，有关水泥基材料为基体的复合材料的研究较少，目前仍处于起步阶段。研究的工作重点主要包括纳米碳纤维在基体的分散问题、纳米碳纤维水泥基复合材料的力学性能、耐久性性能等方面。

由于纳米碳纤维具有高长径比和很强的范德瓦耳斯力，因此纳米碳纤维极易发生团聚缠绕现象，从而在水泥基材料中难以达到均匀分散的状态，无法最大程度地起到增强作用。并且团聚的纳米碳纤维在水泥基材料中如同引入杂质，对水泥的水化起到抑制作用，最终会影响其微观形貌。国外学者对纳米碳纤维的分散问题和纳米碳纤维水泥基复合材料进行了细致的研究工作，多采用超声处理和分散剂相结合的方式使纳米碳纤维在水泥基材料中均匀分散。

Bryan M. Tyson 等人通过使用聚羧酸高效减水剂为分散剂，配合超声过程将纳米碳纤维均匀分散于水溶液中，后分别以 0.1%，0.2% 的掺量应用于水泥基材料中，水灰比为 0.4，在 7 天、14 天和 28 天龄期下分别研究了纳米碳纤维水泥基复合材料的力学性能，包括抗折强度、断裂形变量、极限应变量、韧性等，并研究讨论了纳米碳纤维在基体中的分散情况。研究结果表明：在 7 天和 14 天龄期时，纳米碳纤维对水泥基材料无明显增强效果；但是在 28 天龄期时，纳米碳纤维水泥基复合材料的力学性能（断裂形变量、抗折强度、极限应变量、韧性）均比空白试样的力学性能高。

Ardavan Yazdanbakhsh 等人采用聚羧酸高效减水剂为分散剂，通过超声的方法首先制备了纳米碳纤维分散悬浮液。后将制备的悬浮液应用于水泥混凝土中，制备纳米碳纤维水泥基复合材料。研究结果表明纳米碳纤维的分散状态存在区域性。在断裂面并未分散均匀的纳米碳纤维，因此分散效果并不是非常好。同时探讨了水泥颗粒尺寸与纳米碳纤维分散的关系。当大掺量纳米碳纤维时，水泥颗粒越大，越不利其在水泥基体内的分散。

F. Sanchez 等人则将硅灰应用于纳米碳纤维水泥基复合材料中，纳米碳纤维的掺量（质量分数）为 2%。研究结果表明硅灰的加入有利于纳米碳纤维在水泥基基体中的分散效果。纳米碳纤维与水泥基基体的黏结强度也得到了加强。与此同时，纳米碳纤维的加入能够有效地改善复合材料的孔隙结构，使机体更加密实，孔隙向更细小的尺寸转变。Zoi S. Metasa 等人研究了纳米碳纤维水泥基复合材料的力学性能，纳米碳纤维的掺量（质量分数）为 0.048%。为了提高纳米碳纤维在水泥基基体的分散性，分散剂和超声处理。首先应用制备分散均匀的纳米碳纤维水溶液。超声能力为 $2800kJ/m^2$ 且分散剂与纳米碳纤维的比例为 4:1 时可获得最佳的分散悬浮液。在水泥基复合材料中，SEM 分析可知纳米碳纤维控制了纳米级微裂缝的生长，同时复合材料的抗折强度、弹性模量、硬度得到了大幅度的增强。

J. M. Makar 等人对 CNTs 对水泥基材料的增强效果进行了研究，通过超声的方法将 CNTs 均匀分散于异丙醇中，之后制备出 CNTs 包裹的水泥颗粒，结果表明：CNTs 能够有效地加速水泥的水化进程，且 CNTs 以纤维拔出的方式对水泥基基体起到增强的效果。A. Cwirzen 等人首先将 CNTs 分散于分散剂水溶液中，后直接应用于水泥基材料中。结果表明这种方法并不能提高水泥基基体的力学性能（抗折、抗压强度）。将 CNTs 进行羧酸化处理，结果表明羧酸化后的 CNTs 能够具有优越的分散效果，且加入水泥后，水泥浆体的工作性良好，且 28 天抗压强度能够提高将近 50%。

高迪等人通过单轴抗压试验和劈裂试验，测试了掺加三种类型纳米碳纤维的普通混凝土和自密实混凝土的基本力学性能，并讨论其最佳掺量。对于普通混凝土，使用 PR. 19. XT. PS 型纳米碳纤维，当体积掺量为 0.16% 时，混凝土的抗压强度能够提高 40% 以上；当体积掺量为 0.78% 左右时，混凝土的劈裂强度可提高 5.83%。对于自密实混凝土，纳米碳纤维分散相对容易，使用 PR. 19. XT. PS 型纳米碳纤维分散于 SDS 水溶液后应用于自密实混凝土中，平均最大的抗压强度能够提高 13.5%。使用 PR. 19. XT. PS. OX 型纳米碳纤维并使用高效减水剂为分散剂应用于自密实混凝土中，平均最大抗压强度能够提高 24.4%，延性也得到了增强。使用 PR. 19. XT. LHT. OX 型纳米碳纤维并使用高效减水剂为分散剂应用于自密实混凝土中，平均最大抗压强度可提高 21.4%，当纳米碳纤维的体积掺量为 1.5% 时，混凝土的平均劈裂抗拉强度可提高 7.03%。具有适当掺量且分散良好的纳米碳纤维可以提高混凝土的抗压强度和劈裂抗拉强度，对混凝土材料有很好的增强作用。庄国方等人为了促进纳米碳纤维材料在桥梁上的应用，通过劈裂和抗弯测试研究了纳米碳纤维混凝土的压敏特性。研究结果表明纳米碳纤维混凝土电阻变化率随压力的增大而逐渐变小，随拉应力的增大而增大，具有良好的线性关系。当压力、拉应力共同作用时，纳米碳纤维混凝土的电阻变化取决于试件的变形及其内部裂缝的发展情况。当纳米碳纤维的掺量适中且在混凝土中分散良好，纳米碳纤维混凝土具有良好的压敏特性。将其应用桥梁结构中用于监测应变是可行的。

1.2.2 纳米碳纤维材料在能源储存方面的应用

双电层电容器（又称超级电容器）的工作基础是电解质与高比表面积电极的界面作用。其中活性炭是常见电极，尽管活性炭具有非常高的比表面积（1000 m²/g），但是由于结构缺陷的存在，其导电性较差。采用高比表面积和高导电性的材料替代活性炭会产生显著的改善。催化生长的纳米碳纤维具有高比表面积（700 m²/g）和与石墨相近的导电性，成为电容器电极理想的材料。储能设备中纳米碳纤维作为电极的可行性已经被证实，研究人员发现部分氧化纳米碳纤维的性能优于活性碳纤维，他们坚信这是纳米碳纤维优异的参数使其具有更高的导电性。

纳米碳纤维（CNFs）是两维空间为纳米尺度的碳质纤维材料，不仅保持碳材料的高导电性和纺织纤维材料的良好机械柔性优势，且在储能应用中具有较高的能量密度和优秀的电化学性能。高容量和优秀的电化学性质主要归功于 CNFs 以下几方面优势：

（1）储能用 CNFs 制备所需的碳化温度通常为在 600～1000℃，制备的 CNFs 碳原子排列呈乱层石墨结构和无定形结构，有助于获得高比容量：一方面，乱层石墨结构使 CNFs 具有与石墨相似的储锂反应，即 6 个 C 原子通过插层反应可容纳一个 Li^+ 嵌入形成 LiC_6，反应如式（1-1）所示：

$$Li^+ + 6C + 6e \longrightarrow LiC_6 \qquad (1-1)$$

经计算，上述反应的理论比容量高达 372mA·h/g。另一方面，缺陷碳结构可作为活性物理储锂位点储存 Li^+，从而获得高储锂容量。

（2）CNFs 兼具纤维材料特有的一维结构和碳质材料高导电优势，可作为电子传输快速通道，提高负极导电性，实现更高的倍率性能。

（3）CNFs 交错纤维网络结构，具有比表面积大、孔隙率高和可自支撑的特点，作为锂离子电池负极材料时，不仅有利于 Li^+ 传输和扩散进入活性材料内部，还可缓解充放电过程活性物质体积变化所产生的应力，保持电极完整性，实现更好的循环稳定性。

因此，在锂离子电池负极应用中，纳米碳纤维不仅可作为柔性导电基体，还可直接作为活性物质进行储能。Zhang Xiangwu 课题组报道了静电纺制备的 CNFs 作为锂离子电池负极，在 30mA/g 电流密度下，可逆容量达 450mA·h/g，高于商业石墨的理论容量（372mA·h/g），且是常规碳布的 6 倍以上。Shen 等人利用 CNFs 高导电性和高比容量优势，复合 Sn 纳米颗粒制备自支撑复合电极，800mA/g 电流密度下循环 200 次后，可逆容量高达 771mA·h/g。

随着纳米技术的发展，静电纺丝作为一种简便有效的可生产连续纳米纤维的新型加工技术，在能源、催化、生物医用材料、过滤及防护、光电、食品工程等领域发挥巨大作用。其中，静电纺丝技术在能量转化与贮存应用方向备受国内外研究者关注。

近年来，随着新能源开发及能量贮存技术的不断革新，锂离子电池得以快速发展，静电纺纳米纤维作为锂离子电池负极材料的研究也常见报道。如 Feiyu-Kang 课题组采用静电纺丝技术制备包含 Sn/SnO_x 纳米颗粒的多孔纳米碳纤维，实验表明，这种多孔的纳米纤维可有效缓解 Sn 的体积效应，提高 Sn 基材料的电化学性能。Yi Cui 课题组将静电纺丝技术应用到 Si 基负极材料的制备上，将 SiH_4 作为 Si 源，气相沉积到静电纺纳米纤维上，将纳米纤维除去得到 Si 纳米管，可显著提高 Si 基负极材料的电化学性能。Hansu Kim 课题组利用静电纺丝技术制备 N 掺杂 TiO_2 中空纳米纤维，此负极材料在 5C 的电流密度下具有 2 倍于普通 TiO_2 纳米纤维的倍率容量。由此可见，静电纺丝作为制备锂离子电池纳米级负极材料的技术方法，有着其独特的优势，具体体现在：

（1）静电纺可制备单一连续的纳米级纤维。

（2）静电纺-碳化过程可一步制备负极材料或基体，工艺简单，操作方便。

（3）静电纺制备的活性材料嵌在 CNFs 中，即活性材料与导电基体的融合度高。

电纺纤维在能源方面的应用主要在下面几个方面。

1.2.2.1　锂离子电池

在锂离子电池中，纳米碳纤维多应用在负极材料上，这主要是由于它具有规整的 d_{002} 孔道和较小的直径。规整的 d_{002} 孔道使锂离子可以自由迁入和迁出，有利于提高锂离子电池的充放电容量和电流密度，加之纳米碳纤维直径较小，从而使得锂离子迁入和迁出距离较短，减少了锂离子的能量损耗。Charles 对比研究了纳米材料在锂离子电池中的应用。由于纳米材料有利于锂离子扩散，因此应用纳米材料的锂离子电池有较好的容量和性能。对于 CNFs 电极，锂离子在轴向扩散一般不超过 50nm，这使得电池的容量大大提升。Wang 等发现 CNFs 结构对其电化学嵌锂容量和充放电循环寿命有重要影响，制备温度越低，CNFs 的石墨化程度越差，可逆嵌锂容量相应越高。

此外，有研究者还发现纳米碳纤维可以用作阳极材料。Li 等通过实验将混合的聚丙烯腈（PAN）和聚左旋乳酸（PLLA）溶解在 N，N-二甲基甲酰胺中，然后通过电纺丝技术进行热处理的方式制备出多孔的纳米碳纤维。通过观察发现这种多孔的纳米碳纤维材料具有较高的可逆容量和相对稳定的循环性能，可以作为一种阳极材料而应用于可充电的锂离子电池中。

纳米碳纤维比表面积大，导电性较好，导热系数较高，且具有很好的嵌锂性能，可用于锂离子电池的负极材料。高宏权对锂离子电池用负极材料包括碳负极材料（硬碳、碳纳米管、碳的掺杂）和非碳负极材料（锡基负极材料、过渡金属氮化物、新型合金）进行了综述，认为超大比容量的锂离子电池用负极材料是未来发展的重要方向。吴国涛等人以泡沫镍为催化剂，以 CVD 法热解乙炔气体，控制一定的温度和气体流量及加热时间，生成大量的竹节状纳米碳纤维，并研究了其充放电性能，经过 20 次循环后，样品容量下降到初始容量的 62.2%。

1.2.2.2　燃料电池

在燃料电池中，主要利用纳米碳纤维独特的结构和物理化学性能，可以在纳米碳纤维上负载 Pt、Ru、Pd、Mo 等金属或合金作为燃料电池的电极来使用。Bessel 等利用甲醇在 40℃ 的氧化反应作为探针反应，考察了石墨纳米纤维担载的 Pt 催化剂作为燃料电池电极的催化性能。实验得知，在 CNFs 上负载质量分数为

5%的Pt的效果与在传统载体上活性相当，而且以纳米碳纤维为载体的催化剂还具有更高的抗CO中毒性能，他们认为这可能与担载在纳米碳纤维上的重金属离子Pt的晶格取向有关。Zheng等合成了不同石墨层堆积方式（板式、鱼骨式、管式）的纳米碳纤维担载铂催化剂，将其应用在质子交换膜燃料电池（PEMFCs）中，并通过单电池测试了催化剂的电催化性能。结果表明Pt纳米粒子在不同的纳米碳载体上表现出不同的粒径，板式纳米碳纤维担载Pt催化剂作单电池阳极时表现出良好的电催化性能，其对应的最高功率密度可达0.569W/cm²。研究同时也表明，相比于炭黑（Pt/XC-72）担载的Pt催化剂，纳米碳纤维载体上担载的Pt催化剂有较小的粒径、较好的分散和较高的催化活性。

1.2.2.3　超级电容器

纳米碳纤维具有很高的电导率和稳定性，同时有较多的边角，对这些边角进行修饰可以得到较高的电容，因此许多研究者开始关注纳米碳纤维在电容器中的应用。McDonough等在三维的泡沫镍基体中制得纳米碳纤维，将其应用于电容器中，发现可以通过优化纳米碳纤维的生长过程来改善超级电容器的性能，从而增加它的比容量。此外，Guillorn等利用纳米碳纤维稳定的结构，加之场发射器件低的门槛电压，采用PECVD法合成了直径约为200nm、长度为1μm、垂直取向的纳米碳纤维，将其作为门控电极场发射器件，具有较好的场发射性能。

电纺碳纤维毡具有高导电、较大比表面积、无须支撑物的优点，因此可做超级电容器。网状结构的纤维毡可以用作电极，并不需要再加入黏结剂和电导材料（如炭黑），用静电纺丝法制备的网状结构可以有独特的优势，不仅操作简单，由于它具有较大的比表面积，从而具有较高的能量密度，而且，由于点接触密度大大提高，使得电导率也有了很大提高，另外，制备电极的成本也比较低。

Kim等人采用比表面积为500m²/g的纳米碳纤维做电容电极，比电容能达到128F/g，在水溶液中能量密度为16.0～21.4Wh/kg，在有机电解质溶液中能量密度达75.0～58.2Wh/kg。以1mA/cm²持续充放电循环100次后，在6mol/L KOH溶液中纳米碳纤维的稳定性仅下降了17%。中科院煤炭化学研究所Chang Ma等以酚醛树脂为前驱体，加入聚乙烯醇（PVA）改善可纺性，采用电纺法得到了原丝，在150℃预氧化1h，N₂保护气氛下800℃保温3h，经过一步碳化过程，制备了平均直径为390nm的纳米碳纤维毡，并没有进行任何活化比表面积就达到416m²/g。采用三电极体系，Hg/HgO和铂片分别作为参比电极和对电极，工作电极之间用聚丙烯纸隔开，6mol/L KOH溶液为电解液，扫描速率为5～100mV/s，恒流充放电范围为0.1～20A/g。用两电极或三电极电池测定了电化学性能。在5mV/s下，比容量达171F/g，在100mV/s仍能保持84%，远远优于活化过的纳米碳纤维性能。Jung等人开发了新的电纺前驱体丙烯腈-乙烯基咪唑聚合物，将得到的纤维在空气中 280℃ 预氧化 3h，N_2 保护气氛下 950℃ 保温 1h，再在流量为 5mL/h 的水蒸气中活化 1h，制备了比表面积达 $1120m^2/g$ 的纳米碳纤维。利用纽扣式电池测得比电容为 122F/g(10mV/s)、86F/g(300mV/s)，最大能量密度达 47.4Wh/kg(0.5A/g) 和 7.2kW/kg(5A/g)。

1.2.2.4　储氢技术

纳米碳纤维因其比表面积大，吸附性高等优点，碳基材料作为当今氢能研究的吸附剂而备受瞩目。赵东林采用 KOH 活化法制备出的活性碳纤维比表面积达 $1484m^2/g$，微孔孔容达 $0.373m^3/g$，总孔容为 $0.662m^3/g$。范月英对碳纤维的储氢机理进行了研究，发现 100nm 左右的碳纤维的储氢容量高达 10% 以上（质量分数），如此高的储氢容量使其在燃料电池等方面具有广阔的应用。

低压储氢技术的研究开始于 20 世纪 70 年代，基本原理是利用多孔介质的吸附作用，在低温下 (77～195K)，使氢气发生浓缩密度增大，达到一种类似于超临界流体的状态存储在多孔介质的孔隙内。由于低压储氢具有存储压力低、形状选择空间大、存储设备自身重量小、成本低等优点，已经成为储氢领域研究的热点。纳米碳纤维作为一种特殊的一维纳米碳材料，其表面有很多的分子级的细孔，其中部是一个直径为 10nm 的中空管状结构，具有较大的比表面积，而且可以可控的制备石墨片层垂直与轴向的纤维，也可以制备石墨片层与轴向呈现一定角度的鱼骨状纳米结构的碳纤维。这些结构的存在都可以存储氢气，从而使纳米碳纤维具有超级储氢能力。

Likholobov 及其合作者报道了纳米碳纤维的亨利系数和吸附热会随着吸附质分子尺寸的少量减少而迅速增加，这种现象与常规的碳材料的性质正好相反，这预示着纳米碳纤维可能对小分子氢有着超强的吸附能力。Chambers 等报道了在 12MPa 下纳米石墨纤维的储氢容量高达 23.33L/g，与现有的储氢材料相比，纳米石墨纤维的效率高出 1～2 个数量级，这引起了全世界科学家的广泛关注。国内方面，邹勇等人对低压吸附储氢作为汽车燃料进行了研究与开发。周理等在对各种可行的规模化储氢方案进行评价之后指出，碳基材料低温吸附储氢技术是最有可能进行工业化的储氢技术。他研究了活性炭、碳纳米管和纳米碳纤维常温下储氢的机理与应用前景，指出在将这项技术应用到实际生产之前需要首先解决两个主要问题，(1) 如何提高其体积储氢密度，(2) 如何改善放氢的动力学行为。

多孔碳材料因其特殊的形态被广泛应用于气体和电能存储，CNF 因具有分子级细孔，比表面积大，因此可以吸附大量的气体，是极具潜力的储氢材料。Vivek 等用火焰燃烧法制备了试验用的碳纳米纤维，通过改变不同的温度及压力寻找吸附氢气量最大的吸附温度及吸附压力，实验发现高压 (10MPa) 时 CNF 的储氢量最大，达到了 3.7%（质量分数）。活性炭纳米纤维（ACNF）既有活性炭的强吸附性又因特殊的纤维形貌而具有更好的吸附性能。F. S-Garcia 等用聚合物共混法制备了多孔 ACNF 并用 KOH 活化处理得到了活化多孔高分子共混 AC-NF，该法制备的 ACNF 表面积增加了 $1700m^2/g$，产量也得到大大提高。当氢存储温度控制为 77K 时，不管是在低压还是高压（4MPa），ACNF 的储氢量都较普通多孔碳材料高。当氢气的储存压力为 4MPa 时储氢能力最强，达到了 $34gH_2/L$，此时其比表面积在 $1500 \sim 1700m^2/g$。Dhand 等设计了高压防泄漏装置专门用于研究 CNF 在高压下的储氢情况，研究了室温 $0.1 \sim 15MPa$ 下 CNF 的氢吸收情况，在 10MPa 时，CNF 的储氢量最大，达到了 3.7%（质量分数）。此外也有通过改变 CNF 的形貌来改善其储氢性能的，比如通过高分子材料将其制备成多孔结构、竹结构或进行球磨处理、热处理等。

2 改性纳米碳纤维材料的制备

2.1 改性纳米碳纤维材料制备方法

2.1.1 气相生长法

气相生长法是以金属颗粒为催化剂，使碳氢化合物如苯、甲醇等在 700 ~ 1200℃温度范围内的 H_2 环境中分解，碳沉积生长而获得碳纤维，包括种子催化气相生长和流动催化气相生长。种子催化气相生长过程中，催化剂沉积在反应器中的基体上，催化剂颗粒较大，纤维直径较大，难以实现工业化连续生产；流动催化气相生长法是将含金属的有机物，溶在碳氢化合物中，再安装在垂直电炉内的反应器中分解，形成金属颗粒催化剂，促进碳氢化合物分解及碳纤维的生长。该方法制得的纤维直径较小，分布较宽，可以连续化生产，生产效率较高，在工程领域有潜在的应用，并已有相应的商业化产品出现。气相生长所得纳米碳纤维为无定向排列的杂乱的短纤维制品，只能用于复合材料等领域。

2.1.2 等离子体增强化学气相沉淀法

等离子体增强化学气相沉积法是借助微波或射频等使含有薄膜组成原子的气体，在局部形成等离子体，而等离子体化学活性很强，很容易发生反应，在基片上沉积出所期望的薄膜。此工艺合成温度较低，所得到纳米碳纤维可以定向排列，但其成本较高，生产效率较低，工艺过程较难控制。

等离子体是物质存在的第四种状态。处于等离子体状态下的物质微粒通过相互作用可以很快获得高温、高焓、高活性。这些微粒将具有很高的化学活性和反应性，在一定条件下可获得比较完全的反应产物。因此，利用等离子体空间作为加热、蒸发和反应空间，可以制备出各类物质的纳米级微粒。等离子体增强化学气相沉积法合成纳米微粒的主要过程为：先将反应室抽成真空，充入一定量纯净的惰性气体；然后接通等离子体电源，同时导人各路反应气与保护气体，在极短的时间内反应体系被等离子体高温焰流加热并达到引发相应化学反应的温度，促进气体间的化学反应，从而在较低温度下沉积晶须。

等离子体增强化学气相沉积法制备纳米碳纤维最大的特点在于等离子体的电离度和离解度较高，可以得到多种活性组分，有利于各类化学反应的进行；等离子体反应空间大，可以使相应的物质完全反应。该方法所需温度较低，制得的纳米碳纤维可以定向排列，具有相当好的电子场发射性能，在场发射领域有潜在的应用价值。但是利用此方法合成的纳米碳纤维成本较高，生产效率相对较低，工艺过程较难控制。Merkulov 等以硅片为基体，Ni 为催化剂，乙炔和 10% NH_3、90% He 混合气体为气源，于真空容器中通过直流等离子体在电流为 50mA、电压为 500V 的条件下放电，进行化学气相沉积，制得定向排列的 CNFs。

2.1.3　静电纺丝法

静电纺丝（electrospinning）是将聚合物熔体或溶液在高压静电场作用下拉伸形成纤维的过程。在静电纺丝过程中，首先将纺丝前驱体加入注射器中，此时，前驱体受自身表面张力和黏弹性力作用，以半球形液滴形式黏附于注射器喷丝口。在注射器喷丝口与纤维收集器之间连接高压电源形成高压电场。在高压电场作用下，前驱体液滴表面会产生电荷，并产生与液滴表面张力和黏弹性力作用方向相反的力。随着电场力的增加，喷丝口呈半球状的前驱体液滴在电场力的作用下被拉成圆锥状，即 Taylor 锥。当电场力超过某一临界值时，带电液滴将克服液滴的表面张力和黏弹性力形成射流从锥尖喷射出来。飞行过程中，射流因溶剂挥发而固化形成纤维，同时，射流受到电场力持续的拉伸作用，使纤维拉伸多达100 多倍。飞行中后期，由于射流电荷密度逐渐增加，静电斥力增加，导致射流不稳定，发生弯曲或偏移，使纤维直径进一步降低，从而得到超细甚至纳米级纤维。最后，表面带电的超细/纳米级纤维随机落在接收器上，得到无规交织的纤维膜。

CNFs 所用聚合物前驱体与碳纤维（CF）相似。聚丙烯腈（PAN）、沥青、黏胶是制备 CF 的三大主要原料，其中 PAN 是目前制备 CF 最主要的原料，PAN 基 CF 产量约占世界碳纤维总产量的 95% 左右。因此，PAN 也是静电纺制备 CNFs 的主要聚合物原料。PAN 分子具有链状结构，由于其大分子链上有强极性和体积较大的氰基（CN），使其分子间形成强的偶极力。分子间强相互作用使得 PAN 仅溶于高离子化程度高的溶剂中，如 N,N-二甲基甲酰胺（DMF）以及无机盐（$ZnCl_2$）浓溶液等。此外，PAN 分子链在低于熔点的温度下会优先发生热氧化反应，形成不熔的梯形结构，使其无法熔融静电纺丝。因此，静电纺 PAN 纳米纤维的一般采用溶液纺丝制备。

静电纺丝技术最早出现在 20 世纪 30 年代，是近几年来重新引起人们兴趣的一种制备纳米碳纤维的方法，也是目前唯一制得连续纳米碳纤维的方法。电场纺丝使聚合物溶液或熔体在高压直流电源的作用下带上成千至上万伏的静电，带电的聚合物在电场的作用下首先在纺丝口形成泰勒（Taylor）锥，当电场力达到能克服纺丝液内部张力时，它将克服液滴的表面张力形成喷射细流，喷射细流在静电力的作用下加速运动并分裂形成细流簇，经溶剂挥发或冷却后凝结或固化为微丝，最终以无纺布的形式在收集器上得到直径为几十纳米到几微米的纤维毡。纤维毡经过空气中 280℃、30min 左右的预氧化及 N_2 氛围中 800~1000℃ 的碳化处理最终得到纳米碳纤维。

静电纺丝制备纳米碳纤维的主要原料为聚丙烯腈（PAN）。目前采用电场纺丝可纺制近百种聚合物纤维。Wang 等研究了聚丙烯腈和二甲基甲酰胺溶液的电场纺丝行为，并研究了所得纳米碳纤维的导电性能及结构，结果表明纳米碳纤维的导电性随着热解温度的升高而增大，并且热解温度越高，纳米碳纤维的石墨化程度越高，表现为拉曼光谱图中的 G 峰（1580cm^{-1}）和 D 峰（1360cm^{-1}）的比例增大。Santiago-Aviles 等提出利用静电纺丝法制备纳米碳纤维，将 PAN 和 N,N-二甲基甲酰胺（DMF）溶液混合后纺出的前驱体 PAN 在真空炉中高温分解30min，得到直径 120nm 左右高度无序的纳米碳纤维，并用 X 射线研究了其结构。电纺纤维最主要的特点是所得纤维的直径很细，可在室温下进行，工艺简单，原料来源广泛，成本低，可制得连续的 CNFs，有望实现纳米碳纤维的大批量生产，并且可以通过控制收集器的运动或形状，制得具有特定形状的 CNFs 预制坯，从而得到新一代的 CNFs 增强材料，是纳米复合材料的一个新的研究方向。但是当前的电纺技术还存在以下基本问题，仅仅停留在实验阶段：

（1）由于静电纺丝机设计的构型，此法得到的只能是无纺布，而不能得到纳米纤维彼此可分离的长丝或短纤维。

（2）目前静电纺丝机的产量很低，其产量典型值为 $1 \times 10^{-3} \sim 1g/h$，不可能大规模应用。

（3）多数条件下，静电纺丝中的拉伸速率较低，纺丝路程很短，在这一过程中高分子取向发展不完善，电纺纳米纤维的强度较低。因此要将静电纺丝产业化还有待努力。

静电纺丝法结合碳化工艺制备多孔纳米碳纤维因工艺简单、成本低廉而成为制备该种材料最有效的方法之一。Jung 等电纺聚丙烯腈溶液，碳化后得到纳米碳纤维，分别用氢氧化钾和氢氧化钠在高温惰性气氛下对纳米碳纤维进行活化得到多孔纳米碳纤维，并将其应用作电容器电极材料。Kim 等将原硅酸四乙酯和聚丙烯腈混溶电纺，活化后得到含硅的多孔纳米碳纤维，然而将其用作电化学电容器电极材料时比电容仅有 92.0F/g。Park 等电纺聚丙烯腈和聚苯乙烯的混合溶液制备氮掺杂多孔纳米碳纤维，耐热性能较差的聚苯乙烯作为成孔剂，在高温下分解制得高比表面积纳米碳纤维，然而聚丙烯腈本身含氮量较低，碳化过程中氮的含量还会进一步降低，因而制备得到的氮掺杂纳米碳纤维的氮含量很低，以至无法有效地引入赝电容。

鉴于活化过程涉及复杂的化学反应且程序繁琐，因而不利于多孔碳纤维的制备。有研究者采用三聚氰胺作为交联改性剂和氮掺杂剂，通过共混静电纺丝法制备了三聚氰胺/聚丙烯腈纳米纤维前驱体，再经碳化工艺一步法制备得到了高氮掺杂纳米碳纤维。利用三聚氰胺的熔融热分解特性，采用合适的预氧化工艺，使纳米纤维前驱体在还未通过充分预氧化使形貌固定的情况下，借助三聚氰胺的熔融热分解导致纳米纤维塌陷和收缩，使纳米纤维有效地扁化和黏接，形成交联三维立体网络状结构，产生各种尺寸不一的介孔和大孔，与此同时三聚氰胺发生热分解，其产生的气体在软化的有机纤维内部形成微孔，使最终纳米碳纤维内部同时具有大量微孔，两者共同导致纳米碳纤维具有合理的多级孔道结构和较大的比表面积。特别是由于特殊的交联三维立体网络状结构导致网络中纳米纤维搭接面积增加并成为一体，提供良好的连续导电网络结构，增强电子的传导能力，最终纳米碳纤维膜的电阻大大降低，从而提高了其电化学特性。研究发现三聚氰胺氮掺杂纳米碳纤维的质量比电容值高达 $194F/g$（电流密度为 $0.05A/g$），并且电化学稳定性优良，表现出优异的电化学电容特性。

2.1.4 其他方法

（1）电弧法。目前，电弧法也是制备纳米碳材料的主要方法之一，朱长纯等利用电弧法制备碳纳米管时还发现有不少纳米碳纤维生成。其长度约为 $0.15\mu m$，直径约为 $9nm$，没有呈现中空结构和层状结构，由于石墨化程度低，碳纤维形态上蜿蜒曲折，不像纳米管那样笔直地生长，还能看出其内部碳密度的不均匀分布，研究认为，纳米碳纤维的形成可能是由于局部生长区域温度低，无法达到石墨化温度所致。Lei 等以镍为催化剂，在常压条件下、乙炔和氩气气氛中，利用电弧法合成无定形纳米碳纤维（ACNF）和无定形纳米碳管（ACNT），并采用透射电镜（TEM）对产物进行表征，观察到 ACNF 和 ACNT 的直径在 $60\sim100nm$ 之间，而且 ACNF 可能转化成 ACNT，由此可知电弧法制备的纳米碳纤维难于分离，使用价值不高。

（2）激光消融法/射频磁控法。激光消融法制备纳米碳纤维的过程为：先将混有一定比例催化剂的靶材粉末压制成块，放入一高温石英管真空炉中烘烤去气，经预处理后将靶材加热到 $1200℃$ 左右，用一束激光消融靶材形成气溶胶，同时吹入流量为 $50mL/min$ 左右的保护气（He 或者 Ar），保持 $(532.52\sim931.91)\times10^2Pa$ 气压，在出气口附近由水冷收集器收集制得纳米碳纤维。VanderWal 等用脉冲激光消融旋转的金属靶形成金属气溶胶，通过 He 气将金属气溶胶导入燃烧室与 CO、H_2、He、C_2H_2 气体混合燃烧，反应完成后得到纳米碳纤维。此方法制备纳米颗粒可以通过控制激光的波长、脉宽、强度和重复频率来控制所形成的纳米颗粒的大小，但是由于产量低和放大困难使得该法成本较高而不被广泛应用。

2.2 改性纳米碳纤维材料制备过程常用设备

2.2.1 气相沉积合成器

化学气相沉积工艺装置主要由反应室、供气系统和加热系统组成。反应室是CVD中最基本的部分，常采用石英管制成，其壁可分为热态和冷态。

在室温下，进行化学气相沉积的原料不一定都是气体，如果源物质有液态原料，需加热形成蒸汽或气态反应剂反应，形成气态物质导入沉积区，由载流气体携带入炉；如果源物质有固体原料，一般是通过一定的气体与之发生气-固或气-液反应，形成适当的气态组分，将产生的气态组分输送入反应室，在这些反应物载入沉积区之前，一般不希望它们之间相互反应，因此，在低温下会相互反应的物质在进入沉积区之前应隔开。

如果反应器壁和原料都不加热，即所谓的冷壁反应器，一般地，这类反应器的反应物在室温下是气体或者具有较高蒸汽压的物质；如果原料区和反应器壁是加热的，即所谓的热壁反应器，反应器的加热是为了防止反应物的冷凝。

2.2.2 静电纺丝设备

在静电纺丝过程中，带正电的溶液在电场作用下，在喷嘴处使液滴变形，形成称为Taylor锥的锥形结构。所施加的电场力会抵消聚合物溶液的表面张力，使得聚合物射流从Taylor锥的锥体顶点喷出。喷出的聚合物射流由于喷射长度上存在的排斥电荷引起的弯曲不稳定性而发生摆动。最后，当溶剂从射流表面蒸发时，射流拉伸停止，从而纤维变细达到纳米级别。要想成功制备纳米纤维，需要形成稳定的Taylor锥，才能形成连续均匀分布良好的纤维。基本的静电纺丝装置主要由3部分组成：高压静电发生器、喷头或金属针头以及接收装置，见图2-1。

传统的静电纺丝装置为单针头装置。20世纪30年代初美国人Formhals用无喷头的喷丝装置以及旋转的接收装置成功纺出了聚合物纤维。20世纪30年代后期，Petryanov-Sokolov和他的同伴设计出一种制备人类历史上第一个可以用来量产的静电纺丝装置。20世纪50年代，静电纺纳米纤维就已经可以工业化生产。发展至今，静电纺丝技术已经经历了针头式、多喷头式和无针头式3个阶段。除此之外，针对接收装置的改进等各种新技术、新设备也层出不穷。

2.2.2.1 单喷头静电纺丝装置

自静电纺丝技术发明以来，相当一段时间内大都采用单喷头纺丝装置。然而传统的静电纺丝装置效率低下，生产过程不稳定，难以实现产业规模化以及纳米纤维材料的广泛应用。为了提高纺丝效率，开始设计在单喷头处形成多个Taylor

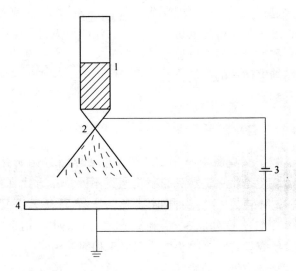

图 2-1 静电纺丝装置示意图

1—聚合物溶液；2—金属针头；3—高压电源；4—纤维接收辊

锥，或在 1 个 Taylor 锥处形成多个射流。Y. Yamashit 等为了实现多射流最先将针头内壁设计成多沟槽的形式，将一种非晶聚合物溶液制成了纳米纤维。但是，由于针头内径比较大，电场力无法做到充分地拉伸聚合物液滴，导致得到的纤维直径比较粗，并且纤维质量也有不少缺陷。虽然这在一定程度上增加了纺丝射流，提高了静电纺丝的效率，但是在纺丝过程中喷出的射流难以控制其稳定性，所以这种方法未得到广泛的应用。哈佛大学的 S. Paruchuri 在静电纺丝过程中引入辅助电极（或交变电场），射流在经过电场的过程中受到切向应力的作用从而分裂成多个射流，这种方法在一定程度上提高了纺丝效率，也细化了纤维直径。典型的单喷头多射流静电纺丝装置见图 2-2。

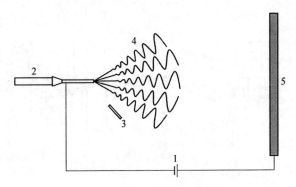

图 2-2 单喷头多射流静电纺丝示意图

1—高压电源；2—针状喷头；3—辅助电极；4—喷出物；5—接收板

　　由于静电纺丝过程中的作用机理复杂，以上的设计都直接或者间接地改变了电场的分布情况，进一步使得静电纺丝过程中射流的形成机理变得更加复杂，造成了纤维在形态上和直径上的不可控。虽然单喷头多射流的设计装置能够同时产生多个射流，提高静电纺丝的产量，但在实际应用中，单喷头多射流的设计理念还有待进一步改善和研究。

2.2.2.2　多针头静电纺丝装置

　　为了提高纺丝效率，克服单喷头的缺陷，许多学者开始研究多喷头射流装置。多喷头多射流装置是将一定数量的喷头通过不同排布方式（或平面或立体）排列，从而实现喷射装置多喷头同时喷丝，这样可以显著提升纺丝效率。S. A. Theron 等将 9 个针头排列成 3×3 和 9×1 两种阵列，如图 2-3a 和 b 所示，并进行纺丝实验，研究发现，多喷头射流间由于相邻针头间的静电影响会产生相互排斥的现象，容易造成针头的堵塞，影响纺丝质量，难以实现其产业规模化生产。Yang Ying 等设计了正六边形阵列排布的 7 喷头纺丝装置，1 个喷头在六边形的中心，其余的 6 个喷头分别在 6 个角，如图 2-3c 所示，研究表明，当喷头间距为 10mm 时，外围 6 个喷头的射流在电场力作用下开始向六边形外围喷射。W. Tomaszewksi 等利用椭圆形和圆形分布的多针头与线性排布对比，如图 2-3d 所示，发现圆形分布可有效改善工艺稳定性，并可在一定程度上提高纺丝效率。

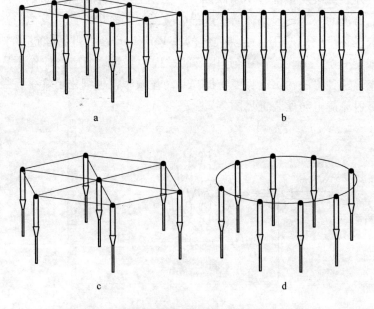

图 2-3　多喷头静电纺丝的针头布置示意图

a—方形/矩形阵列；b—线性阵列；c—六边形分布；d—同心分布

Zhou Fenglei 研究发现，当喷头的间距比较小时，针头与针头之间彼此受到的电场干扰较大，喷出的射流之间会相互影响，甚至很难形成射流；即便形成了射流，溶剂的挥发也会受到影响，纤维直径变得不稳定。为了解决静电纺丝过程中由于电场复杂而使得到的纤维不易收集的问题，谢胜等发明了多针头平板型的静电纺丝装置，该装置的电场分布由喷头针尖到辅助板的距离决定，该距离越小，电场分布则越均匀，纺丝效果越好。刘娜等对 4 喷头的静电纺丝配置进行数值模拟，通过电势和场强的分布规律得出，连续增加喷头数量后，内部喷头的电势和场强相同，从而为多喷头多射流的规模化提供了理论依据。Liu Shuliang 等提出了一种具有两个针头和一个环形接收板的离心静电纺丝装置，实验结果表明纤维直径在微米和亚微米尺度上广泛分布，增加离心力可以进一步拉伸纤维并减少鞭打动作，从而更好地控制纤维对齐。

多针头纺丝装置能提高纺丝效率，但存在着各针头电场间相互干扰的问题，目前仍然没有行之有效的方法去解决，要消除这种干扰势必会占据非常大的空间，这将很不利于在规模化生产中的应用。同时，多喷头在纺丝过程中的针头清洁难以进行以及防堵工作难以解决，也是造成其难以进一步发展的原因。因此，人们开始从多针头静电纺丝转而向无针头静电纺丝进行技术转移。

2.2.2.3　无针头静电纺丝装置

为了克服单针头和多针头纺丝装置的缺陷，许多学者开始研究无针头静电纺丝技术，其中最具代表性技术就是蜘蛛纳米纤维静电纺丝，该装置结构见图 2-4。

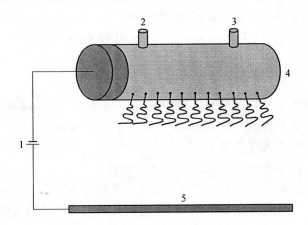

图 2-4　无针头静电纺丝技术装置
1—高压电源；2,3—溶液入口；4—储液罐；5—接收板

该技术利用了滚筒在转动过程中的离心力进行供液，从而代替了传统静电纺装置中的针头。该技术是静电纺丝领域的里程碑，标志着无针头静电纺技术跨出

了重要的一大步。但是该技术不够完善，对纺丝液的要求极为严格，所需的电场强度非常大，还需有辅助装置来完成纺丝过程。该装置结构较为复杂，而且圆筒上的薄膜极易越来越厚，不利于 Taylor 锥的形成。A. L. Yarin 将磁场引入静电纺丝，提出了磁场喷射装置，使用该装置得到的纤维直径在 200 ~ 800nm 间。He Ji-huan 等第一次提出气泡静电纺丝，该方法在纺丝溶液中注入压缩气体，溶液表面就会产生气泡，气泡个数越多，纺丝效率则越高，增加湿度后气泡的表面张力会减小，不仅节约能耗还可以得到品质更好的纤维。

A. K. Higham 等提出一种利用穿过高气量泡沫试样的新方法，通过多孔表面的压缩气体被注入聚合物溶液中从而形成带电的多射流。Wang Xin 等研制出溅射式静电纺丝装置，其金属滚筒采用上方溅射方式取液，使溶液在金属滚筒容易形成 Taylor 锥，更有利于纺丝，而且纺丝溶液在滴落到金属滚筒上之前不带有电荷，因而有利于对纺丝液的控制。2010 年，Lu Bingan 等利用锥形金属作喷头从而实现了高效率静电纺丝，相比传统针式纺丝装置，该设备的纺丝产量大幅提升。Tang Shan 等提出喷洒式无针静电纺丝方法，利用分配器将溶液洒在圆柱喷头表面，液滴便会随喷丝头旋转进入纺丝区后形成大量喷射流；由于喷射流直接由液滴激发形成，所需临界电压较小；该方法较为灵活，通过增加喷头尺寸可在一定程度上提高纤维产量。

Niu Haitao 等采用螺旋线圈作为无针喷头获得较高纺丝产量，研究发现，线圈周围的电场分布较为集中，所得纤维的形貌更加均匀，该方法对于静电纺丝工业化研究具有重要的指导意义。Wang Xin 等利用锥形线圈作为无针喷头实现高效静电纺丝，由于锥形线圈能够形成均匀电场，纺丝过程比较稳定，得到纤维的品质较好，但是由于喷射流是间歇产生的，该装置无法实现连续纺丝。

2.2.2.4　同轴静电纺丝装置

同轴针头静电纺丝装置实际上是对传统单针头静电纺丝装置的改进。同轴静电纺丝装置如图 2-5 所示，单个喷头由两个同轴的金属细管代替，其中芯质和表层材料的液体分装于两个轴道分别连接两个储液器，同轴结构的喷头可以为内液、外液提供不同的通道。

2003 年，Z. Sun 等首先使用这种方法制备出具有核壳结构的纳米纤维，并将该技术命名为"同轴静电纺丝"。随后又有研究人员改进了同轴静电纺丝装置，用微量注射泵代替原先气压控制的纺丝速度，大大提高了同轴纺丝速度的精确度。T. D. Brown 等使用一种基于熔体同轴静电纺丝的方法，制备了以长链烷烃为核层，二氧化钛-聚乙烯吡咯烷酮（TiO_2-PVP）为壳层的相变纳米纤维，他们使用非极性固体如石蜡进行静电纺丝，将同轴喷丝板和熔体静电纺丝相结合，在一步之内完成有机相变材料的封装及静电纺丝。孙良奎等发现同轴针头中内外喷头

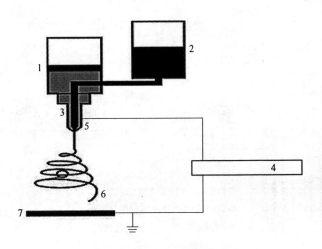

图 2-5　同轴静电纺丝装置

1—壳液；2—核液；3—同轴细管；4—高压电源；5—同轴针头；6—同轴射流；7—接地收集板

的距离会影响同轴纺丝，当内针头超出外针头的距离是外针头半径的 1/2 时，较容易获得相对稳定的喷射流。有文献报道，利用 Navier-Stokes 方程，通过对电纺过程中流体力学过程的数值模拟，发现核壳结构的形成与否并不受内外针头是否严格同轴而影响，但内外层溶液在射流截面中的占比会受内外喷头长度影响。

2.2.2.5　静电纺丝接收装置的发展进程

为获得有序排列纤维，目前主要有两种方法：一是从喷头处入手采用附加电场来控制纺丝射流，从而控制接收板上纤维分布；二是改进接收装置。S. Y. Chew 等利用圆柱状转鼓代替原有平板型接收装置，如图 2-6a 所示，得到了相对有序的纤维，但纤维的有序程度并不高。使用盘式收集装置代替鼓式收集装置，大量的纤维会残存在盘式装置的边缘上并且会聚集成相对高取向排列的纤维。因此，E. Zussman 等设计了旋转圆盘接收装置，该装置如图 2-6b 所示。

由图 2-6b 还可看出，旋转圆盘接收装置由绕中心横轴旋转的圆盘和铝块组成，铝块可以间隔时间绕竖轴旋转相应角度，调整原先收集方向，与之前的纤维组成纤维网，此工艺方法较鼓式收集方法相比提高了纤维排列的规整程度。E. Smit 等采用水相沉积法制备连续的纳米单纤维。此方法成形原理为：从喷头射出的射流在电场的作用下形成纤维，然后落到水面并沉积水中，再经过卷绕、拉伸到辊筒上，辊筒转速控制适当就可以获取单纤维，由于受溶液作用使纤维更容易抱合。

M. V. Kakade 等用 2 个间隔 1.2cm 的导电平行板，置放在平板接收电极上作为接收装置，发现所得纤维不仅取向排列很高，而且聚合物内部的分子链同样具

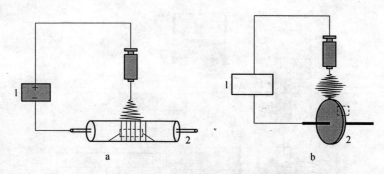

图 2-6 定向接收装置
a—旋转鼓接收；b—旋转圆盘接收
1—电源；2—旋转鼓或旋转圆盘

有很高的取向度。Li Dan 等直接以两块具有一定间隔距离的平行接地极板作为接收装置，也得到了排列取向度很好的纤维，见图 2-7。但随着纤维层厚度增大，纤维的规整程度也下降，因此不能制备较厚的有序排列纤维，并且纤维长度也受到限制。

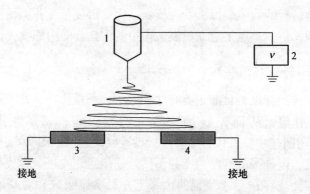

图 2-7 平行极板收集装置
1—聚合物溶液釜；2—高压电源；3,4—平行极板

Wu Yiquan 等发明了新的接收方法，即在接收平板或滚筒后面安置几个间隔的电极，但此电极不接地，而是单根或若干根并联连接在不同的静电发生器上获得不同的静电压，所得纤维不仅排列整齐，还可以在宏观上控制纤维膜的边界。J. Rafique 等采用旁侧喷射技术，通过改变尖端接收装置的外形和应用，成功制备了排列程度很高的聚己内酯和聚丙烯腈纳米纤维聚合体。

M. Khamforoush 等对滚筒接收装置进行了进一步的改进，他们设计了一种同轴双滚筒的接收装置，通过外滚筒的电场大大增强了内滚筒的电场，提高了内滚筒区域接收纤维的取向度。Huang Zhengming 等用圆盘或载玻片作为接收装置，再对其施加辅助电场制取了取向稳定的圆形纤维。张淑敏等利用矩形凹槽作接收装置，将矩形凹槽接收框放置于金属接收屏上，制取了具有高取向的纤维。

2.2.3　水热合成反应釜

水热合成反应釜是一种能分解难溶物质的密闭容器（如图2-8所示），可用于原子吸收光谱及等离子发射等分析中的溶样预处理；水热合成反应釜也可用于小剂量的合成反应；还可利用罐体内强酸或强碱且高温高压密闭的环境来达到快速消解难溶物质的目的。水热合成反应釜在气相、液相、等离子光谱质谱、原子吸收和原子荧光等化学分析方法中做样品前处理。是测定微量元素及痕量元素时消解样品的得力助手。可在铅、铜、镉、锌、钙、锰、铁、汞等重金属测定中应用，水热合成反应釜还可作为一种耐高温耐高压防腐高纯的反应容器，以及有机合成、水热合成、晶体生长或样品消解萃取等方面。水热合成反应釜在样品前处理消解重金属、农残、食品、淤泥、稀土、水产品、有机物等。水热合成反应釜。因此，在石油化工、生物医学、材料科学、地质化学、环境科学、食品科学、商品检验等部门的研究和生产中被广泛使用。

图2-8　水热反应釜

不锈钢水热合成反应釜主要特点：水热合成反应釜压力溶弹外体材料为$Cr_1Ni_{18}Ti_9$，内衬材料为聚四氟乙烯。水热合成反应釜采用圆形榫槽密封，手动螺旋坚固水热合成反应釜。水热合成反应釜最高温度可达220℃（压力不大于3.0MPa），最高适用压力为3.0MPa。

不锈钢水热合成反应釜产品特点为：

（1）水热合成反应釜抗腐蚀性好，无有害物质溢出，减少污染，使用安全。

（2）水热合成反应釜升温、升压后，能快速无损失地溶解在常规条件下难以溶解的试样及含有挥发性元素的试样。

（3）水热合成反应釜外形美观，结构合理，操作简单，缩短分析时间，数据可靠。

（4）水热合成反应釜内有聚四氟乙烯衬套，双层护理，可耐酸，碱等。

（5）水热合成反应釜可代替铂坩埚解决高纯氧化铝中微量元素分析的溶样处理问题。

3 改性纳米碳纤维材料特性表征

纳米碳纤维是化学气相生长碳纤维的一种形式，纳米碳纤维的碳含量高达90%以上。当纳米纤维在一定温度条件下发生热裂解排出部分物质和元素后会形成石墨晶格结构，但是在实际应用时，生产制作过程中得到的纳米碳纤维材料并不是理想的晶体石墨点阵结构，而是属"乱层石墨结构"。研究人员在氧气等离子气体中使用腐蚀方法研究纳米碳纤维的结构时发现，石墨微晶在整个纳米碳纤维产品中的分布并不是均匀的，他们主要由外皮层和芯层两部分组成，而外皮层和芯层之间是连续的过渡层。由皮层到芯层，微晶的尺寸减小，排列逐渐变得无序，整体的结构也变得越来越杂乱，这一层成为过渡区。纳米纤维表面的粗糙度、微晶的大小、官能团种类和数量对纳米碳纤维和其他材料的结合性能有很大的影响。增加表面粗糙度有利于碳纤维和其他材料基体结合，石墨微晶越大，处于碳纤维表面棱角和边缘位置的不饱和碳原子数目越少，表现活性越低。相反，微晶越小，活性炭原子的数目就越多，越有利于纳米碳纤维和其他材料及基体结合；纳米碳纤维表面的官能团如—OH、—N 等能够与基体发生反应，形成化学键。经过表面处理后，纳米碳纤维表面的石墨微晶变细、不饱和碳原子数目增加，极性基团增多，这些都有利于复合材料和改性材料性能的改善，同时还能极大地扩展改性纳米碳纤维材料的应用空间。

目前纳米碳纤维已经被广泛地用于电子材料、复合材料、新能源材料、催化剂载体材料、微波吸收材料等领域。而随着近年来相关研究的不断深入和拓展，对纳米碳纤维的改性研究引起了人们广泛的兴趣，尤其是纳米碳纤维表面金属化研究受到了越来越多的重视。由于纳米分散相的纳米尺寸效应、表面界面效应、量子尺寸效应和宏观隧道效应，使得表面金属化纳米碳纤维相比普通碳纤维材料具有很多的优势和更加广泛的应用前景。表面金属化的纳米碳纤维材料具有几个主要的优点：可以改善纳米碳纤维材料作为复合材料的强化相与基体材料界面的结合强度，从而提高复合材料性能；可以提高纳米碳纤维的导电性能，从而使其成为优良的电磁屏蔽材料；可以赋予纳米碳纤维良好的磁性能，在保持纳米碳纤维比较高的介电损耗的同时，提高磁损耗，使纳米碳纤维成为电磁损耗型吸收波纤维，有效地提高其微波吸收性能；由于纳米碳纤维比表面积大，边缘碳原子活性点多，是优良的催化剂和催化剂载体。研究纳米碳纤维表面改性可以综合纳米碳纤维本身和负载的金属的优点，由此生产出功效更为全面的新型催化剂材料。

在表面进行了金属负载的纳米碳纤维作为填料所得到的屏蔽材料具有更好的屏蔽效果。表面金属化的纳米碳纤维在小型大容量电容器、磁性薄膜、电子设备的电磁屏蔽膜以及制造各种功能性元器件方面都具有较为广泛的用途。

由于纳米碳纤维材料在改性制备的过程中，由于考虑到实际应用的需要以及制备的基础条件的影响等因素，往往需要通过一系列的物理化学表征来说明或验证制备的改性纳米碳纤维材料产品，以此来说明其表面和内部结构以及基团的特征，以及在部分反应过程中材料在物理特征和化学组成等方面的变化。这样的表征大体可以分为几种：按照表征的结果类别可以分为对材料整体形貌、内外结构形状、颗粒大小、电学特性、磁力特性、改性后各种组分的分布和组合情况等物理特征进行的物理表征，一般使用扫描电子显微镜（SEM）、透射电子显微镜（TEM）、BET 物理吸附仪、X 射线衍射仪等进行检测；另外针对于材料含有的元素种类和含量、基团构成和分布、用于部分反应中的反应过程、改性过程中成分变化等还有一系列针对这些项目的化学表征，一般来说常用的检测的手段包括拉曼光谱、傅里叶红外检测、X 射线光电子能谱分析等。对于改性后的纳米碳纤维材料的表征研究往往需要通过上述的表征来说明材料在改性过程中改性剂与碳纳米纤维的结合过程是否使其满足了改性的目的，在改性过程中材料发生了什么样的物理化学转换。为此，本书简述了几种常见的改性纳米碳纤维表征供读者参考，希望能对读者的科研和学习带来帮助。

3.1　碳纳米纤维的表面改性

纳米碳纤维（CNFs）的表面活性是其重要的功能之一，因此对 CNFs 表面性质的研究与调控是十分重要的。CNFs 表面主要由非极性 C—C 键和 C—H 键构成，因此疏水性比较强，这一性质使其难以吸附极性反应物，往往不利于活性金属的负载以及作为载体促进金属催化剂的分散，对催化活性的提高作用也比较受限。目前常见的表面改性手段主要分为两种：

（1）在 CNFs 表面引入一些官能团，一方面这样的方法有助于增加材料表面的亲水性，使其容易吸附极性的反应物，另一方面这些官能团的引入有助于改变材料本身的电导率，如 Sebastian 等研究了 CNFs 表面氧含量对其导电性的影响，发现当表面氧含量（质量分数）从 1.5% 增加到 5% 时，CNFs 的电导率从 $200 \sim 350 \mathrm{S \cdot m^{-1}}$ 降到 $20 \sim 100 \mathrm{S \cdot m^{-1}}$。而通过液相强氧化剂（如硝酸、过氧化氢、硫酸等）或者气相氧化处理，包括抽样、氧气和空气等，可以在其表面引入大量的含氧基团，并改善其亲水性。近年来也有研究人员使用等离子体技术对 CNFs 进行表面改性，这种改性方式可以保证纳米碳纤维的性能在改性过程中不受影响。有大量研究表明碳材料表面的含氧基团对其负载的活性金属分布和催化效率能够产生巨大的作用，例如在研究硝酸和硫酸作为氧化剂改性的 CNFs 再使用 Ru 作为负载金属用于苯甲醇氧化过程中，有研究团队发现 CNFs 表面的羧基可以促进表面 Ru 的催化活性。Gerhard E 等研究发现经过处理后的 CNFs，表面氧原子含量（质量分数）最高可以达到 25% 纳米碳纤维表面含氧官能团种类很多，但一般认为表面仅含有单分子层的含氧官能团。如图 3-1 所示，这些官能团包括酯羟基、羰基、羧基、酸酐等酸性官能团，醚基、醌基等中性官能团。除此之外，纳米碳纤维表面还可能含有一些碱性氧化物。纳米碳纤维表面的这些酸性和碱性官能团直接地或者间接地决定了纳米碳纤维的酸性及其作为催化剂时的催化活性。

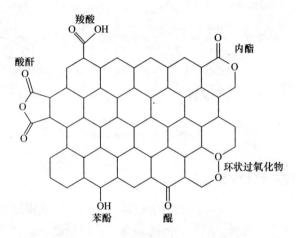

图 3-1　纳米碳纤维表面的含氧官能团

（2）在 CNFs 表面石墨型的碳骨架中掺杂一些原子，例如 N、S、B 等，这些原子的渗入会改变 CNFs 的结构特征，会使其导电性能在金属和半导体之间变化，这种改性方式具有极强的实际应用价值。目前已有许在 CNFs 中掺杂 N 原子来调整其性质的相关研究，N 原子取代碳纤维骨架中的 C 原子，作为一种给电子体存在，并且可以提高 n 型半导体的导电性。通过隧道显微镜可看到 N 掺杂的碳纳米管有类金属的性质，并且这种性质并不需要依赖结构参数实现。合成 N 掺杂的纳米碳纤维（N-doping CNFs）的方法可分为两类；一种是合成过程中利用催化剂的作用将含有 N 和 C 的前驱体使用 CVD 法在 CNFs 材料中掺杂 N 原子，使用这种工艺制备的优势是可以让合成出的 CNFs 含 N 量相对较高，但是这种方法制备的过程受制于严格的条件，反应控制的要求比较高。Maldonado 团队使用吡啶、二茂铁、氨水等作为反应原料通过 CVD 法合成了 N 掺杂的 CNTs，Maiyalagan 团队通过 PVP 的碳化合成等都是属于这一类直接掺杂法。另一类方法就是将如氨水、尿素等 N 源同 CNFs 通过表面反应得到 N 掺杂的 CNFs。例如 Liu 等使用尿素为 N 源，将其和 CNFs 放置于高温炉中，在 900℃下维持 30min 制得了 N 掺杂的 CNFs。Zhong 等使用三聚氰胺为 N 源将其和 CNFs 先研磨均匀然后在高温炉下反应。N 原子在 CNFs 碳骨架中的掺杂形式主要分为吡啶型氮、吡咯型氮和石墨层氮，如图 3-2 所示。

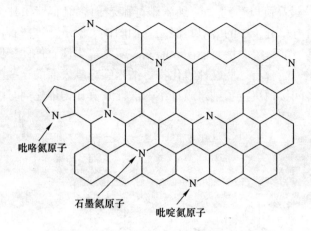

图 3-2　纳米碳纤维表面氮原子掺杂示意图

3.2　电子显微镜表征分析

电子显微镜是一种电子光学微观分析仪器，是将聚焦到很细的电子束打到试样上待测定的一个微小区域，产生不同的信息，加以收集、整理和分析，得出材料的微观形貌、结构和化学成分等有用的信息，如透射电镜（TEM）、扫描电镜（SEM）和电子探针分析（EPA）等。扫描电子显微镜（SEM）是介于透射电镜和光学显微镜之间的一种微观形貌观察手段，其工作原理是由电子枪发射的电子束在加速电压（1~50kV）下，经过 2~3 个电磁透镜聚焦成束后打到被测样品表面并与其相互作用，激发出一系列物理信号，其中的二次电子和背散射电子被探测器俘获并转换为图像。SEM 有较高的放大倍数，在 20~20 万倍之间连续可调，常用来观察样品的表面形貌、断面及显微组织的三维形态。SEM 可配合能谱仪（EDX）分析样品的元素组成及电导率等。透射电子显微镜（TEM）的原理是以波长极短的电子束作为照明源，经加速和聚焦后投射到极薄的待测样品，电子束与样品作用后的透射电子（包括弹性和非弹性散射电子）作为成像信号并依托电磁透镜聚焦成像。TEM 是一种高分辨率（原子尺度）、高放大倍数的电子光学仪器，可用来获得样品的晶体结构、晶体缺陷及原子排列信息。

李甫等制备了负载银中空纳米碳纤维，并对其进行了形貌的表征，他们将 PAN 和 AgNO₃ 溶于 DMF 配制 13% 的纺丝外液，其中 AgNO₃ 为 1%；将 PVP 溶于 DMF 配制 12% 的纺丝内液，在自制的同轴静电纺丝装置上制备皮芯结构的含银纳米纤维膜。以不添加 AgNO₃ 的 PAN/DMF 溶液作为皮层纺丝液的纳米纤维膜作为对比所得纤维膜在 60℃ 条件下烘干处理后在智能纤维电阻炉（SX3-4-13）中，以 5℃/min 的速率升温并在 300℃ 预氧化处理 1h，该过程中在纤维膜两端施加恒定张力。N_2 氛围中在真空管式炉（SX3-4-13）中以 3℃/min 的速率升温并在 750℃ 进行碳化处理 1h。银粒子的产生可以由 DMF 还原和经热处理来完成。样品使用 S-1800 场发射扫描电子显微镜（FE-SEM）、H-7650 透射电子显微镜（TEM）对不同样品的相貌和结构进行表征。

图 3-3a 和 b 给出的是 PAN 中空纳米纤维膜在不同放大倍数下的 SEM 图。可

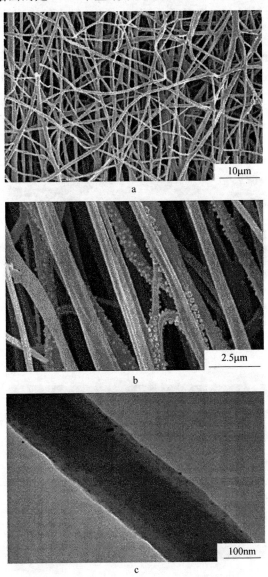

图 3-3　纳米纤维的表面形貌

a，b—SEM；c—TEM

以看出，纤维排列较为规整，高倍数下可以看到分布在纳米纤维表面的银粒子。热处理过程中，首先被还原的银单质成为银生长的晶核，随后继续长大为银颗粒。与此同时，银颗粒会向邻近的银颗粒发生原子或离子的迁移，造成银颗粒的分布不均匀。温度越高，银颗粒的迁移和扩散速率越快，银的颗粒尺寸越大。图 3-3c 为纳米纤维膜热处理之前的 TEM 图。图中显示，纤维具有皮芯结构，银粒子均匀地分散于纤维皮层中。中空结构一方面增大了纤维的比表面积，另一方面减少了贵金属银粒子的浪费，降低成本的同时更好地发挥银粒子的功能性。

　　梅启林等研究酸化处理对纳米碳纤维及其复合材料性能的影响，对经过酸化处理前后的纳米碳纤维进行了扫描电镜（SEM）表征，从图 3-4a 中可以看出，未经处理的纳米碳纤维互相缠结，表面含有大量的残留催化剂颗粒和杂质。图 3-4b 则显示了经过酸化处理后，纳米碳纤维的表面形态得到了明显的改观，纤维缠结程度降低，残留的催化剂颗粒和杂质显著减少。

a

b

图 3-4　纳米碳纤维酸化处理前（a）和处理后（b）的扫描电镜（SEM）图像

　　同时，该团队采用液氮对样品进行脆断取样，经真空喷金处理后，采用 S-4800 型扫描电镜观察了不同材料的破坏断面。图 3-5 所示为纳米碳纤维/环氧树脂复合材料断裂表面扫描电镜图像。从图 3-5a 和图 3-5b 中可以看出，酸化处理后，纳米碳纤维在环氧树脂中的分散更为均匀，且与环氧树脂的界面结合状况更好，这也是酸化处理后纳米碳纤维/环氧树脂复合材料临界断裂韧性因子及弯曲弹性模量得以提高的原因。

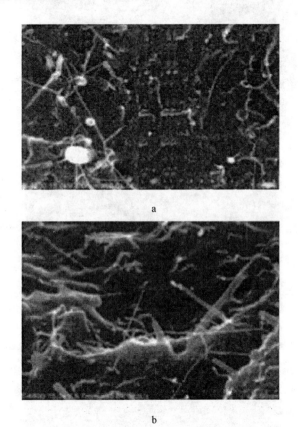

图 3-5　纳米碳纤维/环氧树脂复合材料断裂表面扫描电镜图像
a—未处理 CNFs/环氧树脂；b—酸化处理 CNFs/环氧树脂

　　甘俊杰等考察了预氧化条件对 PAN 电纺碳纤维抗压强度的影响。将采用不同温度预氧化的 CNFs 分别在常用的压力（1.5MPa）下压制 15min，通过扫描电镜观察纤维表面形貌，如图 3-6 所示。250℃、260℃ CNFs 预氧化 CNFs 可以保持较好的纤维形貌，而随着预氧化温度增加，270℃、280℃预氧化出现裂痕。用于燃料电池扩散层时，纤维的破损会影响电极内部三维孔结构，阻碍反应物的传质。因此 CNFs 的氧化温度应控制在 260℃以下。

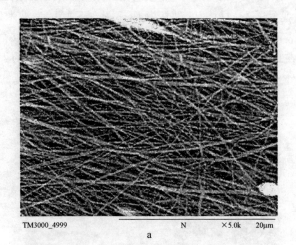

TM3000_4999　　　　　　　　　　N　　×5.0k　　20μm

a

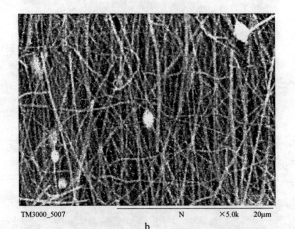

TM3000_5007　　　　　　　　　　N　　×5.0k　　20μm

b

TM3000_5023　　　　　　　　　　N　　×5.0k　　20μm

c

图 3-6 不同温度预氧化的 CNFs 受压形貌变化
a—250℃；b—260℃；c—270℃；d—280℃

陈影声团队使用纳米碳纤维固载 TiO_2 探究材料的光催化氧化能力，将静电纺丝法制备的碳纤维浸渍钛酸正丁酯和冰乙酸的混合溶液经过干燥，在 550℃ 条件下焙烧 6h 得到了固载 TiO_2 的静电纺丝，并对固载前后的样品进行了对比 SEM 表征。可以看出图 3-7a 是未经负载的 PVP 纳米碳纤维经过烧结前的 SEM 图像，PVP 纳米纤维在烧结前表面光滑，直径 300 ~ 500nm，长度 > 200μm。放大后的

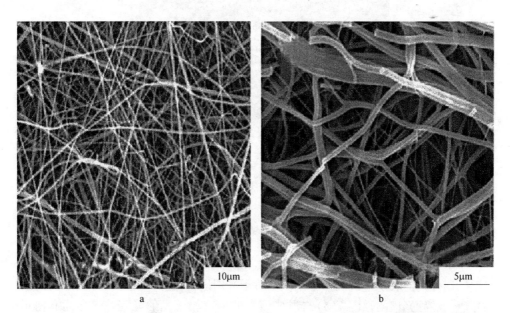

图 3-7 PVP 纳米纤维烧结前的扫描电子显微镜照片（a）和放大图像（b）

图像（如图 3-7b 所示），纤维长径比很大，分散性比较好，无黏结现象。而图 3-8a 为在 550℃条件烧结后碳纳米纤维固载 TiO_2 的 SEM 照片。从图中可以看出材料的纤维分布均匀，相互结合成网络，烧结后纤维直径变小。从图 3-8b 可以看出 TiO_2 紧密地包覆在碳纤维的表面。

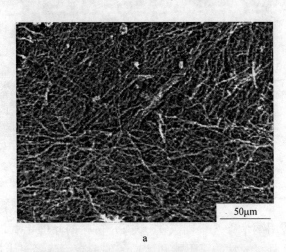

a

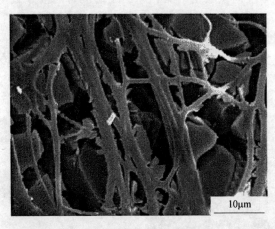

b

图 3-8   550℃烧结后碳纳米纤维固载 TiO_2 的 SEM 照片(a)和放大图像(b)

3.3   傅里叶变换红外光谱分析与拉曼光谱分析

傅里叶变换红外光谱（Fourier Transform Infrared Spectroscopy）简写为 FT-IR。傅里叶红外光谱法是通过测量干涉图和对干涉图进行傅里叶变化的方法来测定红外光谱。红外光谱的强度 $h(\delta)$ 与形成该光的两束相干光的光程差 δ 之间有傅里叶变换的函数关系。现代的材料表征中往往是将傅里叶变换的数学处理，用计算机技术与红外光谱相结合进行分析鉴定。FT-IR 主要由光学探测部分和计算机部分组成。当样品放在干涉仪光路中，由于吸收了某些频率的能量，使所得的干涉图强度曲线相应地产生一些变化，通过数学的傅里叶变换技术，可将干涉图上每个频率转变为相应的光强，而得到整个红外光谱图，根据光谱图的不同特征，可检定未知物的功能团、测定化学结构、观察化学反应历程、区别同分异构体、分析物质的纯度等。

拉曼光谱（Raman Spectra），是一种散射光谱。拉曼光谱分析法是基于印度科学家 C. V. Raman 所发现的拉曼散射效应，对与入射光频率不同的散射光谱进行分析以得到分子振动、转动方面信息，并应用于分子结构研究的一种分析方法。现在 Raman 光谱已经广泛被用于进行物质结构分析测试，尤其是 20 世纪 60 年代以后，激光光源的引入、微弱信号的检测技术提高加上计算机通信技术的应用使得拉曼光谱分析在材料、化工、石油、高分子、生物、环保等领域都具有十分重要的地位。就分析测试而言，通过拉曼光谱的分析可以得到分子的振动状态和结构等方面的信息。它能够通过分子内部各种简正振动频率以及有关振动能级的情况鉴定分子中存在的官能团。拉曼光谱是通过分子极化率变化诱导的，它的谱线强度取决于相应的简正振动过程中极化率变化的大小。在分子结构分析中，一些在红外光谱仪中无法检测的信息在拉曼光谱中能够很好地表现出来，因此拉曼光谱是与红外光谱互相补充的一种检测手段。

李甫等对负载银中空纳米纤维进行了傅里叶变换红外光谱仪（FT-IR）的不同样品进行形貌和结构的表征。图 3-9 给出的是纳米纤维膜的 FT-IR 谱图。初生纤维的 FT-IR 曲线中位于 $2920cm^{-1}$ 处的强吸收峰为 PAN 和 PVP 分子链中的—CH_2—伸缩振动吸收峰，位于 $2245cm^{-1}$ 处的吸收峰为 PAN 分子链中侧基—$C\equiv N$ 官能团的伸缩振动吸收峰，$1730cm^{-1}$ 处的吸收峰为 PVP 分子及 PAN 共聚单体的

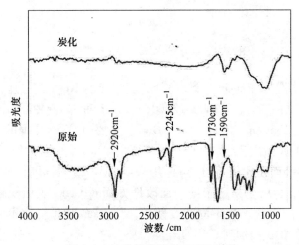

图 3-9　纳米纤维膜的 FT-IR 谱图

C＝O 伸缩振动峰。经过热处理后，初生纤维中—CH$_2$—，—C≡N 和 C＝O 对应的吸收峰均消失，而在 1590cm^{-1} 处出现较弱的 C＝N 吸收峰强度。这是由于进行预氧化处理时 PVP 在热处理过程中发生热分解被除去，而且 PAN 分子链上相邻的氰基与主链形成了环状梯形结构，从而—CH$_2$—，—C≡N 和 C＝O 对应的吸收峰强度减弱直至消失，在 1590cm^{-1} 处出现对应 C＝N 的较强吸收峰。而碳化处理时进一步脱去 N 原子，形成类石墨结构，对应的 C＝N 吸收峰强度减弱。

　　陈影生团队对纳米碳纤维固载 TiO$_2$ 材料进行探究时，对材料进行了 FT-IR 表征，图 3-10 为纤维在空气气氛中 550℃烧结 6h 后的红外光谱图，从图 3-10 可以看出，在 1432 ~ 1520cm^{-1} 范围内的吸收表明有少量 C—H 存在，1630cm^{-1} 处的微弱吸收峰为微量 C＝O，在 530cm^{-1} 处很强的吸收峰表明 Ti-O 的存在，2800 ~ 2900cm^{-1} 范围的吸收峰基本消失，表明 PVP 的基本分解完全。

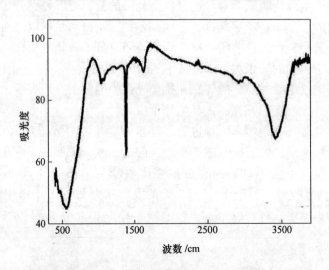

图 3-10　TiO$_2$ 纳米纤维红外吸收光谱

　　钟仁升等通过使用 Raman 光谱对不同改性后的 CNFs 材料进行了表征，结果如图 3-11 所示，扫描范围为 1000 ~ 2000cm^{-1}。五种 CNFs 在测试范围内均有两个主峰，第一个在 1350cm^{-1} 附近，称为 D 峰，主要由 CNFs 表面的端面原子组成；第二个峰在 1580cm^{-1} 附近，称为 G 峰，主要由 CNFs 表面基面原子组成。D 峰的峰面积与 G 峰的峰面积比值 I_D/I_G 可以用来衡量 CNFs 表面断面碳原子与基面碳原子的相对含量，也就是研究不同表面改性方面对 CNFs 表面缺陷含量的影响。从图中可以看出，CNFs 经过不同的改性后，其 I_D/I_G 比值均有不同程度的增加，从未处理 CNFs 的 0.9 增加到 CNF-ON 的 1.16，这表明，CNFs 通过表面改性在表面引入官能团的同时也增加了 CNFs 表面缺陷的数量。

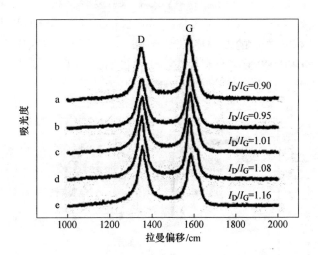

图 3-11　五种 CNFs 的 Raman 图谱及其 I_D/I_G 比值

a—CNF-P；b—CNF-OX；c—CNF-OH；d—CNF-CO；e—CNF-ON

3.4　热重分析表征

热重分析（Thermo Gravimetric Analysis，TG 或 TGA）是指在程序控制温度下测量待测样品的质量与温度变化关系的一种热分析技术，用来研究材料的热稳定性和组分。TGA 在研发和质量控制方面都是比较常用的检测手段。热重分析在实际的材料分析中经常与其他分析方法联用，进行综合热分析，全面准确分析材料。热重分析通常可分为两类：动态法和静态法。

静态法就是采用包括等压质量变化测定和等温质量变化测定。等压质量变化测定是指在程序控制温度下，测量物质在恒定挥发物分压下平衡质量与温度关系的一种方法。等温质量变化测定是指在恒温条件下测量物质质量与压力关系的一种方法。这种方法准确度高，但是费时。动态法就是我们常说的热重分析和微商热重分析。微商热重分析又称导数热重分析（Derivative Thermo Gravimetry，DTG），它是 TG 曲线对温度（或时间）的一阶导数。以物质的质量变化速率（dm/dt）对温度 T（或时间 t）作图，即得 DTG 曲线。

丁娟等探究了气相生长纳米碳纤维/环氧树脂复合材料的热稳定性，对 Co_3O_4-VGCNF/EP 复合材料进行了热重分析，结果如图 3-12 所示。通过 DTG 曲线的峰值，确定 TGA 曲线起始的分解温度 T_A 和最终分解温度 T_B，样品的分解温度如表 3-1 所示。由此可以确定当 VGCNFs 含量相同时，Co_3O_4-VGCNF/EP 复合材料比 raw-VGCNF/EP 复合材料的起始分解温度高，平均升高了 9℃。这主要归结于 Co_3O_4 的负载，使得 VGCNFs 和环氧树脂基体间的界面结合更强，所以分解

Co_3O_4-VGCNF/EP 复合材料比分解 raw-VGCNF/EP 复合材料需要更多的能量。同时，在相同温度条件下，不同 Co_3O_4-VGCNFs 含量的复合材料的热失重情况呈现略微不同，而且相同含量的 Co_3O_4-VGCNF 和 raw-VGCNF，Co_3O_4-VGCNF/EP 复合材料比 raw-VGCNF/EP 复合材料失重少。这说明，Co_3O_4 负载在 VGCNFs 上后，使 Co_3O_4-VGCNF/EP 复合材料的热稳定性有所提高。

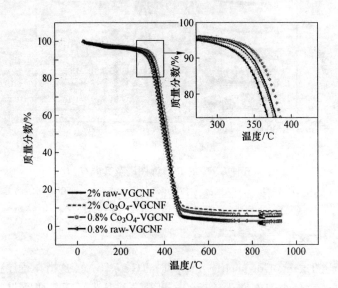

图 3-12　VGCNF/EP 的 TGA 曲线

表 3-1　VGCNF/EP 的分解温度

试样 （质量分数）	0.8% Raw-VGCNF		0.8% Co_3O_4-VGCNF		2% Raw-VGCNF		2% Co_3O_4-VGCNF	
	T_A	T_B	T_A	T_B	T_A	T_B	T_A	T_B
温度/℃	312	480	326	476	336	483	341	473

3.5　傅里叶变换红外光谱分析

以 X 射线为激发光源的光电子能谱，简称 XPS 或 ESCA。处于原子内壳层的电子结合能较高，要把它打出来需要能量较高的光子，以镁或铝作为阳极材料的 X 射线源得到的光子能量分别为 1253.6eV 和 1486.6eV，此范围内的光子能量足以把不太重的原子的 1s 电子打出来。结合能值各不相同，而且各元素之间相差很大，容易识别（从锂的 55eV 增加到氟的 694eV）。因此，通过考查 1s 的结合能可以鉴定样品中的化学元素。除了不同元素的同一内壳层电子（inner shell electron）（如 1s 电子）的结合能各有不同的值而外，给定原子的某给定内壳层电子的结合能还与该原子的化学结合状态及其化学环境有关，随着该原子所在分子的不同，该给定内壳层电子的光电子峰会有位移，称为化学位移（chemical shift）。这是由于内壳层电子的结合能除主要决定于原子核电荷外，还受周围价电子的影响。电负性比该原子大的原子趋向于把该原子的价电子拉向近旁，使该原子核同其 1s 电子结合牢固，从而增加结合能。如三氟乙酸乙酯 $CF_3COOC_2H_5$ 中的四个碳原子分别处于四种不同的化学环境，同四种具有不同电负性的原子结合。由于氟的电负性最大，$CF_3COOC_2H_5$ 中碳原子的 $C(1s)$ 结合能最高。

通过对化学位移的考察，XPS 在化学上成为研究电子结构和高分子结构、链结构分析的有力工具。X 射线光子的能量在 1000 ~ 1500eV 之间，不仅可使分子的价电子电离而且也可以把内层电子激发出来，内层电子的能级受分子环境的影响很小。同一原子的内层电子结合能在不同分子中相差很小，故它是特征的。光子入射到固体表面激发出光电子，利用能量分析器对光电子进行分析的实验技术称为光电子能谱。XPS 的原理是用 X 射线去辐射样品，使原子或分子的内层电子或价电子受激发射出来。被光子激发出来的电子称为光电子。可以测量光电子的能量，以光电子的动能/束缚能（binding energy）为横坐标，相对强度（脉冲/s）为纵坐标可做出光电子能谱图。从而获得试样的相关信息。X 射线光电子能谱因对化学分析最有用，因此被称为化学分析用电子能谱（Electron Spectroscopy for Chemical Analysis）。

钟仁升等使用 XPS 实验来测定 CNFs 便面官能团的含量及种类，结果如图 3-13 所示，CNFs 经过氧化处理后，氧原子含量明显增多，其中未处理的 CNFs（CNF-P）氧原子含量与碳原子含量比值（O/C）为 0.0147，CNF-OX 的 O/C 比值为 0.109，CNF-OH 的 O/C 比值为 0.0995，CNF-CO 的 O/C 比值为 0.0953，CNF-ON

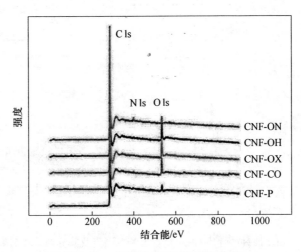

图 3-13　处理后 CNFs 的 XPS 总图

的 O/C 比值为 0.0360。CNF-OX 用三聚氰胺高温掺氮处理后，其氧原子含量明显降低，而单原子含量明显升高，这极有可能是在掺氮过程中 CNFs 表面的氧原子起着掺杂氮元素活性位点的作用，部分单原子取代了氧原子进入 CNFs 的骨架结构中。

　　为了更好地了解不同改性方法对表面官能团性质的影响，对改性后的 C1s 峰进行窄扫，并使用分峰软件采用高斯函数对其作分峰处理，如图 3-14 所示；将四种改性后的 CNFs 的 C1s 峰分成了五个小峰，主峰（Peak 1）位于 284.8eV，其主要是由表面的石墨层结构碳原子组成；第二个峰（Peak 2）位于 286.0 ~ 286.3eV，其主要是由表面醇和醚的官能团或者官能团组成：第三个峰（Peak 3）位于 287.3 ~ 287.6eV，其主要由羰基及醌基中 C ═O 基团组成；第四个峰（Peak 4）位于 288.8 ~ 289.1eV 其主要由羧基及内酯中的 O—C ═O 基团组成；第五个峰（Peak 5）主要指吸附在 CNFs 微孔中的 CO_2。类似的，对 XPS O1s 峰也进行分峰处理，如图 3-15 所示也可以分为五个峰，peak 1 位于 531.0 ~ 531.9eV，归属于醌基和内酯中 C ═O 官能团中的 O1s；peak 2 位于 532.3 ~

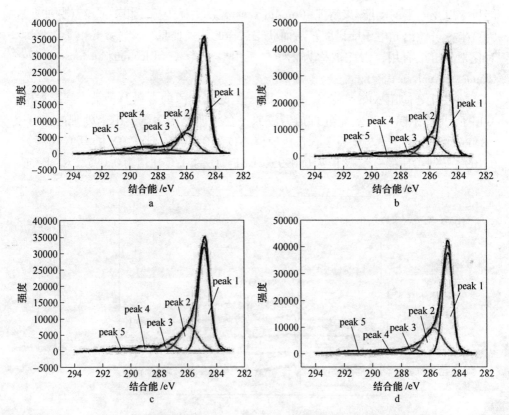

图 3-14　四种改性后 CNFs C1s 峰 XPS 图谱及其分峰处理结果

a—CNF-OX；b—CNF-OH；c—CNF-CO；d—CNF-ON

532.8eV，归属于羟基 C—OH 键中的 O1s；peak 3 位于 533.1~533.8eV，归属于 C—O—C 键中的 O1s；peak 4 位于 536~536.5eV，归属于 CNFs 微孔中吸附的 O_2 及 H_2O 中的 O1s。CNF-ON 中的 N1s 也可以分为三个峰；位于 398.2eV，399.5eV 和 401.1eV，分别归属于吡啶型氮、吡咯型氮和石墨层氮。

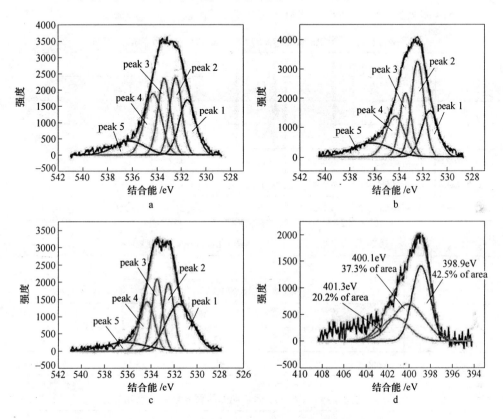

图 3-15 四种改性后 CNFs O1s 峰及 N1s 峰 XPS 图谱及分峰处理

a—CNF-OX；b—CNF-OH；c—CNF-CO；d—CNF-ON

根据分峰拟合结果将不同化学态的 C、O 和 N 的质量分数分别列于表 3-2 和表 3-3 中。从表中内容可知表面不同官能团的分布经过不同的处理手段后发生了明显的变化。对于 CNF-CO，C1s 峰中对应于 C＝O 基团的 Peak 3 峰值（8.83%）明显高于 CNF-OX（5.39%）和 CNF-OH（4.03%），这与 O1s 分峰效果完全符合，即 CNF-CO 在 peak 1 的峰值（32.37%）明显高于 CNF-OX（21.47%）和 CNF-OH（17.35%），这数据表明，相对于超声氧化，空气氧化主要在 CNFs 表面产生 C＝O 官能团。同理，对于 CNF-OX，其在 C1s 图谱中的 peak 4 的峰值明显高于 CNF-CO 和 CNF-OH，在 O1s 中的 peak 4 的峰值也明显高于 CNF-CO 和 CNF-OH。根据上述结果也可以推测出 CNFs 表面羧基、羰基、羟基等含氧官能团占总官能团的百分比，如表 3-4 所示。也就是说通过软件分峰处理分析 CNFs 表面的官能团可以看出 CNF-OX 相对于 CNF-CO 和 CNF-OH 具有更多的羧基官能团，CNF-CO 相对于 CNF-OX 和 CNF-OH 具有更多的羰基官能团，CNF-OH 相对于 CNF-OX 和 CNF-CO 具有更多的羟基官能团，而 CNF-OX 掺氮处理后，能有效地将氮原子引入 CNFs 骨架结构中，主要以吡啶型氮的形式存在。

表 3-2　不同表面改性后 CNFs 的 O/C 比和 C1s 的分峰拟合结果

样　品	O/C（原子数量比）	C1s/%				
		Peak 1	Peak 2	Peak 3	Peak 4	Peak 5
CNF-P	0.0147	—	—	—	—	—
CNF-OX	0.109	63.64	18.67	5.39	8.17	4.13
CNF-OH	0.0995	66.62	23.29	4.03	3.67	2.39
CNF-CO	0.0953	63.23	18.06	8.83	4.89	2.98
CNF-ON	0.0360	61.86	26.69	4.23	2.99	4.23

表 3-3　不同表面改性后 CNFs 的 O1s 分峰拟合结果

样　品	O1s(原子分数)/%				
	Peak 1	Peak 2	Peak 3	Peak 4	Peak 5
CNF-OX	21.47	21.89	22.62	24.05	9.95
CNF-OH	17.35	33.1	22.38	16.32	10.86
CNF-CO	32.37	19.83	20.11	18.29	9.41

表 3-4　CNFs 表面官能团的百分含量（摩尔分数）

样　品	C—O—C	C—OH	C=O	RO—C=O	HO—C=O
CNF-OX	30.8	29.7	17.5	6.2	15.8
CNF-OH	30.3	44.8	13.0	2.8	9.1
CNF-CO	28.5	28.1	27.7	4.8	10.8

梅启林等通过对比研究酸化处理前后纳米碳纤维表面碳的 X 射线光电子能谱图。每个峰都参照碳元素的标准结合能 284.5eV 进行分析，对于未处理和酸化处理的纳米碳纤维，所观察到的主要峰都含有相近的结合能。在图 3-16a 中，284.6eV 处的峰是由于 C 原子的 sp2 杂化，类似石墨状的 C—C 结构所产生的；而在 286.4eV 处的峰是纳米碳纤维表面残留的催化剂颗粒和杂质中少量的 C—O 结构形成，占含碳官能团的 2.64%。从图 3-16b 中可以看出，酸化处理后，286.4eV 处的吸收峰明显增强，C—O 占含碳官能团的 27.48%；289.3eV 处吸收

峰的出现则说明酸化处理在纳米碳纤维表面引入了—COOH，且—COOH 占含碳官能团的 2.23%。

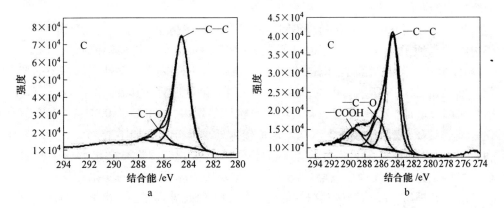

图 3-16　酸化处理前(a)和处理后(b)纳米碳纤维碳的 XPS 图谱

未处理和酸化处理纳米碳纤维表面氧的 X 射线光电子能谱图如图 3-17 所示。从图中不难发现，未处理纳米碳纤维的 X 射线光电子能谱图中氧的特征峰并不明显，仅有微弱的 C—O 吸收峰存在。酸化处理后，其 X 射线光电子能谱图则在 531.7eV 和 533.0eV 处产生了很明显的 C—OH 和—COOH 或—OC—O—OC—特征峰。这说明酸化处理在纳米碳纤维表面引入了 C—OH、—COOH 或—OC—O—OC—等官能团。

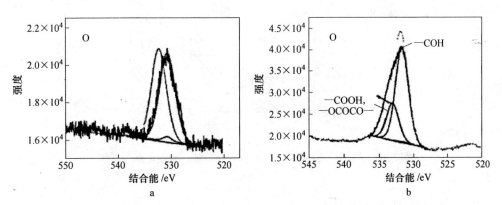

图 3-17　酸化处理前(a)和处理后(b)纳米碳纤维氧的 XPS 图谱

3.6　Boehm 滴定法表征

Boehm 滴定法是根据不同强度的碱与酸性表面氧化物反应的可能性对氧化物进行定性与定量的分析。NaHCO$_3$ 仅中和炭表面的羧基，Na$_2$CO$_3$ 可中和炭表面的羧基和内酯基，而 NaOH 可中和炭表面的羧基，内酯基和酚羟基。根据碱消耗量的不同，可以计算出相应官能团的量。这种方法也是常用的测定生物质活性炭表面含氧官能团的方法。

陈宏等在研究气相氧化处理 CNFs 过程中，氧在高温下与 CNFs 表面的石墨层边缘的 C 原子发生作用，可以显著改变 CNFs 表面的化学性质。他们采用 Boehm 滴定方法，测定了经不同温度氧化处理前后，CNFs 表面的酸性含氧基团的变化，结果如图 3-18 所示。可见，CNFs 经气相氧化处理后，其表面的酸性含氧基团数量明显增加，处理温度提高，增加量也明显增多。200℃，400℃和 500℃氧化处理后 CNFs 表面的酸性含氧基团含量较未处理前分别增加了 13.4%，99.7% 和 145.9%，结合其在氧化处理前后的失重率（0.12%，2.23% 和 54.4%）分析，可以认为 20℃处理后其晶体结构、织构及表面基团数量的变化均较小；当 40℃氧化处理后，晶体结构及织构的变化与 20℃氧化处理相当，但表面酸性含氧基团的量则较前者显著增加；而 50℃氧化处理后，其织构发生了显著变化，表面含氧基团虽然增加最多，但是以 C 的大量流失为代价。

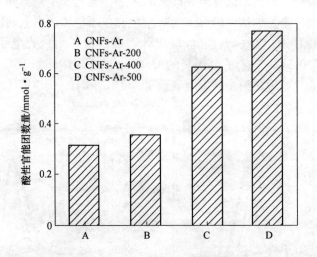

图 3-18　气相氧化处理前后 CNFs 表面酸性含氧基团数量变化

3.7　比表面积测试表征

固体有一定的几何外形，借通常的仪器和计算可求得其表面积。但粉末或多孔性物质表面积的测定较困难，它们不仅具有不规则的外表面，还有复杂的内表面。通常称 1g 固体所占有的总表面积为该物质的比表面积（specific surface area，单位为 m^2/g）。比表面测试主要即指测试固体比表面积的方法和过程，固体尤其是多孔固体的比表面测试，无论在科研还是工业生产中都具有十分重要的意义。

比表面积是衡量物质特性的重要参量，其大小与颗粒的粒径、形状、表面缺陷及孔结构密切相关；同时，比表面积大小对物质其他的许多物理及化学性能会产生很大影响，特别是随着颗粒粒径的变小，比表面积成为衡量物质性能的一项非常重要参量，如目前广泛应用的纳米材料。比表面积测试方法有两种分类标准。一是根据测定样品吸附气体量多少方法的不同，可分为：连续流动法、体积法及重量法（重量法现在基本上很少采用）；另一种是根据计算比表面积理论方法不同可分为：直接对比法比表面积分析测定、Langmuir 法比表面积分析测定和 BET 法比表面积分析测定等。同时这两种分类标准又有着一定的联系，直接对比法只能采用连续流动法来测定吸附气体量的多少，而 BET 法既可以采用连续流动法，也可以采用体积法来测定吸附气体量。目前对于常见的 CNFs 材料广泛采用的比表面积测试方法是 BET 比表面积测定法。这种方法以 BET 理论作为基础，BET 理论计算是建立在 Brunauer、Emmett 和 Teller 三人从经典统计理论推导出的多分子层吸附公式基础上。

BET 理论与物质实际吸附过程更接近，可测定样品范围广，测试结果准确性和可信度高。目前国内外比表面积测试统一采用多点 BET 法，国内外制定出来的比表面积测定标准都是以 BET 测试方法为基础的。

陈宏等在研究 CNFs 经过气相氧化处理后的吸脱附曲线和孔分布变化情况发现，经过处理以后吸附-脱附等温线仍然为具有吸附滞后环的 IV 型等温线，但之后回环的大小和吸附能力有一定的变化。从孔结构分布图上可以看到孔结构的分布随气象处理温度的不同变化明显。当在较低温度（低于 400℃）氧化时，其孔分布变化较小；当温度较高时（500℃），微孔的数量有所降低，中孔和大孔的数量显著增加。对应结果如图 3-19 所示。

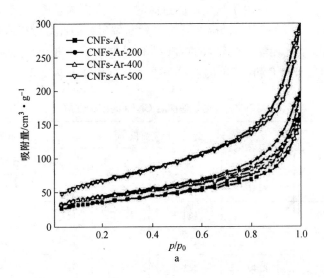

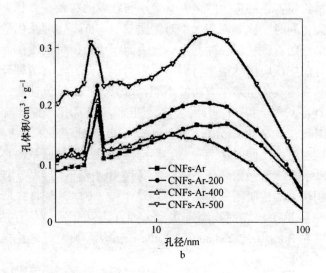

图 3-19　气相氧化处理对 CNFs N_2 吸附-脱附等温线（a）及孔分布（b）的影响

　　表 3-5 给出了经氧化处理前后 CNFs 的织构性质，由表中数据可知，气相氧化处理可以显著增加 CNFs 的比表面积和孔容，特别是 50℃高温气相氧化后，其比表面积和孔容较未经氧化处理的样品增加了将近 1 倍。这是由于在气相氧化过程中，高温的氧攻击 CNFs 表面的边缘 C 原子，并取代其表面的 H 原子，在 CNFs 表面形成了大量的含氧官能团和缺陷，而这正好提供了吸附活性位，因此气相氧化处理导致了比表面积显著提高。另外，值得注意的是当氧化温度达 500℃时，其微孔面积几乎没有变化，微孔的孔容还有所降低，但是外表面积和总孔容却显著增加。这是由于氧化温度过高时，一方面大量的 C 被氧化甚至完全燃烧，一方面 CNFs 团簇大量破碎及纤维大量断裂川，因此导致外表面大大增加。这一结果也可以从气相氧化前后 CNFs 样品的失重率得到进一步的证实，氧化温度分别为 200℃，400℃和 500℃时，其失重率分别为 0.12%，2.23%和 54.4%。

表 3-5　氧化处理前后 CNFs 的结构性质

名　　称	平均孔径/nm	比表面积/m² · g⁻¹			孔容/cm² · g⁻¹	
		BET 表面积	微孔面积	其他面积	孔容	微孔孔容
CNFs-N-Ar	9.07	128.0	24.4	103.6	0.24	0.01
CNFs-N-Ar-200	8.77	160.7	132.3	132.3	0.29	0.01
CNFs-N-Ar-400	7.52	154.3	33.1	121.2	0.21	0.014
CNFs-N-Ar-500	8.40	243.5	24.2	219.3	0.46	0.008

3.8 程序升温还原表征

程序升温技术(TPAT)是在程序控制温度 T 下,测量气体的脱附,物质的还原、氧化、硫化和表面反应的技术,可以获得的信息有:表面吸附中心的类型、密度和能量分布;反应分子的动力学行为和反应机理;活性组分和载体、活性组分之间、活性组分和助催化剂、助催化剂和载体之间相互作用;各种催化效应,如溢流效应、协同效应、助催化效应等;催化剂失活和再生等。其中程序升温还原(Temperature Programmed Reduction,TPR)是最多用于 CNFs 表征的方法之一,TPR 技术是在程序升温脱附(TPD)技术基础上发展而来。在程序升温条件下,一种反应气体或反应气体与惰性气体混合物通过已吸附某种反应气体的催化剂,连续测量流出气体中两种反应气体以及反应产物浓度便可以测量表面反应速率。若在程序升温条件下,连续涌入还原性气体使活性组分发生还原反应,从流出气体中测量还原气体浓度而测定其还原速度,称为 TPR 技术。这种技术的基本原理是一种纯的金属氧化物具有特定的还原温度,所以可用此温度表征氧化物的性质。两种氧化物混合在一起,如果在 TPR 过程中彼此不发生作用,则每一种氧化物仍保持自身的还原温度不变。如果两种氧化物彼此发生固相反应,则原来的还原温度要发生变化。TPR 主要研究的是金属催化剂的性能及其相互作用,主要的检测内容包括起始还原温度、最高还原温度、最高峰温 T_m、还原性气体消耗量、还原速率等。针对这些参数可以分析催化剂还原性质、金属氧化物之间相互作用、金属氧化物与载体间相互作用、催化剂金属氧化数及供氧活性和数目等。

陈宏等通过 H_2-TPR 测定了经过不同温度氧化处理后的 CNFs,并使用 Ru(NO)(NO$_3$)$_2$ 为前体负载了 3% 的 Ru 金属,由图 3-20 可以看到氧化处理前后

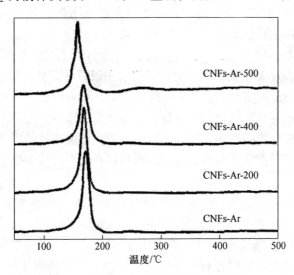

图 3-20 Ru/CNFs 催化剂的 TPR 图谱

的 Ru/CNFs 四种催化剂的 TPR 还原峰均为单峰，这表明前体 Ru(NO)(NO$_3$)$_3$ 以单一组分的形式存在于 CNFs 表面，并未在空气中氧化或与 CNFs 表面的某些还原性基团发生部分反应。Ru/CNFs 催化剂还原峰顶温度在 157～170℃ 之间，经氧化处理后 CNFs 负载的 Ru 催化剂其还原温度较未氧化处理的样品明显降低。同时，随着 CNFs 气相氧化温度的增加，Ru/CNFs 的还原温度渐次降低，Ru/CNFs-Ar-50 催化剂的还原峰温度降低尤其明显。还原峰温度的降低表明，载体经氧化处理后，负载在其上的 Ru 催化剂的还原更容易。同时该研究还使用 CO 化学吸附方法测定了催化剂的分散度如表 3-6 所示，结果表明 Ru 金属在 CNFs 表面分散均匀，Ru 金属平均粒径在 1.7～2.4nm。

表 3-6　Ru/CNFs 催化剂的 Ru 分散度和平均粒径

样 品 名 称	Ru 分散度/%	Ru 粒子直径/nm
Ru/CNFs-N-Ar	29.61	2.48
Ru/CNFs-N-Ar-200	37.62	1.90
Ru/CNFs-N-Ar-400	40.36	1.78
Ru/CNFs-N-Ar-500	42.08	1.70

3.9　X 射线衍射表征

XRD 即 X-Ray Diffraction（X 射线衍射）的缩写。X 射线衍射是一种通过仪器进行检测的光学分析法，将单色 X 射线照到粉晶样品上，若其中一个晶粒的一个晶面和入射 X 射线夹角为 θ 时，满足衍射条件，则在衍射角 2θ 处产生衍射。样品中有多个晶粒并满足衍射。通过使用粉晶衍射仪的探测器以一定的角度绕样品旋转，接收到粉晶中不同网面、不同取向的全部衍射线，获得相应的衍射图谱。通过对材料进行 X 射线衍射，分析其衍射图谱，获得材料的成分、材料内部原子或分子的结构或形态等信息。X 射线衍射在材料表征中可以进行定性分析和定量分析。前者把对材料测得的衍射晶面间距及衍射线强度与标准物相的衍射数据进行比较，确定材料中存在的物相；后者则根据衍射花样的强度，确定材料中各相的含量；在研究性能和各相含量的关系和检查材料的成分配比等方面都得到广泛应用。

李甫等对负载银中空纳米纤维在室温条件采用 X 射线衍射仪（XRD）对样品进行测试，Cu 靶，40kV，波长为 0.154nm。滤波器采用 Ni 滤波片，扫描范围是 10°～80°，扫描速率是 8°/min。结果如图 3-21 所示。

PAN 聚合物在静电纺丝过程中经历电场拉伸，分子链有序排列形成(100)和(110)两个晶面，银单质为面心立方结构，有(111)，(200)，(220)，(311)，

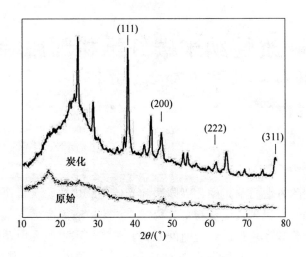

图 3-21　纳米纤维膜的 XRD 谱图

（222）5 个晶面衍射峰。图 3-21 给出的是纳米纤维膜的 XRD 谱图。从图 3-21 可以看出，初始纤维在 16.7°和 29.5°的衍射峰对应 PAN 聚合物的两个晶面，而银单质的衍射峰并不明显，这是由于 DMF 对银离子的还原不够完全，生成的银单质数量较少，从而对应的晶面衍射峰强度较弱。经过热处理后，在 25°左右出现新的衍射峰，强度明显高于初始纤维中 PAN 聚合物的衍射峰强度，表明热处理使得纳米纤维的结构发生了变化，而银单质数量增加，从而在 $2\theta = 38.2°$，47.1°，61.6°，74.2°相应的衍射峰强度有所增大。

4 改性纳米碳纤维材料脱除有机砷的应用

4.1 实验方法

甲基砷的去除方法目前集中在吸附法和光催化氧化法。大量研究表明：随着甲基取代的增强，有机砷性质变得更为稳定，更难被有效去除。其吸附行为表现为愈发困难，氧化效率过低，反应时间冗长。常规技术手段在甲基砷的去除中效果不甚理想，然而，将电化学催化方法应用到含砷污染物去除中的应用尚未见报道。

为了探索电化学手段在处理水中甲基砷中应用的巨大潜力，本研究在制备负载碳化铁的炭纤维复合催化剂的基础上，进一步研究了其在电芬顿催化降解甲基砷中的应用，旨在为水中砷污染物的高效去除提供新的技术手段。一方面通过材料高的比表面积、高孔隙率增加 H_2O_2 与含铁物种异相界面反应位点；另一方面利用 Fe_3C/炭纤维碳层基质高效电子传导能力协同促进电催化过程中电荷向反应位点的传递，从而实现快速高效的异相芬顿氧化反应，最终通过物理或化学作用将目标物氧化产物吸附去除。

常见电芬顿反应体系中，初始 pH 值、目标物浓度、电流强度、催化剂投加量等因素变化均会对催化降解过程造成一定影响。因此本研究在考察不同制备阶段催化剂的电催化及吸附性能的基础上，对不同实验条件对异相电芬顿催化降解 DMA 的影响规律进行了研究。通过对·OH 的屏蔽进一步对电催化 DMA 的主要机制和催化路径进行了深入探索，为基于异相电芬顿催化降解甲基砷提供了有益指导。

4.1.1 实验材料与设备

表 4-1 为纳米 Fe_3C/炭纤维电催化降解二甲基砷实验材料。表 4-2 为纳米 Fe_3C/炭纤维电催化降解二甲基砷实验实验设备和仪器。

表 4-1　实验材料与化学试剂

原 料 试 剂	规 格	生产商/供应商
聚丙烯腈（PAN）	摩尔质量＝15 万	Sigma，USA
N,N-二甲基甲酰胺（DMF）	AR	国药化学试剂公司

原 料 试 剂	规 格	生产商/供应商
乙酰丙铜铁（$C_{15}H_{21}FeO_6$）	AR	国药化学试剂公司
无水硫酸钠（Na_2SO_4）	AR	国药化学试剂公司
硫酸（H_2SO_4）	AR	国药化学试剂公司
氢氧化钠（NaOH）	AR	国药化学试剂公司
二甲基砷酸钠 $C_2H_6AsNaO_2 \cdot 3H_2O$	AR	J&K，China
一甲基砷酸钠 $CH_4AsNaO_3 \cdot 1.5H_2O$	AR	Sigma，USA
砷酸钠（$Na_2HAsO_4 \cdot 7H_2O$）	AR	Sigma，USA
活性炭纤维（ACF）	—	山东雪圣科技有限公司
浓硝酸（HNO_3）	AR	国药化学试剂公司
无水乙醇（CH_3CH_2OH）	AR	国药化学试剂公司

表4-2 实验设备和仪器

仪 器 名 称	型 号	生 产 厂 商
静电纺丝设备	DW-P503-2ACCD	天津东文高压电源厂
恒温加热磁力搅拌器	MS-H-Pro	郑州长城科工贸有限公司
电子天平	SQP	赛多利斯科学仪器有限公司
电热鼓风干燥箱	DHG-9013A	上海三发科学仪器有限公司
真空干燥箱	RGL（G）-03/30/1	北京西尼特电子有限公司
直流双路跟踪稳压稳流电源	DZF-6020	上海三发科学仪器有限公司
RuO_2/Ti 网状电极	DH1718E-4 型	北京大华电子

4.1.2 电催化实验测试与样品分析

在 Fe_3C/C 电催化降解 DMA 的实验中，取 120mL 浓度 5mg/L 的 DMA 储备液置于容积为 120mL 特制石英反应器中。阳极采用尺寸为 4cm×5cm RuO_2/Ti 网状电极，阴极为同尺寸活性炭纤维电极。电解质为 0.05mol/L 的 Na_2SO_4，用 0.2mol/L H_2SO_4 或 0.2mol/L NaOH 调节溶液 pH 值，O_2 流量控制在 40~60mL/min；通电并投加一定量 Fe_3C/C 催化剂开始实验，分别在 0min、30min、60min、90min、120min、180min、240min、360min 取样，稀释后用 0.22μm 膜过滤。电源为 DH1718E-4 型直流双路跟踪稳压稳流电源（北京大华电子）。

采用高效液相色谱电感耦合等离子体质谱联用技术（HPLC-ICP-MS）测定 DMA、MMA 和 As(V)浓度，检测条件为：Hamilton PRP-X100 色谱柱（250mm×

4.1mm，10μm)，柱温30℃，进样量20μL，流动相为10mmol/L（NH$_4$)$_2$HPO$_4$缓冲溶液（用冰醋酸调节 pH = 6)，流速为等速，1.0mL/min，RF 入射功率1380W，载气为高纯氩气，载气流速 1.12L/min，泵速 0.3r/s，检测质量数 *m/z* 75(As)。

4.1.3　活性物种羟基自由基的测定

采用电子自旋共振波谱仪（ESR）检测·OH 的生成，使用的自由基加入试剂为 DMPO。检测条件为：中心场强 3511.940C、扫描宽度为 100.000G、解析点 1024、微波频率为 9.857GHz、功率 2.301mW。

采用二甲亚砜捕集·OH 的分光光度法对反应中产生的自由基进行定量测定，具体方法如下：取样 2mL 于 10mL 离心管中，加入 0.3mL 0.1mol/L HCl，和 0.2mL 15mmol/L Fast Blue BB Salt 静置避光 10min；然后加入 1.5mL 体积比为 3:1 的甲苯-正丁醇混合溶液，震荡 120s，在 500r/min 条件下离心 3min；离心后取上清液 1mL 置于新的离心管中，并加入 2mL 饱和正丁醇水溶液，震荡 30s 后，离心 3min；去离心后样品的上清液 0.9mL 于石英比色皿中，加入 1.5mL 体积比为 3:1 的甲苯-正丁醇混合溶液和 0.1mL 吡啶，于 425nm 处测定吸光度。用 2.4mL 甲苯-正丁醇混合溶液加 0.1mL 吡啶做参比。

所用仪器为 GL-88A 型漩涡混合器、西格玛 3-16PK 型冷冻离心机（SIG-MA，德国）、日立 3010 型紫外-可见分光光度仪（Hitachi Co.，日本）。·OH 浓度与吸光度之间关系的标准曲线如图 4-1 所示。采用二甲亚砜捕集·OH 的分光光度法对自由基进行定量测定，根据式（4-1）可以得出吸光度与浓度的对应关系：

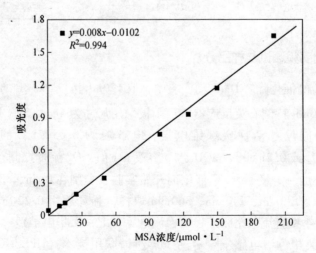

图 4-1　分光光度法测得·OH 标准曲线

$$C = (A + 0.0102)/0.008 \qquad (4-1)$$

式中 C——浓度，μmol/L;

  A——吸光度。

由上式可得出水中·OH 的浓度。

4.2 Fe₃C/C 催化剂电催化过程的影响因素

4.2.1 不同类型含铁催化剂吸附及电催化性能的评价

本组实验考察了 Fe/PAN 催化剂、预氧化后 Fe_2O_3/C 催化剂的和碳化后 Fe₃C/C 催化剂对 DMA 的吸附效果。由图 4-2 可知，经 360min 吸附作用，Fe/PAN 催化剂、Fe_2O_3/C 催化剂、Fe₃C/C 催化剂分别可吸附 DMA20%、5%、5%。Fe/PAN 催化剂吸附效果明显优于其他样品，碳化后比表面积的提升与吸附点位的增加并没有带来吸附能力的增强。对于 Fe/PAN 催化剂所具有的更强吸附特性，可能是由于前驱体 Fe/PAN 催化剂丰富的表面羟基为吸附提供了络合点位，从而与 DMA 发生配位作用。

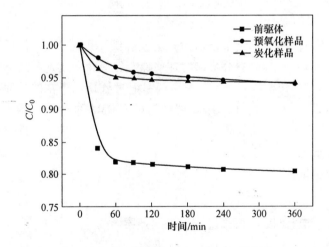

图 4-2   Fe/PAN 催化剂、Fe_2O_3/C 催化剂、Fe₃C/C 催化剂对 DMA 吸附效果

（初始 pH = 3，DMA 初始浓度 C_0 = 5mg/L 条件下的吸附效果，反应时间为 360min）

本组实验考察了 Fe/PAN 催化剂、Fe_2O_3/C 催化剂、Fe₃C/C 催化剂对溶液中 DMA 的电催化处理效果。由图 4-3 看出，电催化降解 DMA 的能力强弱顺序为 Fe₃C/C 催化剂 > Fe/PAN 催化剂 > Fe_2O_3/C 催化剂。Fe₃C/C 催化剂经过 360min 即实现了甲基砷的完全去除，显著优越于其他结构的催化剂。这主要是因为，一方面 Fe₃C/C 催化剂在碳化过程中形成的乱层石墨结构其优良的导电性能强化了与炭纤维间电子向 Fe₃C 纳米粒子反应位点的传递作用；另一方面，材料所具备

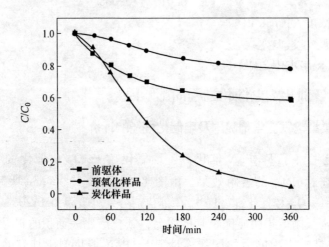

图 4-3　Fe/PAN 催化剂、Fe_2O_3/C 催化剂、Fe_3C/C 催化剂电催化效果

（溶液初始 pH = 3，电流强度 I = 0.15A，催化剂投加剂量 500mg/L，氧气流量 40~60mL/min，

DMA，初始浓度 C_0 = 5mg/L，反应时间为 360min）

的高比表面积为吸附络合提供了反应位点，高孔隙率作为 H_2O_2 传质孔道，以实现强氧化活性物种与目标物充分接触实现快速芬顿氧化，实现高效降解。

对于 Fe/PAN 催化剂的降解过程，主要是通过催化剂丰富的表面羟基直接形成对 DMA 的吸附络合去除；Fe_2O_3/C 催化剂对于 DMA 催化较为困难，这可能是由于 Fe_2O_3 填充在未经碳化、导电性差的有机碳基质中，导致界面反应无良好电荷传质媒介以强化电催化过程。Fe/PAN 催化剂、Fe_2O_3/C、Fe_3C/C 催化剂对于 DMA 最终去除率依次为 40%、20%、96%，说明碳化过程强化了 Fe_3C/C 催化剂电催化性能。

4.2.2　Fe_3C/C 催化剂对不同形态砷的吸附效果

研究进一步考察了催化剂对催化降解产物的吸附效果。图 4-4 对比了 Fe_3C/C 催化剂对不同形态砷的吸附性能。由图可知，Fe_3C/C 催化剂可对 MMA、As(V)进行有效吸附，并在 10min 之内达到吸附完全，吸附速率呈现趋势为 As(V) = MMA >> DMA，这也与实验中获得了对催化降解产物的完全吸附去除所一致。图 4-5 对比了不掺加 Fe 元素 PAN 纺丝经碳化后的炭纳米纤维（NCNFs）相同实验条件下对三种形态 As 的吸附行为。即使 NCNFs 高孔隙率结构拥有更大比表面积，更多吸附点位的 NCNFs 对于 DMA、MMA、As(V)仍无明显吸附效果，这说明在 Fe_3C/C 对 MMA、As(V)吸附过程起主导作用的不是碳基质，而是源于 As 羟基与催化剂的 Fe = O 键络合或者 Fe_3C 与碳基质间的 Fe—C 键合实现吸附。

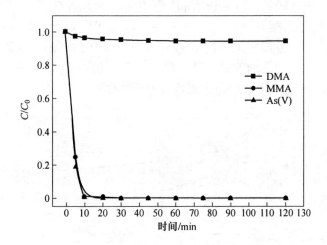

图 4-4　Fe₃C/C 催化剂对不同形态 As 的吸附作用

（Fe₃C/C 催化剂、NCNFs 催化剂投加剂量均为 500mg/L，DMA、MMA、
As(V)初始浓度均为 $C_0 = 5$mg/L，初始 pH 3，反应时间为 120min）

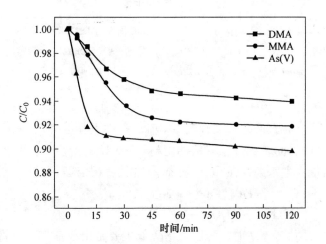

图 4-5　NCNFs 对不同形态 As 的吸附作用

（Fe₃C/C 催化剂、NCNFs 催化剂投加剂量均为 500mg/L，DMA、MMA、
As(V)初始浓度均为 $C_0 = 5$mg/L，初始 pH 3，反应时间为 120min）

4.2.3　不同初始 pH 值环境下对二甲基砷降解效果的影响

本组实验考察了不同初始 pH 值对 Fe₃C/C 非均相电催化剂电催化降解 DMA 效果的影响。由图 4-6 看出，初始 pH = 2、3、4、7 条件下，DMA 去除率分别为

35%、95%、20%、10%，可见初始 pH 值的变化对 Fe_3C/C 催化剂电催化降解 DMA 效果影响显著，在 Fe_3C/C 非均相电芬顿降解 DMA 时，初始 pH 值保持在 3 左右较为适宜。这一方面是由于溶液初始 pH 对·OH 的产量造成影响，从而决定了异相电芬顿反应速率的差异；另一方面，适宜的 pH 值会促使 Fe 离子的界面芬顿反应，Fe^{3+}/Fe^{2+} 进而在阴极表面进行原位转化。

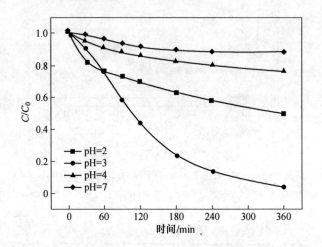

图 4-6　不同初始 pH 值对 Fe_3C/C 催化剂对 DMA 降解效果

(反应电流强度 $I = 0.15A$，Fe_3C/C 催化剂投加剂量 500mg/L，氧气流量

40 ~ 60mL/min，DMA 溶液初始浓度 $C_0 = 5mg/L$，反应时长为 360min)

当 pH 值较高时，由于自由态的亚铁离子减少而使反应降解率明显下降。自由态亚铁离子减少主要是因为在较高 pH 值的条件下，会抑制 Fe_3C/C 催化剂反应中 Fe^{3+}/Fe^{2+} 的界面转化过程，从而阻碍了·OH 的产生，同时界面上溶出的 Fe^{3+} 和 Fe^{2+} 可能发生水解，在 Fe_3C 表面形成沉淀（如式（4-2）和式（4-3））。

$$Fe^{3+} + e \longrightarrow Fe^{2+} \tag{4-2}$$

$$Fe^{2+} + H_2O_2 \longrightarrow Fe^{3+} + \cdot OH + OH^- \tag{4-3}$$

而当溶液 pH 值低于 2 时，降解效率降低主要是由于形成了亚铁的络合离子 $[Fe(II)(H_2O)_6]^{2+}$，它与 H_2O_2 的反应速率远远低于 $[Fe(II)(OH)(H_2O)_5]^+$，从而导致·OH 量减少的缘故。另外当 pH 值过低时，H^+ 捕获·OH 作用非常明显，并且在低 pH 值的条件下 Fe^{3+} 与 H_2O_2 的反应也会被抑制（如式（4-4）和式（4-5）所示）。

$$Fe^{3+} + \cdot R \longrightarrow Fe^{2+} + R^+ \tag{4-4}$$

$$Fe^{3+} + H_2O_2 \longrightarrow Fe^{2+} + \cdot HO_2 + H^+ \tag{4-5}$$

控制反应 pH = 3 既提高了 Fe 离子的存在数量，同时又提高了 Fe 离子的存在效能，进而促进了异相电芬顿反应的进行以及·OH 的生成。此外，·OH 氧化电位随着 pH 值升高而降低，在 pH = 3 时·OH 氧化电位在 2.65 ~ 2.80V 之间，而当 pH 升高到 7.0 时氧化电位只有 1.90V，故 pH = 7.0 时·OH 的氧化能力要远远弱于 pH = 3.0 时的氧化能力。

4.2.4　不同目标物初始浓度对二甲基砷降解效果的影响

本组实验考察了目标物初始浓度对 Fe₃C/C 催化剂降解水中 DMA 效果的影响。由图 4-7 可知，DMA 初始浓度为 C_0 = 1mg/L、2mg/L、5mg/L、10mg/L，去除率分别为 90%、94%、96%、95%。水中 DMA 的去除效率维持稳定，且并未随 DMA 初始浓度的增大而降低。我们推测：增大 DMA 初始浓度，某种程度上可能会增大了反应的接触面积，在足量·OH 存在的基础上，会使得 DMA 分子与该活性物种之间的有效碰撞概率增加，减少液相催化反应中的吸附传质阻力，从而促进对 DMA 与 Fe₃C/C 催化剂在吸附位点的结合，加速反应中 DMA 的催化降解。根据上述吸附实验结论，针对 MMA、As(V)具有良好性能的催化剂 Fe₃C/C 在电催化氧化基础上，可将剩余催化产物吸附络合并继续氧化，360min 可基本将总砷达到完全去除。

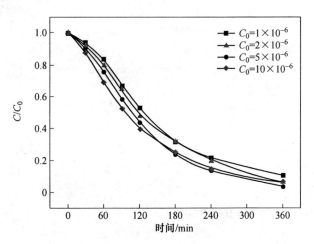

图 4-7　不同目标物初始浓度电催化对 DMA 降解效果
（初始 pH = 3，电流强度 I = 0.15A，Fe₃C/C 投加剂量 500mg/L，
氧气流量 40 ~ 60mL/min，反应时间为 360min）

4.2.5　不同电流强度对二甲基砷降解效果的影响

本组试验考察了不同电流强度对 Fe₃C/C 催化降解 DMA 效果的影响。测试条件：图 4-8 比较了 DMA 溶液在电流强度 I = 0A、0.05A、0.1A、0.15A、0.2A 的电催化处理效果，对 DMA 的去除率分别为 6%、50%、77%、96%、79%。酸性

体系中，伴随电流强度的增强，单位时间内补给的电子亦随之增多，有利于 O_2 得电子在阴极 ACF 表面转化为 H_2O_2。值得注意的是，电流强度并未与降解效率呈正相关趋势：一方面当电流强度过大会增强极化反应，O_2 得电子可直接转化为 H_2O（如式（4-6）和式（4-7）所示）。

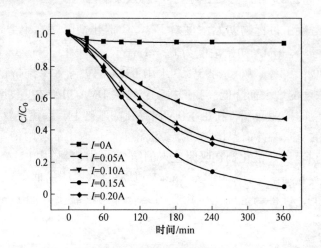

图 4-8　不同电流强度电催化对 DMA 降解效果

（初始 pH = 3，Fe_3C/C 投加量 500mg/L，氧气流量 40～60mL/min，DMA 初始浓度 C_0 = 5mg/L，调节不同电流强度，反应时间为 360min）

$$O_2 + 2H^+ + 2e \longrightarrow H_2O_2 \qquad (4\text{-}6)$$
$$O_2 + 4H^+ + 4e \longrightarrow 2H_2O \qquad (4\text{-}7)$$

另一方面，单位电极上通过的电流增大时，电极的极化增大。当 H_2O_2 初始浓度升高时，有利于增加活性·OH 的产生。然而，过量产生的活性·OH 不仅会发生自身的猝灭反应式（4-8），·OH 同时也会被 H_2O_2 所捕获生成 H_2O 和其他产物，导致 H_2O_2 与·OH 的相互消耗（式（4-8）和式（4-9））。

$$2HO\cdot \longrightarrow H_2O_2 \qquad (4\text{-}8)$$
$$HO\cdot + H_2O_2 \longrightarrow H_2O + HO_2\cdot \qquad (4\text{-}9)$$

在本研究考察的电流强度范围内，降解效率先是随着电流强度的升高而升高，超出一定值（$I > 0.15A$）以后，DMA 的去除率反而下降。因此调控适宜的电流强度对于 Fe_3C/C 的电催化过程显得尤为重要。

4.2.6　不同催化剂投加量对二甲基砷降解效果的影响

本组实验考察了 Fe_3C/C 催化剂不同投加剂量对电催化降解 DMA 效果的影响，实验对比了 Fe_3C/C 投加剂量为 0mg/L、200mg/L、500mg/L、700mg/L、1000mg/L 的电催化处理效果，去除率依次为：5%、35%、85%、96%、95%。

由图 4-9 可知，未添加 Fe₃C/C 催化剂的电催化反应对 DMA 基本无降解作用，说明酸性体系下电化学产品 H_2O_2 难以将 DMA 氧化形成新产物。添加催化剂后，随着增加 Fe₃C/C 催化剂投量，DMA 去除率迅速上升。增加 Fe₃C/C 催化剂投量为异相电芬顿提供了足够的反应界面，保证了单位时间·OH 产生速率和数量。Fe₃C/C 催化剂通过 H_2O_2 催化，通过界面反应高效地产生强氧化能力的·OH。最终将液相中的 DMA 氧化为 MMA、As(V) 以及小分子有机酸和无机小分子物质。反应初期，DMA 被分解成有机小分子，随着催化剂投加量的增加，反应活性位置增加，能够产生更多的·OH。

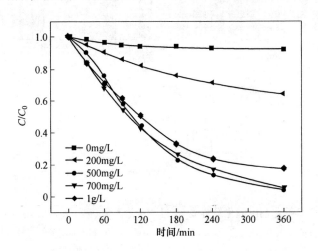

图 4-9　不同催化剂投加量电催化对 DMA 降解效果
（初始 pH = 3，电流强度 $I = 0.15A$，氧气流量 40～60mL/min，DMA 初始浓度
$C_0 = 5mg/L$，Fe₃C/C 催化剂投加不同剂量，反应时间为 360min）

当投加量达 500mg/L 时，DMA 去除率达到 96%。继续提升催化剂的投加量，去除率不再升高并趋于稳定，这说明对于 DMA 降解存在最佳投加量。在 1000mg/L 剂量投加反而降低催化及吸附效果，这说明过量的起催化作用的·OH 及其他中间态活性物质遭到吸附活性点位的竞争捕获，进而抑制了催化反应过程。

4.2.7　溶解氧、pH 值、总有机碳及铁离子溶出变化趋势

图 4-10 给出了 Fe₃C/C 催化剂电催化降解 DMA 过程中溶解氧、pH 值和 TOC 随时间的变化。图 4-10a 显示了通氧曝气后，通过施加恒流电解，液相中溶解氧含量得到了进一步提升，由 21mg/L 增加为 30mg/L，这说明酸性条件电解体系会进一步增加液相中溶解氧浓度，促成氧还原过程。

芬顿反应中，溶液 pH 值对反应降解效率也有非常大的影响。众多研究表明芬顿反应最佳反应 pH 值范围在 3.0 左右。因此本书研究了电芬顿反应和感应电

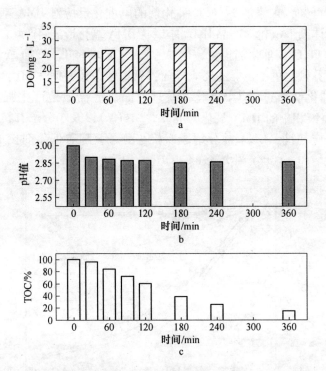

图 4-10　Fe_3C/C 催化剂电催化降解 DMA 过程中溶解氧(a)、pH 值(b)、TOC(c)变化

(初始 pH = 3，电流强度 I = 0.15A，氧气流量 40 ~ 60mL/min，DMA 初始浓度
C_0 = 5mg/L，Fe_3C/C 催化剂投量 500mg/L，反应时间为 360min)

芬顿反应降解 DMA 过程中溶液的 pH 值变化情况。图 4-10b 所示为两种反应体系在降解 DMA 过程中溶液 pH 值的变化。如图所示，在电芬顿反应过程中，溶液 pH 值变化非常明显，pH 值从开始时 3.0 下降到 360min 时的 2.87。在电芬顿反应过程中 pH 值变化主要是因为被氧化作用取代下的甲基生成了小分子有机酸。在反应开始的 90min 溶液 pH 值基本达到稳定，这可能是由于在界面反应中 Fe_3C 纳米粒子产生的 OH^- 被同期生成小分子有机酸消耗，最终速率相同，pH 值保持稳定。

进一步测定 TOC 的去除情况，考查了最优电催化条件下 Fe_3C/C 催化剂对 DMA 的矿化能力，结果如图 4-10c 所示。可以看出，随着反应的进行，TOC 去除率逐步增加，反应 360min 时矿化率可达 85%。上述结果说明，由 Fe_3C/C 催化剂构成的非均相电芬顿体系，一方面可以依靠·OH 氧化破坏 DMA 的结构，完成甲基取代，使甲基转化为小分子酸/醇，进而迅速被矿化成为二氧化碳和水；另一方面，催化产物 MMA 迅速与 Fe_3C/C 阴极催化剂内部及表面的吸附位点结合，实现了水中有机砷的同步吸附去除。

进一步考查了 Fe_3C/C 催化剂电催化降解 DMA 过程中 Fe^{3+}/Fe^{2+} 溶出情况，如图 4-11 所示，催化降解过程中 Fe_3C/C 催化剂的铁离子在催化开始阶段存在少量溶出（2mg/L），其中 Fe^{3+} 浓度为 1.85mg/L、Fe^{2+} 为 0.2mg/L。反应过程中铁离子浓度不断降低，360min 后测得溶出浓度低至 0.3mg/L，而催化能力未受影响，这可能是因为 Fe^{3+}/Fe^{2+} 被重新吸附到催化剂表面进行 Fe^{3+}/Fe^{2+} 界面循环，证明催化剂在催化过程中实现了铁物种的高效循环利用。

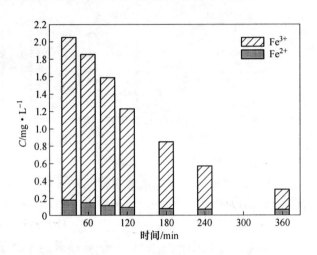

图 4-11　Fe_3C/C 催化剂电催化降解 DMA 过程中 Fe^{3+}/Fe^{2+} 溶出情况

4.3　纳米 Fe_3C/C 碳纤维催化剂电催化二甲基砷的主要机制

4.3.1　屏蔽羟基自由基对电催化降解二甲基砷效果的影响

叔丁醇对羟基自由基可进行选择性地捕捉，因此向 DMA 溶液中投加不同剂量的叔丁醇，通过比较不同剂量叔丁醇投加条件下 DMA 去除效果的差异来判断发挥主要作用的活性物质是否为羟基自由基。如图 4-12 所示，随着反应时间的延长，DMA 去除率的差异越发明显。可见，随着增加叔丁醇投量，反应溶液中的·OH 的活性得到明显抑制，从而降低了 Fe_3C/C 催化剂对 DMA 的去除率，以上研究结果均表明在去除 DMA 反应中·OH 为主要的氧化剂。

4.3.2　羟基自由基的检测与定量

电子自旋共振技术在目前水中自由基（包括·OH）测定方法中较为普遍。一般应用自旋捕捉剂（DMPO）捕捉体系内性质极不稳定的·OH，二者反应结合为较为稳定的捕捉剂加合物，进而通过 EPR 波谱仪测定自由基种类和浓度。

考察并比较 Fe/PAN 催化剂、Fe_2O_3/C 催化剂、Fe=C/C 催化剂三种催化剂

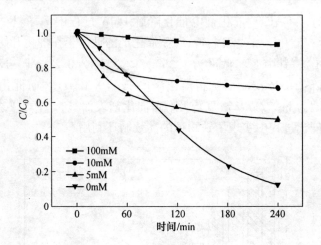

图 4-12　屏蔽·OH 条件下 Fe$_3$C/C 电催化降解 DMA 效果

在反应体系中·OH 的产量。不难看出，波谱图 4-13 中与其他文献报道的·OH 的 DMPO 加成产物一致：包含了一个由四条谱线组成，峰高比为 1：2：2：1 的自由基波谱，其超精细结构为：$\alpha N = 1.49$mT，$\alpha H = 1.49$mT。所以我们通过这个谱图确认，不同种类电催化剂反应体系中均检测到·OH。从图中可以看出，Fe$_3$C/C 催化剂电芬顿反应的过程中，产生的·OH 要显著高于其他种类的催化剂，因此负载有石墨碳包覆 Fe$_3$C 纳米粒子的棒状纤维具有优异的电催化性能，从而实现 DMA 的高效降解。

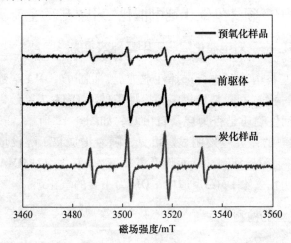

图 4-13　Fe/PAN 催化剂、Fe$_2$O$_3$/C 催化剂、Fe$_3$C/C 催化剂三种催化剂在
反应体系中 ESR 波谱图

（DMA 初始浓度 $C_0 = 5$mg/L，溶液初始 pH $= 3$，电流强度 $I = 0.15$A，催化剂投加量为 500mg/L，

氧气流量 40～60mL/min 的条件下，反应 120min）

本组实验利用分光光度法考察了 Fe/PAN 催化剂、Fe₂O₃/C 催化剂、Fe₃C/C 催化剂三种催化剂在反应过程中·OH 的变化。如图 4-14 所示，相对于其他类型催化剂，Fe₃C/C 在反应过程中始终保持着更高的·OH 浓度，与 ESR 测试结果相一致。Fe₃C/C 催化剂的初始活性很高，·OH 生成量随着反应时间不断变化，初始 240min 反应时间内，·OH 生成量不断增加，并在 240min 达到最大产量，产量分别为 88μmol/L、14μmol/L、29μmol/L；随着反应时间的延长，由吸附络合作用导致了催化剂的活性位点受到竞争占据，因此·OH 产量逐渐降低，降解 DMA 活性下降。

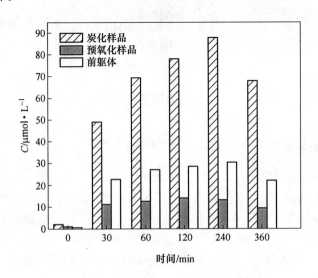

图 4-14   Fe/PAN 催化剂、Fe₂O₃/C 催化剂、Fe₃C/C 催化剂电
催化过程中·OH 的变化

（初始 pH = 3，催化剂投加量 500mg/L，氧气流量 40 ~ 60mL/min，

电流强度 I = 0.15A 进行电催化处理，分别在 0min、30min、

60min、120min、240min、360min 取样，反应时间为 360min）

4.3.3   Fe₃C/C 催化剂重复使用稳定性能评价

针对电催化降解 DMA 后的 Fe₃C/C 催化剂，采用 0.2mol/L 草酸铵缓冲溶液提取其表面吸附 As，在 2h 内砷的提取率达 97%。经过 As 提取之后的 Fe₃C/C 催化剂，经抽滤并冷冻干燥后重新利用，用于评价催化剂的稳定性能。图 4-15 结果显示，在 6 次重复使用后 Fe₃C/C 对 DMA 的去除率仍稳定保持在 85% 以上，这一方面表明了 Fe₃C/C 在电催化体系中可维持自身结构稳定，另一方面也反映了草酸铵缓冲溶液对 As 提取没有破坏 Fe₃C/C 的结构，保证了催化剂的可重复利用性能。

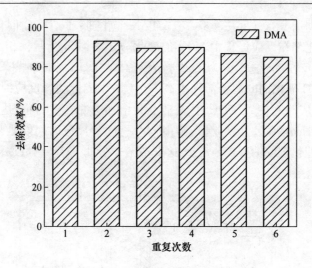

图 4-15　Fe_3C/C 催化剂重复使用稳定性能变化

4.3.4　Fe_3C/C 催化剂电催化有机砷降解机理的探究

图 4-16a 为初始浓度为 5mg/L 的 DMA 在电催化中不同时刻从溶液取样实测的 DMA、MMA、As(V)各组分浓度，在不同反应阶段溶液均可检出 MMA，但是并未检出无机砷。图 4-16b 为不同反应时间的 Fe_3C/C 催化剂颗粒，置于浓盐酸溶液中超声溶解后测得 DMA、MMA、As(V)各组分浓度。测试结果显示：随着反应时间延长，DMA 不断降低，MMA 和 As(V)浓度不断增加，总砷量维持不变，表明 DMA 通过·OH 氧化被降解为 MMA、As(V)以及 CO_2 和甲醇。由此我们推断在反应过程中：

（1）MMA 的氧化形式为：新生 MMA 首先被吸附到 Fe_3C/C 催化剂表面及内部进行络合，在原位继续进行催化氧化，这是大部分 MMA 的降解形式，确保了 As(V)不会以游离的形式存在于溶液中，避免二次污染；

（2）图 4-16a 显示 MMA 在溶液中呈先增加后减小的趋势，而图 4-16b MMA 在溶液中呈逐渐增加趋势，在 180min 后增加速率趋于平缓，以上数据说明，液相中 MMA 的浓度变化是由 DMA 降解生成 MMA 速率与 MMA 被 Fe_3C/C 吸附速率两种因素共同决定。在反应 240minDMA 向 MMA 转化速率达到最快。

此外，实验过程中我们发现，投加催化剂后，反应开始阶段溶液体系呈现黑色浑浊状，而后 Fe_3C/C 催化剂会逐步吸附在阴极活性炭纤维（ACF）上，并在 60min 之内可达到吸附完全，这种现象显示了 Fe_3C/C 催化剂与 ACF 结合带来的明显优势：其一是 Fe_3C/C 被吸附后作为阴极发生电子传递，更好地完成氧化还原过程；其二是新生 MMA，As（V）会作为吸附质聚积在阴极的 ACF 中，便于 Fe_3C/C 催化剂与 As 的回收利用或处理。

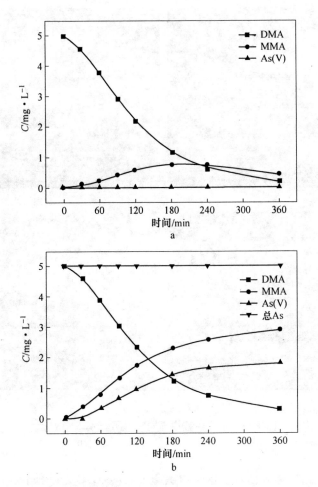

图 4-16　液相中检测出的不同形态砷浓度(a)和将催化剂溶解后检测出的
不同形态砷浓度(b)

(初始 pH =3，催化剂投加量 500mg/L，氧气流量 40～60mL/min，电流强度 I = 0.15A)

从图 4-17 中看出，在反应 30min 时，ACF 上仅有少量的 Fe₃C/C 黏附，同时有些细碎的微粒会首先脱离 Fe₃C/C 附着到 ACF 表面。反应 60min 时，有大量的 Fe₃C/C 纳米纤维通过电吸附作用、静电作用吸附散落在阴极 ACF 表面。由 120min 的 SEM 发现 Fe₃C/C 在 ACF 表面产生团聚，结合得更加紧实。360min 反应结束，我们可以看出，大量 Fe₃C/C 催化剂被吸附在阴极表面，且表面被细小颗粒物所包裹。

由此我们推断，非均相电芬顿体系的反应过程中，分布在 Fe₃C/C 催化剂结构中的 Fe₃C 纳米粒子表面与电化学产生的 H_2O_2 发生界面作用，同时进行 Fe^{3+}/Fe^{2+} 的原位转化，其中 MMA 会被逐步吸附到 Fe₃C 纳米粒子表面原位发生再氧化

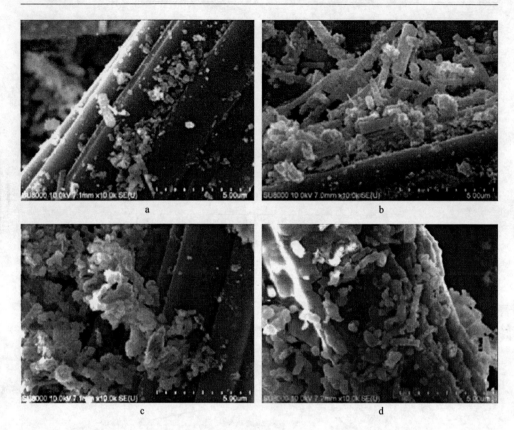

图 4-17   反应过程中不同时段阴极 ACF 形貌

a—30min；b—60min；c—120min；d—360min

形成 As(V)，如图 4-18 所示。这也再次印证了 Fe$_3$C/C 是一种兼具催化、吸附功能的良好催化剂。

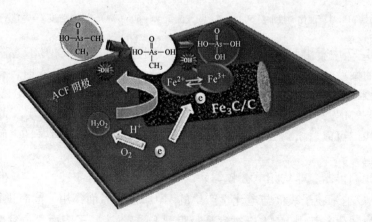

图 4-18   Fe$_3$C/C 的界面芬顿氧化

4.3.5 Fe_3C/C 催化剂电催化降解有机砷机制

根据以上结果，我们推测以 Fe_3C/C 催化剂作为异相电芬顿催化剂的催化降解机制：电催化过程发生于 Fe_3C/C 催化剂被吸附于阴极之后，Fe_3C/C 的界面异相电芬顿氧化是基于酸性体系中电解氧还原形成 H_2O_2。其通过微小的传质孔道与 Fe_3C/C 碳基质中的 Fe_3C 纳米粒子表面相接触并发生界面芬顿反应生成·OH，如图 4-19 所示。新生·OH 游离至溶液中将 DMA 结构中的甲基氧化取代，氧化产物 MMA 可被吸附至 Fe_3C 纳米粒子表面进行络合反应，并原位氧化降解为 As(V)，最终保证了出水中 As（V）浓度低于检测限。氧化过程中，甲基砷中的甲基被转化成了水、无机碳，以及少量有机小分子包括乙酸和甲醇。与此同时，反应伴随了 Fe^{3+}/Fe^{2+} 在阴极的原位循环转化和阳极的协同氧化过程。

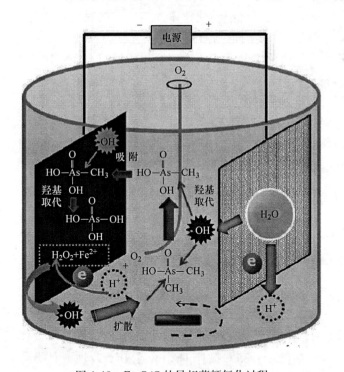

图 4-19 Fe_3C/C 的异相芬顿氧化过程

5 改性纳米碳纤维材料脱除甲苯的应用

催化降解过程是一个包括活性组分氧化还原、氧气转化、污染物转化等多种过程的集合，Liu 等利用 2.68% FPt/ACFs 催化剂考察了反应温度和氧气含量对甲苯催化燃烧性能的影响，反应温度为 25℃，120℃，150℃，200℃，250℃，300℃，350min 后转化率分别稳定在 15%，28%，29%，27%，100%，100%，发现低温下反应以吸附为主，250℃才能提供足够的能量，20% 的氧气含量能够提供充足的氧化剂，这与氧气的转化速率和与载体的黏着系数有关。Everaert 等通过系列催化剂降解 VOCs 的数据研究催化动力学，发现氧气浓度和 VOCs 的去除率关联性不大，氧气浓度和反应速率符合零级反应，在一定范围内，VOCs 浓度和反应速率符合一级反应，反应温度的提高可增加 VOCs 的降解率，可见温度、氧气含量等对催化过程意义重大。

当前研究利用 Mn-Ce/ACFN 催化剂重点考察反应温度、氧气含量，气速参数的作用，并通过对比催化剂反应前后的表征结果和催化产物推测甲苯反应机理，为今后催化剂的制备和反应工况的条件选择提供依据。

5.1 实验方法

5.1.1 催化剂制备

5.1.1.1 碳纤维改性

用电子天平准确称取活性炭纤维（记作 ACF，出厂参数如表 5-1 所示），剪裁成大小均一的块状颗粒，尺寸为 3mm×3mm，首先用去离子水攒拌清洗两遍。在 105℃干燥 12h 后采用常温改性或高温改性。常温改性是取改性液 150mL，将碳纤维浸渍于改性溶液中，25℃搅拌 1h，静置 4h。改性液种类有 HCl、H_3PO_4、HNO_3、NaOH、H_2O_2，其质量分数为 30%，硝酸改性液有多个浓度范围，为 10%，30%，45%，60%。用去离子水将改性后的活性炭纤维洗至洗涤水 pH = 7.0，最后取出 ACF 于洁净的干燥箱中在 105℃下烘干 12h，将其装至塑料封口袋中密封保存于干燥皿中，记作 ACF-X，其中 X 代表改性液的种类；高温改性是利用质量分数 60% 的浓硝酸在避光油浴中回流 2h，然后取出在冷却至常温，经过洗涤干得到最终载体，记作 ACFN。

高温改性会造成质量损失：量取清洗干净的 ACF 为 2.6g，利用高温浓硝酸改性得到的 ACFN 质量为 1.7g，根据收率计算公式得到收率为 65.38%。

表 5-1　黏胶基碳纤维的基本参数

外表面积 /$m^2 \cdot g^{-1}$	比表面积 /$m^2 \cdot g^{-1}$	微孔巧积 /$mL \cdot g^{-1}$	单丝直径 /μm	松密度 /$g \cdot cm^{-3}$	厚度 /mm
1.5 ~ 2.0	1000 ~ 1500	0.25 ~ 0.7	9 ~ 18	0.02 ~ 0.03	2 ~ 3.5

5.1.1.2　Mn-Ce/ACF(N)制备过程

采用过饱和浸渍的方法制备 Mn-Ce/ACF（N）系列催化剂，分别称取定量的硝酸锰和硝酸铈，配制成一定浓度的水溶液，硝酸锰和硝酸铈的浓度为 0.080mol/L 和 0.026mol/L，总负载量为 10%（以 MnO_2-CeO_2 计算），将 500mg 碳纤维或改性碳纤维加入浸渍液中，磁力搅拌 1h，超生浸渍 2h，静置浸渍 6h，过滤然后在 105℃空气气氛下干燥 12h，最后在氮气氛围下高温焙烧 4h，记作 MnFCe/ACF（N）。

5.1.2　催化剂活性评价

本章评价催化性能的设备是微型的固定床反应器，主要设备和吸附装置相同。反应在大气压下进行，主要部件为石英管（内径 9mm），在反应器内部设置热电偶测定反应湿度，混合目标气体在预热器中进行混合预热，通过调节污染物的气体配制进口的浓度，反应空速为 50L/（g·h），进气体积比 $N_2 : O_2 = 4 : 1$，甲苯进口浓度为 550mg/m^3。反应温度窗口为 50 ~ 250℃，催化剂活性评价时先开启加热装置等待温度稳定。开启气体发生器，催化燃烧过程持续 60min 达到平衡，然后进行取样分析。

为了方便描述催化剂对甲苯的催化活性，用 T_{10}、T_{50}、T_{80} 和 T_{90} 代表甲苯降解率为 10%、50%、80% 和 90% 的反应温度，单位为℃。为了保证试验的气密性和分析甲苯的热稳定性，活性评价前在不添加催化剂条件下进行空白试验，气体流量为 25ML/min，氧气含量为 20%，如图 5-1 所示，结果表示在反应温度为 40 ~ 240℃的条件下，甲苯的转化率在 2% 以内，随着温度的升高，甲苯因为高温发生分解反应，所以甲苯在低温时较难分解，试验中气源能够稳定的发生。

5.1.3　催化剂表征手段

（1）XRD 表征。X 射线衍射仪（XRD）来自德国布鲁克 AXS 公司，型号 FO-CUSFD8。铜靶 Kα 射线，阶梯扫描方法进行。衍射角 2θ 从 10°到 90°，工作电压为 35kV，管流 30mA。将催化剂载于载物台上，载玻片压平进行测量，可得到材料里金属氧化物晶型。将得到的结果和已知物的峰位比对，分析结果。

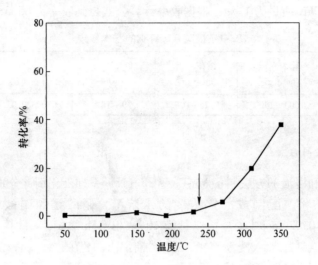

图 5-1　甲苯催化空白试验

（2）SEM 表征。扫描电子显微镜（SEM）来自日立公司，型号 S-4700。精密度分辨率为 2.1nm（1kV），1.5nm（30kV），加速电压为 0.5～30kV，放大倍数范围为 20～500000 倍。实验所用倍数为 5k 和 50k，通过 SEM 观测材料的表面状态、金属氧化物的成型和分布状况。

（3）ICP-A 段测定。等离子体原子发射光谱仪（ICP-AES）来自美国 Thermo Fisher Scientific 公司，型号 iCAP 6300。谱线发射强度与待测元素原子浓度有关，故可进行定量分析。测量离子浓度的过程为：精确称量 5mg 固体粉末，记录其质量数据，加入现配王水 4mL，将溶液进行高温消解，消解时避光，稀释定容至 250mL，取清液进行测试。

（4）ICP-A 段测定。X 射线光电子能谱仪来自美国 Thermo Fisher Scientific 公司，型号 ESCALAB250。仪器的分辨率 0.80eV，灵敏度 100kcps，图像可以达到分辨率 3μm，AlKα 为激发源，本文的校正结合能为 C1s 的 285.0eV，催化剂表面原子浓度由各个元素峰面积乘以校正因子，用巧一法计算。若无特殊说明，XPS 的实验结果由标准数据和相关文献来确定组成，主要考察了 O、C、Ce 和 Mn 元素的价态和变化。

（5）BET 表征。载体材料的比表面积和孔径采用全分析自动分析仪，来自美国康塔仪器公司，型号为 Quadrasob SI-MP，吸附温度为 77K。预处理先采用 105℃干燥 12h，再采用 200℃真空预处理 Fh。比表面积采用 BET 计算，孔分布采用 DFT 和 BJH 法，微孔分析采用 HK 法。

（6）表面酸性探究。酸性测试常用有以下几种方法，傅里叶红外光谱测试（FTIR），碱性气体程序脱附试验（如 NH$_3$-TPD），XPS 以及 Boehm 滴定等。

1）红外光谱表征。傅里叶变换红外光谱仪器是来自布鲁克公司，型号 TEN-SOR27，仪器的扫描范围是 4000~400cm^{-1}，实验材料为固体粉末，采用光谱纯 KBr 压片制得测量样品，为了排除水的影响，需把 KBr 和催化材料充分干燥。

2）Boehm 滴定表征。Boehm 滴定法是 1962 年德国教授 H. P. Boehm 提出的，主要利用酸碱滴定的原理。

3）XPS 表征。分析的对象为 C、O 元素，由于 C 表面含有不同的含氧基团，其中结合键能不一样，影响 C 元素表面的电子分布，故通过 C 的特征峰面积可计算得到基团的含量。

5.2 催化甲苯反应过程因素的影响

5.2.1 反应温度的影响

甲苯的催化燃烧过程简式为（式（5-1））：

$$C_7H_8 + 9O_2 \longrightarrow 7CO_2 + 4H_2O \tag{5-1}$$

从简式可以看出甲苯浓度，氧气浓度及反应温度制约着反应进行的程度和难易，催化剂的转化率随着温度的升高而增加，为了进一步的评估温度的影响，选用 Mn-Ce/ACFN 在温度变化的情况下进行稳定性实验，如图 5-2 所示。Zhou 等利用 Mn-Co 氧化物进行稳定性测试，发现 230℃时，随着时间的增加，转化率不断下降，主要是温度提供的热量不足，导致空气中的氧气不能被活化变成晶格氧，进一步与污染物反应，在 235℃时，转化率在前 200min 时保持了 80% 以上的转化率，210min 后转化率急剧下降为 29%，这是由于低温导致催化剂被钝化，中毒物质不能分离，在 240℃时，催化剂可在 720min 内保持 90% 以上的转化率，可见温度对催化反应的影响比较重要。本书发现 150℃时转化率不断下降，主要

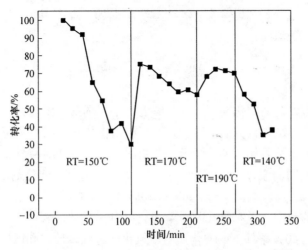

图 5-2 温度对 Mn-Ce/ACFN 的催化过程的影响（RT = 反应温度）

因为吸附逐渐饱和，增加反应温度到170℃，催化剂的活性升高到73％，温度为190℃时，转化率又有所提升，可见升温可以提高催化剂的活性和稳定性，防止催化剂钝化。

5.2.2 氧气含量的影响

5.2.2.1 氧气浓度对 Mn-Ce/ACFN 的影响

首先利用 Mn＞Ce/ACFN 催化剂探讨不同的氧气浓度的影响，在反应温度为190℃，反应空速为50L/（g·h）情况下，得到图5-3，每次数据为稳定60min后测定得到。从图中可见随着氧气浓度的增加，甲苯转化率不断升高，但当氧气含量超过空气比例（20％）后，转化率基本没有变化，推测原因是在氧气不足时，活性组分转化分子氧的速度低于满耗量，随着氧气的增加，又受到催化剂的性能限制，不能利用更多的分子氧，出于经济性考虑采用空气中氧气比例20％最佳。

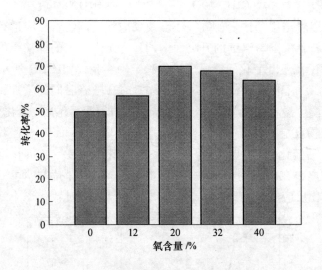

图 5-3　不同氧气浓度对甲苯性能的影响

温度是否可以提高催化剂利用分子氧的速率，本书利用催化剂在相同的气速下进行实验，每个试验数据的实验均采用新鲜的催化剂，减少了每个点可能具有的被钝化的误差，结果如图5-4所示。在相同的气氛下，随着温度的增加转化率有所升高；在相同的温度下，140℃前，氧气浓度越大，催化剂的转化率越高，三者的区别不大，反应温度高于140℃，20％氧气下的甲苯转化率迅速提升，高温有利于氧气的利用，没有氧气时甲苯转化率升高趋势缓慢，在200℃转化率为58％，而氧气为40％条件下的催化剂由于氧化性过强，导致孔结构改变，造成催化剂降解率下降。

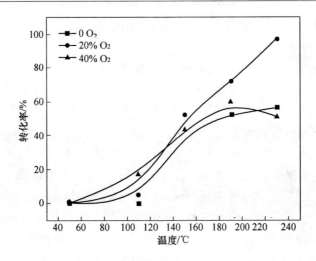

图5-4 不同氧气浓度下温度对催化性能的影响

5.2.2.2 氧气含量对不同催化剂的影响

通过改变氧气的浓度探究氧气含量对 Mn-Ce/ACFN-none、30% HNO$_3$、30% NaOH 催化过程的影响，反应温度为190℃，空速为50L/（g·h），图5-5 为结果，首先在无氧气的情况下，三种催化剂都具有一定的催化活性，由于催化剂本身含有新鲜活性组分和吸附的部分氧气，并且相比而言 Mn-Ce/ACFN-HNO$_3$ 的活性较高，推测氧化物本身颗粒微小，分布均匀，材料表面还含有丰富的含氧基团；在氧气存在的情况下，氧气浓度从10%增加到32%，催化剂活性均有提升，但 Mn-Ce/ACFN-none 和 Mn-Ce/ACFN-NaOH 的转化率增加幅度较大，说明氧气浓度对

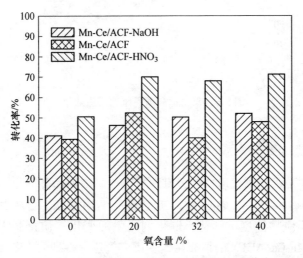

图5-5 不同催化剂在氧气变化中的甲苯去除率

此类材料活性影响较大，但对于 Mn-Ce/ACFN-HNO$_3$ 而言，氧气浓度为 20% 时，转化率已经保持在较高水平 70%，催化剂在氧气比例为 20% 下可充分活化氧气，随着氧分压的增大，其利用效率维持平衡，没有增加。

5.2.2.3　吸附氧和空气氧的作用

Gomez 等曾指出催化剂表面的吸附氧有活化甲苯的作用，使甲基脱氢。为了验证催化剂表面的吸附氧作用，设计了氧气开关试验，在反应温 170℃，空速为 50L/(g·h) 的情况下得到图 5-6。首先看出在无氧气的情况下，Mn-Ce/ACFN 具有催化活性，说明催化过程利用 MnCeO$_x$ 中存在晶格氧和吸附在催化剂表面的分子氧，随着时间的推移，氧被消耗，转化率不断下降，在 50min 左右的时间引入体积分数为 20% 的氧气，甲苯转化率有所升高，已经被还原的 Mn-Ce 氧化物被氧化为高价态，气源中氧气逐步更新为体相氧；在氧气一直存在的情况下，甲苯转化率优于无氧气的情况，但由于温度的不足导致催化剂活性不高，在 50min 后保持稳定。

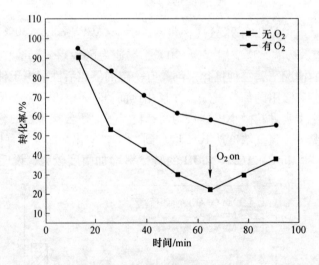

图 5-6　氧气通断下甲苯的去除效果

5.2.3　反应气速的影响

污染物浓度是影响反应速率的关键因素之一，根据已有的报道污染物降解反应级数是 1，随着污染物浓度的升高，反应速率有所增加。事实上反应速率受到多方面影响，反应物浓度、气速、催化剂用量的变化本质都是 VOCs 浓度的变化，本书改变 Mn-Ce/ACFN 的填充量改变反应气速，得到的甲苯降解与温度关系如图 5-7 所示，可以看出甲苯转化率均随着温度的升高而增加，在 42L/(g·h)

情况下降解率有轻微的降低，但 Mn-Ce/ACFN 在这个范围内依旧具有良好的催化活性。Wang 等通过甲苯体积分数为 500×10^{-6}、1000×10^{-6} 和 1500×10^{-6} 的催化实验也同样得到相似的结果。

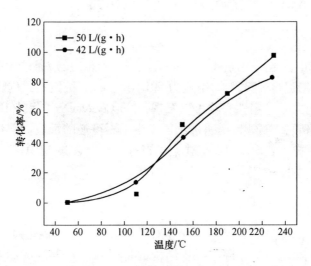

图 5-7　反应气速对催化过程的影响

5.2.4　催化剂稳定性测试

为了评价催化剂的稳定性，使用 10% Mn-Ce/ACFN-450 催化剂在甲苯进口浓度 550mg/m³，反应温度 230℃，空速为 50L/(g·h) 的条件下进行 600min 的连续性催化反应，所得甲苯转化率随时间的变化曲线见图 5-8，在 10h 长时间催化

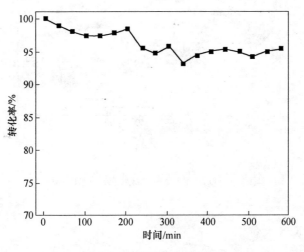

图 5-8　催化剂稳定性测试

反应过程中，甲苯转化率保持了较高的水平，高于 90%。可见 10% Mn-Ce/ACFN-450 催化剂具有良好的稳定性。

5.3　Mn-Ce/ACFN 催化降解甲苯机理的研究

5.3.1　催化剂反应前后变化

选用反应 2h 后的催化剂 Mn-Ce/ACFN 进行表征，反应条件为甲苯进口浓度 550mg/m³，反应温度为 230℃，空速为 50L/(g·h)。稳定性是催化剂的重要指标之一，通过前面的稳定性实验可以发现，Mn-Ce/ACFN 可保持 10h 的稳定性，但转化率从 95% 降到 80%，说明催化剂发生了不可逆的反应。催化剂失活原因有活性物种的流失、表面团聚、催化剂中毒等，本节通过 XRD 表征和 XPS 探究原因，结果如下所述。

5.3.1.1　XRD 表征

图 5-9 是 Mn-Ce/ACFN 反应前后的 XRD 图。可以看出催化剂的变化不明显，没有明显的氧化物特征峰，除了石墨结构的特征峰，如 24°(002) 和 43°(100)，可见随着催化反应的进行，MnO$_x$-CeO$_2$ 保持着分散的状态，保证了催化剂的良好稳定性。

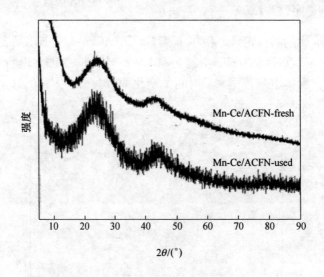

图 5-9　反应前后 Mn-Ce/ACFN 的 XRD 图

5.3.1.2　XPS 表征

图 5-10 是催化剂 Mn-Ce/ACFN 反应前后 Mn2pXPS 谱图，拟合结果如表 5-2

所示。可看出 Mn > Ce/ACFN 中 Mn 价态基本没有变化，Mn 参与氧化还原过程没有被过分氧化，但 Mn^{4+}/Mn^{3+} 的含量从 1.7 降到了 1.5，并且在 647eV 处出现了 Mn^{2+} 的卫星峰，这可能是使甲苯降解率有所下降的原因。Wang 等曾指出，具有良好催化活性的 $MnCeO_x$（Mn/Ce = 0.86）反应前后的 Mn 价态含量无较大变化，而与 Ce 比例较高的 $MnCeO_x$（Mn/Ce = 0.69）的催化剂相比，反应后 Mn^{4+} 的含量增加，推测由于 Ce 含量的增加提高了储氧能力，Mn 被氧化。

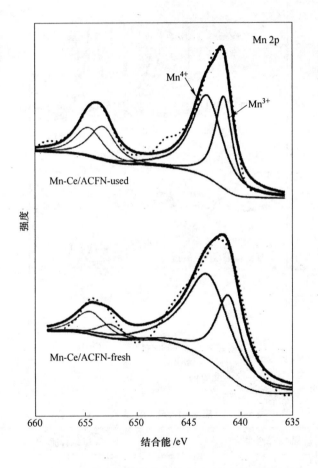

图 5-10　催化剂反应前后的 Mn2p 的 XPS 图谱

图 5-11 为催化剂反应前后的 Ce3d 的 XPS 结果，可以看出反应后催化剂表面在 889.0eV 的峰强有所减弱，为了量化表面 Ce 价态的变化，根据峰面积进行计算，表 5-2 为结果，可见的反应后 Ce^{3+} 含量急剧增加，根据反应机理推测，元素 Ce 在 Ce^{3+} 和 Ce^{4+} 之间转化提供 O。

催化剂 Ce 在催化过程中储氧和释氧速度不一致，导致 Ce 价态的变化失衡，进而会造成稳定性下降，但是文献曾指出 Ce^{3+} 存在有助于催化剂晶型氧缺陷，从而加快体相氧的转移，储氧材料 Ce^{3+} 能提供移动汽车三效催化剂的储氧中心。

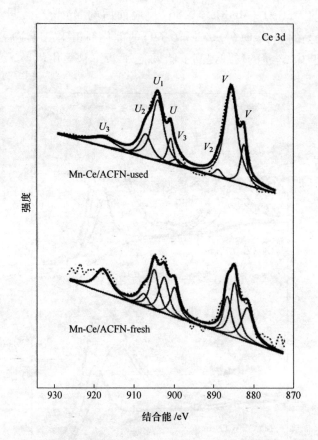

图 5-11　反应前后 Mn-Ce/ACFN 的 XRD 图

表 5-2　反应前后催化剂的 XPS 拟合结果

样　品	Mn2p 结合能/eV		Mn^{4+}/Mn^{3+}	Ce3d 结合能/eV		Ce^{3+}/Ce^{4+}
	Mn^{4+}	Mn^{3+}		Ce^{3+}	Ce^{4+}	
反应后催化剂	643.0	641.2	1.5	885.6/903.9	889.4/907.7	1.6
反应前催化剂	643.1	641.1	1.7	885.7/904.2	889.0/907.2	>10

　　图 5-12 为催化剂反应前后的 O1s 的 XPS 图谱，Mn-Ce 氧化物晶格氧存在的位置在 529.5～530.5eV 处，结果中没有出现相似的结果，可能表面的 $MnCeO_x$ 颗粒度小，碳基材料表面又存在大量的含氧官能团，Zhong 等也发现了同样的现

象。在532.6eV的位置出现的物质对应的是C—O、C≡O、COOH等基团，对比ACFN和Mn-Ce/ACFN-fresh可以得到表面的含氧官能团损失不严重。另外Mn-Ce/ACFN-used可以看出在531.8eV出现了明显特征峰，一般对应OH物质，推测是甲苯降解产物吸附在催化剂表面甲酸或者甲苯酸。

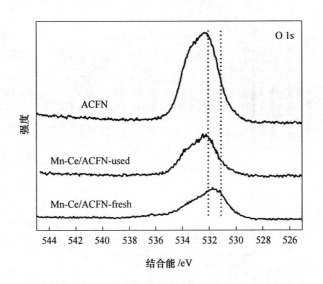

图5-12　Mn-Ce/ACFN反应前后的O1s的XPS图

5.3.2　催化反应产物的研究与甲苯降解机理的推测

甲苯的催化氧化过程是一个复杂的过程，甲苯中含有苯环和甲基，在分解的过程中可能有多种方式开始分解，一个是从甲基开始分解，另一个是从苯环开环，甲苯的光催化过程已有很多报道，但是甲苯的催化燃烧分解过程的研究还没有很深入，首先通过澄清的氢氧化锁溶液进行尾气吸收发现溶液逐渐浑浊，说明有CO_2的产生；通过色谱甲醇收集10h的反应产物，催化反应条件为Mn-Ce/ACFN催化剂，反应温度为190℃。GC-MS分析得到的产物结果推测甲苯的反应机理，甲苯中甲基中的[H]比较活泼，由于氧气的存在，甲基逐步被氧化为甲醛，再氧化为甲酸，以苯甲酸或苯甲醛的形式存在，后被逐步分解为CO_2、H_2O小分子；另外是氨氧自由基的取代反应，形成甲基苯酚，这种邻甲基苯酚易被破坏，中间碳链断裂后，甲苯逐渐被开环，然后形成长链有机物（脂肪酸类物质），支链有机物容易被分解，然后形成小分子有机物，如甲醇等，最后分解为CO_2、H_2O小分子；甲苯降解过程有很多中间产物，这些产物和苯环类物质反应还会生成新的物质，推测降解机理如图5-13所示。

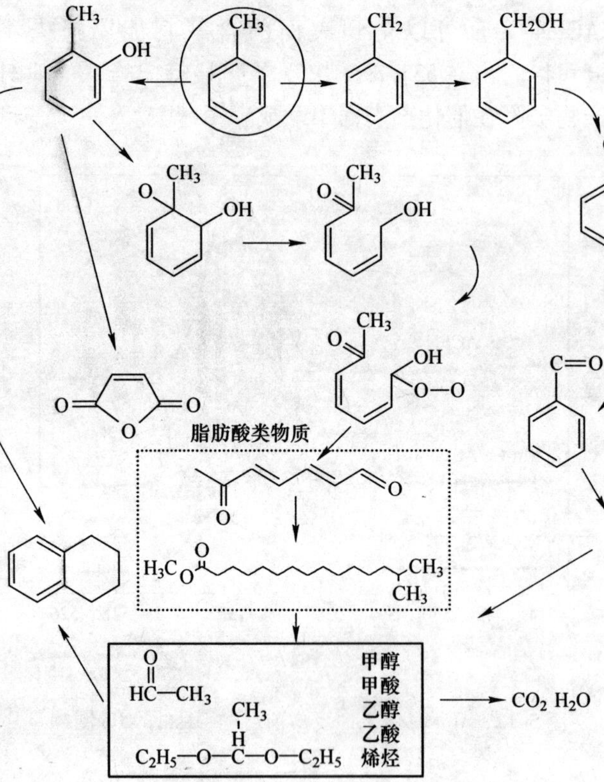

图 5-13　甲苯催化反应机理

6 改性纳米碳纤维材料脱除 NO$_x$ 的应用

选择性催化还原法（Selective Catalytic Reduction，SCR）由于成熟和高效而成为火力发电厂等固定源主流的脱硝技术，其核心主要是以 NH$_3$ 或其他烃类（包括 CO 和 H$_2$ 等）作为还原剂，在催化剂的作用下，将 NO 等还原成 N$_2$ 和水。其中，以 NH$_3$ 为还原剂的 SCR 技术因其效率高而得到了广泛应用。但传统的选择性催化剂要求温度在 300~400℃，对于电站锅炉，必须将其置于除尘器之前，缩短了催化剂的使用寿命，增加了现有锅炉脱硝改造的难度。因此，研究开发能够低温运行的 SCR 催化剂，使催化反应器能布置在除尘和脱硫装置之后，具有重要意义。

6.1 ACF 负载金属氧化物的制备及其表征

6.1.1 固体催化剂的设计及制备方法

石油化学工业的发展在很大程度上是依赖于催化剂的发展。近年来，除石油炼制、石油化工及其他化工过程耗用大量催化剂外，在能源利用、三废治理等方面催化剂也起着越来越重要的作用。根据使用对象不同，我国大致将工业催化剂分成石油炼制、有机化工、无机化工、环境保护和其他催化剂五类；在这五大类催化剂中，绝大多数都是固体催化剂。

6.1.1.1 固体催化剂的设计方法

催化剂的制备要从合成、性能和应用三个层面加以研究，对于催化剂设计的基本要求通常包括：催化剂有合适的比表面积、良好活性、选择性和寿命以及对热、毒物、过程条件变化和对反应物组分具有良好的稳定性。这就需要考虑到催化剂的设计方法。

一般来讲，催化剂的设计可以分为传统经验法和数学模型模拟辅助催化剂设计法等，下面简单介绍这两种方法：

（1）传统经验设计法。它是通过大量的筛选、反复选择才最后完成的，它的工作量很大，所需时间长而且不系统。但在今后催化剂的设计上仍不失为一种重要的方法。用传统经验法设计催化剂的主要做法是将设计催化剂这一复杂问题分解成若干个小问题，再加以解决。具体为：

1）化学计量法分析。

2）热力学分析。

3）查阅文献。

4）区分反应类型。

5）区分每一个反应中的化学键类型。

6）假设表面反应机理。

7）确定反应历程，选择初始活性成分。

8）实验验证。

（2）数学模型模拟辅助催化剂设计法。对于一个特定化学反应，提出催化过程所需催化剂类型的模型，再综合考虑动力学、传递特性及反应机理等信息，建立起催化过程的数学模型。利用此数学模型计算出的参数应用于具体的实验过程，再将由实验过程得到的数据反馈回模型本身，通过不断的反复，指导求出最佳效果的催化剂。

催化过程中用数学模型设计部分如下：

1）表面化学动力学和反应动力学。催化剂表面是影响催化剂性能的一个重要因素。目前对于经多组分化学改性的催化剂表面仍了解很少，因此表面化学动力学和反应动力学的研究是探讨表面组成和反应性能的一条重要途径。

2）催化剂的孔结构及扩散。反应物和产物再复杂的孔结构中的扩散是一个很重要的问题。可以采用计算机模拟的方法有效的分析催化剂颗粒的结构和传递特性，一般都是通过采用 Bethe 网来描述颗粒中无序的孔结构或采用三维结构模拟法两种基本方法来进行数学模型的模拟研究。

3）催化剂的失活。催化剂的寿命实验费时、费力、费钱。借助于计算机辅助设计技术采用失活数学模型来预测催化剂的寿命，可以起到省时、省力、省钱的作用。目前已经发展了多种数学模型可用于预测催化剂的失活速率，如散度变换定理等。

6.1.1.2　固体催化剂的设计方法

目前常用的固体化学催化剂的制备方法主要包括沉淀法、浸渍法、离子交换法、共混合法、溶胶凝胶法和热熔融法。

（1）沉淀法。一般来说，以沉淀操作作为关键和特殊步骤的催化剂制造方法就称为沉淀法。对于大多数固体催化剂来说，通常都是将金属的细小颗粒，负载于氧化铝、氧化硅或其他物质载体上而形成负载型催化剂，也有非负载型的金属氧化物型催化剂，还有先制成氧化物，然后用硫化氢或其他硫化物处理使之转化为硫化物催化剂。

沉淀法是制备固体催化剂最为常用的方法之一，沉淀法的优点是：可以使各种催化剂组分达到分子分布的均匀混合，而且最后的形状与尺寸不受载体形状的限制，还可以有效的控制孔径大小和分布。其缺点是当两种或两种以上的金属化合物同时存在时，由于沉淀速率和次序的差异，会影响固体的最终结构，重现性较差。

（2）浸渍法。以浸渍为关键和特殊步骤制造催化剂的方法成为浸渍法，也是目前催化剂工业生产中广泛应用的一种方法。浸渍法是基于活性组分（含助催化剂）以盐溶液形态浸渍到多孔载体上并渗透到内表面，而形成高效催化剂的原理。其常用的多孔载体有氧化铝、氧化硅、活性炭、硅酸铝、硅藻土、浮石、石棉、陶土、氧化镁和活性白土等，可以用粉末状的，也可以用成型后的颗粒状的，据此，浸渍法分为粉状载体浸渍法和粒状载体浸渍法两种。

浸渍法具有以下优点：

1）负载组分多数情况下仅仅分布在载体表面上，利用率高、用量少、成本低，这对铂、铑、钯、铱等贵金属型负载催化剂特别有意义，可节省大量贵金属。

2）可以用市售的、已成型、规格化的载体材料，省去催化剂成型步骤。

3）可通过选择合适的载体，为催化剂提供所需要的物理结构特性，如比表面、孔半径、机械强度、热导率等。

可见，浸渍法是一种简单易行而且经济的方法，广泛应用于制备负载型催化剂，尤其是低含量的贵金属负载型催化剂。其缺点是它的焙烧热分解程序常会产生废气污染。

（3）离子交换法。利用离子交换反应作为催化剂制备主要工序的方法成为离子交换法。其原理是采用离子交换剂作为载体，引入阳离子活性组分而制成一种高分散、大表面、均匀分布的金属离子催化剂或负载型金属催化剂。

在离子交换法中关键工艺是交换剂的制备。交换剂制备可以分为无机离子交换剂制备、有机强酸性阳离子交换树脂制备和强碱性阴离子交换树脂制备。

（4）共混合法。共混合法是工业上制造多组分催化剂最简单的方法。其原理就是将组成催化剂的各组分以粒状粒子的形态在球磨机或者碾磨机内，边磨细，边混合。但这仅仅是物理机械混合，催化剂的分散度不如其他方法，一般还需要加入胶黏剂。共混合法可以分为干混法和湿混法。

（5）溶胶凝胶法。胶体体系是多相体系，在稳定的胶体溶液中，大部分情况下胶体质点的大小及带电电荷决定胶体溶液的性质。较少胶体质点所带电荷，有利于胶体质点的相互结合，这种结合叫作凝结，凝结法制备催化剂的原理就基于此。胶体体系常用分散法和凝聚法来制备。与传统的催化剂制备方法相比较，溶胶凝胶法具有以下几方面的优点：

1）能够得到高度均一、高比表面积的材料。

2）材料的孔径分布均一可控。

3）金属组分高度分散在担体上，使催化剂具有很高的反应活性和抗积炭能力。

4）能够较容易的控制材料的组成。

5）能够得到适合反应条件机械强度并具有较高抗活能力的材料。

（6）热熔融法。热熔融法是以热熔融操作为单元特征的一种制备方法。一些需经熔炼过程的催化剂可借高温条件将各个组分融合成为均匀分布的混合体、氧化物固熔体或合金固熔体，配合后续加工操作单元，值得性能优异的催化剂。

热熔融法主要用于制备氨合成用分解熔铁催化剂，氨氧化 Pt-Rh-Pd 和甲醇氧化 Zn-Al 合金催化剂，以及烃类加氢和费托合成雷-尼型骨架催化剂等。

6.1.2　活性碳纤维负载金属氧化物催化剂的制备

Fe 和 Ce 都具有独特的化学性质，是较好的助催化剂组分。氧化铈（CeO_2）最重要的性质是作为氧的存储器，在氧化和还原条件下能通过 Ce^{4+} 和 Ce^{3+} 的转换来存储和释放氧；它也能够促进 NO 转化成 NO_2，来提高 NH_3 选择还原 NO 活性。活性碳纤维（Activated Carbon Fibers，ACF）具有发达的孔结构，是一种良好的吸附剂，同时也是一种很好的催化剂，常常被用作催化剂的载体。三者均被广泛地应用于催化净化 NO 的脱硝领域。但目前用 CeO_2-Fe_2O_3 制成复合型金属氧化物负载 ACF 进行低温 SCR 催化剂的研究，尚不多见。本书着重考察 CeO_2-Fe_2O_3/ACF 催化剂的表观特性、活性等，探讨 Fe 的助催化作用，期待开辟一种更有效的新型低温选择性催化还原脱硝催化剂。

结合国内外最新的研究进展，本文选取 ACF 作为载体，通过等体积浸渍法制备了一系列不同质量分数的 CeO_2 和 Fe_2O_3 混合负载型脱硝催化剂，记作 CeO_2-Fe_2O_3/ACF，并在自制催化剂活性测试装置上测试其活性，研究不同因素对催化剂活性的影响，优化催化剂的配比和操作条件。本章详细介绍了以 ACF 为载体，通过等体积浸渍法在 ACF 表面负载 CeO_2-Fe_2O_3 活性组分制各新型的低温 SCR 催化剂。同时，通过实验还分别制备了空白 ACF，记作 ACF，以及 ACF 负载氧化铈，记作 CeO_2/ACF。

6.1.2.1　材料与试剂

本研究中所使用的材料与化学试剂分别如下：

活性炭纤维：黏胶基，取自于中国科学院山西煤炭化学研究所；

$Ce(NO_3)_3 \cdot 6H_2O$：CR，国药集团；

$Fe(NO_3)_3 \cdot 9H_2O$：AR，天津博迪。

6.1.2.2　化学试剂与配剂

本实验研究中溶液的浓度是根据 ACF 需要负载的金属氧化物的量通过换算

计算得来的, 其换算计算方法为:

假定实验中需要制备负载有 $x\%$ R_2O_n 的 ACF 催化剂 (记作 R_2O_n/ACF), 以浸渍法中的等体积浸渍法配制溶液, 需要空白 ACF 的质量为 ag, 则 R_2O_n/ACF 中 R_2O_n 的质量 y 为 (式 (6-1)):

$$y(g) = \frac{x\% \times a}{1 - x\%} \tag{6-1}$$

另设该金属的相对分子量为 M, 其硝酸盐 $(R(NO_3)_n \cdot mH_2O)$ 的分子量即为 $M + 62n + 18m$, 则 $yg R_2O_n$ 需要 $(R(NO_3)_n \cdot mH_2O)$ 的质量 z 为 (式 (6-2)):

$$z(g) = y \times \frac{M + 62n + 18m}{M + 8n} = \frac{x\% \times a}{1 - x\%} \times \frac{M + 62n + 18m}{M + 8n} \tag{6-2}$$

据此, 分别用适量的 (根据我们的实验经验, 在进行等体积浸渍时, 一般 1gACF 可以吸附 3mL 的水溶液) 去离子水将 zg 硝酸盐完全溶解, 分别配制成本实验研究需要的不同金属, 化物负载量对应的溶液, 记作 $x\%$ R_2O_n/ACF。

因此, $x\%$ R_2O_n/ACF 中的数字 $x\%$ 并非溶液的金属盐在盐溶液中的浓度, 而是指该金属氧化物在制成的 R_2O_n/ACF 中的质量分数。

ACF 负载复合金属氧化物, 与前面的计算方法类似, 根据催化剂中复合金属氧化物的不同质量分数, 配制成相应的 CeO_2-Fe_2O_3/ACF 混合溶液。

6.1.2.3 实验仪器与设备

HP-320 电子天平: 德国, 最大称量 160g, 精度 0.01g;

数显 AE-240 型电光分析天平: 上海, 最大称量为 200g, 精度为 0.1mg;

管式炉: 上海松江电工厂, 最高温度为 1000℃;

FN101—1A 型鼓风恒温干燥箱: 长沙仪器仪表厂制造厂;

1000W 可调式电炉: 长沙实验电炉厂;

研钵: 白瓷体, 直径为 100mm;

量筒: 10mL、50mL、100mL 各 1 个;

烧杯: 250mL, 上海化学玻璃仪器厂。

6.1.2.4 催化剂制备方法

采用等体积浸渍法。等体积浸渍法的原理是使得浸渍液的体积与载体的孔体积基本相等, 这样可以使浸渍的溶液较好的分散在催化剂的表面。具体操作是将铈、铁和镍的配制溶液, 加到改性后的 ACF 中, 均匀搅拌, 然后在室温下静置 2h, 在一定温度下焙烧, 即得实验所需的催化剂。

6.1.2.5 催化剂的制备

在不同的实验条件下, 分别制备了以下几类催化剂:

（1）ACF。取试验所需用量的活性碳纤维，于烘箱中 100℃ 干燥后取出，待冷却到常温后剪成小碎片放于研钵中，以便将纤维状活性炭研磨成粉末状，到一定细度后停止研磨并装入封口袋中备用。

用电子天平准确称取空白活性炭纤维 2 份，2.5g/份，并将其置于鼓风干燥箱内于 100℃ 条件下烘干，取出在干燥皿中冷却至常温，分别装至塑料封口袋中密封保存于干燥皿中，记作 ACF。它们将分别用作空白催化剂的催化性能对比实验和空白 ACF 催化剂的性质评价实验。

（2）不同负载量的 CeO_2/ACF。根据式（6-1）和式（6-2）计算可得，若需制备分别负载有 3%、5%、8%、10%、12%、15% CeO_2 的 ACF 催化剂，需分别在 50mL 的去离子水中加入的溶质的质量如表6-1 所示。

表 6-1　50mL 去离子水中分别需加入的溶质质量

CeO_2 在催化剂中的质量分数/%	3	5	8	10	12	15
需加入 $Ce(NO_3)_3 \cdot 6H_2O$ 的质量/g	0.4092	0.6964	1.1506	1.4702	1.8043	2.3350

用电子天平分别准确称取活性炭纤维 6 份，5.0g/份，分别浸渍于上述配制好的溶液中进行等体积浸渍，静置 24h，并做好标记；然后对 6 份样品进行抽滤；再置于干净的鼓风干燥箱内于 100℃ 条件下至完全干燥。

干燥后，分别将 6 份负载有硝酸铈的 ACF 依负载量从小到大的顺序放置于管式电炉的陶瓷圆管中（不要一次放置过多，不要拥堵，以防爆炸，下同），在 N_2 保护下和 300℃ 条件下使硝酸铈分解 4h。硝酸铈分解完成后，停止管式炉加热，使 CeO_2/ACF 在氮气氛围中降温至常温。最后取出 CeO_2/ACF 装在塑料封口袋中，密封保存于干燥皿中，分别将它们记作 3% CeO_2/ACF、5% CeO_2/ACF、8% CeO_2/ACF、10% CeO_2/ACF、12% CeO_2/ACF、15% CeO_2/ACF，以供催化实验和检测实验使用。

（3）复合金属氧化物中不同负载量的 CeO_2-Fe_2O_3/ACF。根据式（6-1）和式（6-2）计算可得，若需制备分别负载有 10% CeO_2-0% Fe_2O_3（与 10% CeO_2/ACF 负载量相同，故不需重复计算）、10% CeO_2-2% Fe_2O_3、10% CeO_2-5% Fe_2O_3、10% CeO_2-7% Fe_2O_3、10% CeO_2-10% Fe_2O_3 的 ACF 催化剂，需分别在 50mL 的去离子水中加入的溶质的质量如表6-2 所示。

表 6-2　50mL 去离子水中分别要加入两种溶质的质量

CeO_2 在催化剂中的质量分数/%	10	10	10	10	10
Fe_2O_3 在催化剂中的质量分数/%	0	2	5	7	10
需加入 $Ce(NO_3)_3 \cdot 6H_2O$ 的质量/g	1.4702	1.5036	1.5567	1.5942	1.6540
需加入 $Fe(NO_3)_3 \cdot 9H_2O$ 的质量/g	0	0.5739	1.4853	2.1295	3.1563

用电子天平分别准确称取活性炭纤维 4 份，5.0g/份，分别浸渍于上述配制好的溶液中进行等体积浸渍，静置 24h，并做好标记；然后对 4 份样品进行抽滤；再置于干净的鼓风干燥箱内于 100℃条件下至完全干燥。

干燥后，分别将 5 份负载有硝酸铈和硝酸铁的 ACF 依负载量从小到大的顺序放置于管式电炉的陶瓷圆管中，在 N_2 保护下和 300℃ 条件下使硝酸铈与硝酸铁分解。分解完成后，停止管式电炉加热，使 CeO_2-Fe_2O_3/ACF 在氮气氛围中降温至常温。最后取出装在塑料封口袋中，密封保存于干燥皿中，分别将它们记作 10% CeO_2-0% Fe_2O_3/ACF、10% CeO_2-2% Fe_2O_3/ACF、10% CeO_2-5% Fe_2O_3/ACF、10% CeO_2-7% Fe_2O_3/ACF、10% CeO_2-10% Fe_2O_3/ACF，供催化实验和检测实验使用。

6.1.3 催化剂的表征方法

催化剂催化净化 NO 的性质与催化剂的理化性质有着密切的关系，为此，我们在以上实验研究的基础上，我们还分别对多种催化剂进行了 BET 比表面积分析、X 衍射实验（XRD）、扫描电镜实验（SEM），以综合掌握催化剂的物理特征和化学特性，除了为催化剂催化净化 NO 的数据结论提供实验支持，同时也为催化剂的开发和改进提供指引。

6.1.3.1 比表面积（BET）的测定

比表面积（BET）通常是指单位重量的固体所具有的表面积。气体吸附方法测定比表面积是根据实验的吸附等温线和适当的吸附理论模型，得出吸附剂表面被单分子覆盖满时的吸附量，在从吸附物质一个分子所占面积及固体的重量，就可以计算出比表面积。

催化剂比表面积的测定方法有很多，可以选择多种吸附模型与等温方程式，但目前最广泛采用的是 BET 法。

在 BET 法测定固体表面积的时候，最常用的吸附物质是 N_2 和 Ar，它们的吸附等温线大都是 II 型，但 N_2 相当于 C 值大的场合，而 Ar 相当于 C 值较低的情况。

广泛采用的是液氮温度下(78K)的 N_2。在计算比表面积的时候，必须知道单个分子所占的面积 α 的值，通常上以被吸附物质的液态密度 ρ 和其摩尔质量 M 计算出来的。

6.1.3.2 扫描电镜（SEM）

扫描电镜（SEM）是用聚焦电子束在试样表面逐点扫描成像。试样为块状或粉末颗粒，成像信号可以是二次电子、背散射电子或吸收电子。其中二次电子是最主要的成像信号。由电子枪发射的能量为 5～35keV 的电子，以其交叉斑作为电子源，经二级聚光镜及物镜的缩小形成具有一定能量、一定束流强度和束斑直径的微细电子束，在扫描线圈驱动下，于试样表面按一定时间、空间顺序作栅网式扫描。聚焦电子束与试样相互作用，产生二次电子发射（以及其他物理信号），二次电子发射量随试样表面形貌而变化。二次电子信号被探测器收集转换成电讯号，经视频放大后输入到显像管栅极，调制与入射电子束同步扫描的显像管亮度，得到反映试样表面形貌的二次电子像。扫描电镜在材料的缺陷分析、冶金工艺分析、热加工过程的分析、金相、失效分析等方面，是一个不可缺少的工具。

扫描电镜具有以下几个特点：

（1）可以观察大块试样（在半导体工业可以观察更大直径），制样方法简单。

（2）景深大、三百倍光学显微镜，适用于粗糙表面和断口的分析观察；图像富有立体感、真实感、易于识别和解释。

（3）放大倍数变化范围大，一般为 15～200000 倍，最大可达 10～1000000 倍，对于多相、多组成的非均匀材料便于低倍下的普查和高倍下的观察分析。

（4）具有相当的分辨率，一般为 2～6nm。

（5）可以通过电子学方法有效地控制和改善图像的质量，如通过调制可改善图像反差的宽容度，使图像各部分亮暗适中。采用双放大倍数装置或图像选择器，可在荧光屏上同时观察不同放大倍数的图像或不同形式的图像。

（6）可进行多种功能的分析。与 X 射线谱仪配接，可在观察形貌的同时进行微区成分分析；配有光学显微镜和单色仪等附件时，可观察阴极荧光图像和进行阴极荧光光谱分析等。

（7）可使用加热、冷却和拉伸等样品台进行动态试验，观察在不同环境条件下的相变及形态变化等。

6.1.3.3　X 射线衍射（XRD）

自然界中的晶体大小悬殊、形状各异，然而，深入观察不难发现它们有惊人的一致性。理想的晶体结构是具有一定对称性关系的、周期的、无限的三维点阵结构。一个点阵代表结构中一个不对称单元。晶体的宏观对称性有 32 种对称类型，称 32 点群。晶体的理想外形和宏观物理性质制约于 32 点群，而原子和分子水平上的空间结构的对称性则分属于 230 个空间群，它制约着晶体中原子的分布。

X 射线是一种电磁波，入射晶体时晶体中产生周期变化的电磁场。原子中电子和原子核受迫振动，原子核的振动因其质量很大而忽略不计。振动着的电子成为次生 X 射线的波源，其波长、周期与入射光相同。基于晶体结构的周期性，晶体中各个电子的散射波可相互叠加，称之为相干散射或 Bragg 散射，也称衍射。散射波周期相一致相互加强的方向称为衍射方向。衍射方向取决于晶体的周期或晶胞的大小。衍射强度由晶胞中各个原子及其位置决定。在 X 射线衍射谱中，每个衍射都表现为一个尖锐的衍射峰。若一种物质包含有多种物相时，每个物相产生的衍射将独立存在，互不相干。该物质衍射实验的结果是各个单相衍射图谱的简单叠加。因此，用 X 射线衍射可以对多种物相共存的体系进行全分析。所以本实验使用 X 射线衍射分析了催化剂的物相，催化剂由于含有很多物质，是多种物相共存的体系。

X 射线的衍射起因于相干散射线的干涉作用。当 X 射线投射到晶体上时，各原子对入射 X 射线发生相干散射，这些很大数目的原子所产生的相干散射会发生干涉现象，干涉的结果可以使散射的 X 射线的强度增强或减弱。根据光的干涉原理，只有当光程差为波长的整数倍时，光波的振幅才能相互叠加使光的强度增强，这种现象就称为 X 射线的衍射。发生相互干涉，产生 X 射线衍射的条件如式 (6-3) 所示：

$$n\lambda = 2d\sin\theta \tag{6-3}$$

式中，n 为衍射级次，可以是 0，1，2 等整数，分别称为 0 级、1 级、2 级衍射等；d 为两个相邻平行晶面的间距，称为晶面间距；θ 为掠射角，即入射或衍射 X 射线与晶面间的夹角。这就是著名的布拉格公式。

根据布拉格公式，用已知波长 (λ) 的 X 射线来测量 θ 角，从而计算出晶面间距 d，这就是 X 射线结果分析；若用已知 d 的晶体来测量 θ 角，从而计算出特征辐射波长 (λ)，从波长进一步查出样品中所含的元素，这就是 X 射线光谱分析。

X 射线光谱定性分析包括试样的 X 射线光谱的记录和峰的识别。光谱的记录方法是，把样品放入 X 射线光谱仪的样品室，受初级 X 射线照射，发出初级 X 射线，其中含有样品个组成元素的特征线。次级线束经准直后，进行 2θ 扫描，最后记录的是强度随 2θ 角的变化曲线，实际上就是 X 射线光谱。先从 X 射线光谱图上找出各衍射峰的峰位 2θ 角，然后按所使用的分析晶体查找谱线——2θ 表，通过查表可以迅速地查得未知的分析元素。在对催化剂等的 X 射线衍射图谱分析的时候，要利用 JCPDS（Joint Committee Power Diffraction Standard，JCPDS）卡片进行检索分析催化剂的晶体物相。

6.2 催化剂的活性测试

本实验以 NH$_3$ 为还原剂，通过模拟烟气，在微型反应器中通过程序升温，研究不同的氧化铈（CeO$_2$）负载量对 CeO$_2$/ACF 催化剂催化性能的影响，以及助催

化剂组分 Fe_2O_3 对 CeO_2-Fe_2O_3/ACF 的助催化作用，选出一个最佳催化剂考虑在不同煅烧温度下制备的催化剂的活性进行比较，再从中得出最佳煅烧温度，并通过条件实验（无氧，无氨条件下），对其性能进行进一步研究，并考察其催化活性与时间的关系。

6.2.1　实验仪器及流程

6.2.1.1　实验仪器

实验仪器主要由三部分组成：配气系统，微型管式反应器，尾气检测仪。其中：配气系统通过转子流量计调节流量；管式反应器为不锈钢管，内径为 20mm；实验反应温度通过程序升温来控制。

转子流量计：浙江余姚产；

数显 AE-240 型电光分析天平：上海产，最大称量为 200g，精度为 0.1000g；

气固相微型催化反应装置：天津大学产；

KM900 型烟气分析仪：英国凯恩（KANE）公司。

6.2.1.2　实验流程

本实验研究的所有实验项目的流程见图 6-1。NH_3、NO、O_2、N_2 均来源于气体钢瓶，气体流量由转子流量计控制。实验开始时将各气瓶阀门打开，各气体按量通入混合器中，在混合容器中充分混合，得到确定体积分数(φ)的模拟烟气气体。然后模拟烟气，从反应器的上部进入到装有催化剂的反应器中，在催化剂的作用下反应，反应后的尾气从反应器下部被收集到尾气吸收瓶中。本实验中，以 NO 催化净化效率作为催化剂活性的考量指标，NO 的催化净化效率计算公式如式(6-4) 所示：

$$\eta = \frac{c_{入口} - c_{出口}}{c_{入口}} \times 100\% \tag{6-4}$$

式中，浓度 $c_{入口}$、$c_{出口}$ 的单位均为 $\times 10^{-6}$。

在微型反应器中，主要发生的反应为式（6-5）和式（6-6）：

$$4NO + 4NH_3 + O_2 \longrightarrow 4N_2 + 6H_2O \tag{6-5}$$

$$6NO + 4NH_3 \longrightarrow 5N_2 + 6H_2O \tag{6-6}$$

根据文献资料的有关研究成果，可能发生的反应如式（6-7）～式（6-9）所示：

$$2NO + C \longrightarrow N_2 + CO_2 \tag{6-7}$$

$$2NO_2 + 2C \longrightarrow N_2 + 2CO_2 \tag{6-8}$$

$$2NH_3 + \frac{5}{2}O_2 \longrightarrow 2NO + 3H_2O \tag{6-9}$$

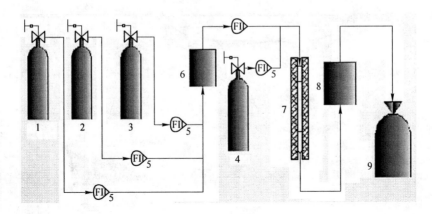

图 6-1　NO 的微型催化还原装置

1—NO 气瓶；2—氧气气瓶；3—N₂ 气瓶；4—NH₃ 气瓶；5—转子流量计；6—混合容器；
7—气固相催化微型反应器；8—烟气分析仪；9—尾气吸收瓶

6.2.2　催化剂的活性研究

本实验在模拟烟气的条件下，研究了系列 CeO_2/ACF、$CeO_2\text{-}Fe_2O_3/ACF$ 催化剂的脱硝效率。模拟烟气成分气体配比为：模拟烟气的气体总流量每轮实验取为 110mL/min，其中 NO_x 占 0.1%（体积分数，下同），NH_3 占 0.108%，O_2 占 5%，其余气体为 N_2。催化剂的装填量每轮实验取 0.5000g，经过计算得到催化剂的体积流速为 $5000h^{-1}$。每轮反应的温度为 80~300℃。以 Excel 软件对实验数据分别进行了曲线的绘制及分析。

实验开始前，先向反应器中通入 N_2 约半小时，目的是将反应器中的残留空气排净；然后再通入混合的模拟烟气约半小时，使催化剂进行部分的物理吸附反应，减少对后续实验的化学反应影响；同时将反应器加热，防止硝酸铵盐形成沉淀。

6.2.2.1　载量对催化剂活性的影响

（1）单独负载时 CeO_2 负载量对 NO 脱除效率的影响。图 6-2 是煅烧温度为 300℃时制备的不同 CeO_2 负载量（3%~15%）的 CeO_2/ACF 催化剂，在 80~300℃时 NH_3-SCR 法中的 NO 转化率曲线。实验结果表明，负载量为 0 的 ACF 粉末具有很低的催化活性（NO 转化率最高仅为 30% 左右），因此，图 6-2 中没有给出其 NO 的去除效率曲线。

从图 6-2 可以看出，随着 CeO_2 负载量的增加，NO 净化效率并没有呈现一定的规律，而是出现了波动。但总体有一个随着温度变化上升的趋势，这说明单独

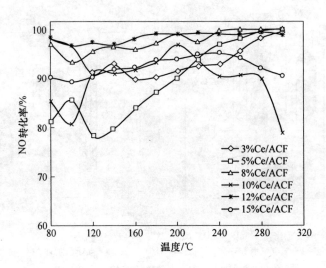

图 6-2　3% ~15% 负载量的 CeO$_2$/ACF 催化活性对比

负载 CeO$_2$ 的催化剂活性稳定性不够好。在 80℃ ~120℃ 这一段，催化剂活性都不稳定，都是由一个较高的活性下降到一个较低值，这是因为在实验开始阶段反应器内进行的是催化吸附，当吸附达到一定程度后催化剂吸附净化达到饱和则开始解吸，即曲线所表示出来的 NO 净化效率下降。随着反应温度的升高，催化剂活性开始上升，在 120 ~240℃ 范围内，3%、5%、8% 三种 CeO$_2$/ACF 催化剂的催化活性都逐渐升高，达到 96% 以上；而 10% CeO$_2$/ACF 则在 200℃ 时达到最高净化效率 96.88%，200 ~240℃ 范围内效率下降到 90% 左右。再接下来的 240 ~300℃ 反应阶段，3%、5%、8% 三种 CeO$_2$/ACF 催化剂的催化活性基本趋于稳定，没有出现下降，而 10% CeO$_2$/ACF 活性先稳定了一段时间则开始下降了。

当 CeO$_2$ 负载量为 12% 时，CeO$_2$/ACF 催化剂随着温度的变化不是很明显；反应温度为 100℃ 时，CeO$_2$/ACF 催化剂呈现的最低 NO 转化率为 96.62%；反应温度为 180 ~300℃ 时，CeO$_2$/ACF 催化剂对 NO 的转化率均达到了 99% 以上；12% CeO$_2$/ACF 催化剂在整个温控区间都保持了较高的催化净化效率，并且具有良好的稳定性。当负载量达到 12% 以上时，NO 转化率出现明显的下降。基于此种情况则没有对更高负载量的催化剂进行实验研究，因为从以往经验来看，催化剂载体上金属氧化物的负载量都有一个最大值，即通常所说的最佳负载量。由此可见，ACF 单独负载 CeO$_2$ 时，最佳负载量为 12%。

（2）混合负载时 Fe$_2$O$_3$ 负载量对 NO 净化效率的影响。从单独负载 CeO$_2$ 的实验结果已得出，CeO$_2$ 负载量为 12% 时，催化效率达到最好，超过 12% 时出现明显下降，即 ACF 负载金属氧化物的量不宜过大。为了避免因加入金属铁氧化物造成负载量过大，使催化剂纳米级活性中心减少，从而影响催化剂活性，因此，本实验选择为 10%，在此基础上再加入适量金属铁氧化物作为助催化剂，力求 ACF 上金属氧化物的总负载量不超过 12%。考察 CeO_2 负载量一定，不同金属铁氧化物负载量的 CeO_2-Fe_2O_3/ACF 催化剂对 NO 脱硝效率的影响，其结果见图 6-3 和图 6-4。

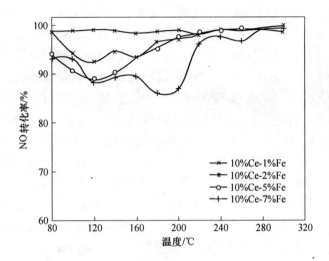

图 6-3　不同 Fe_2O_3 负载量的 CeO_2-Fe_2O_3/ACF 催化活性对比

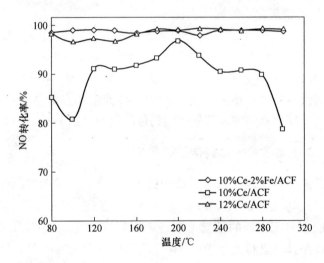

图 6-4　10% CeO_2/ACF、12% CeO_2/ACF 和 10% CeO_2-2% Fe_2O_3/ACF 催化活性对比

由图 6-3 可见。当 CeO_2 的负载量一定时，随着助催化剂 Fe_2O_3 负载量的增加，催化剂的脱硝活性先是上升，然后是下降，有一个负载量的最佳值。用作助催化组分的 Fe_2O_3 含量为 5%、7% 时，催化剂的效率随温度升高提高的幅度趋

缓，其至有随温度升高而降低的趋势，随 Fe_2O_3 含量的增加，催化剂的效率曲线逐渐下降，而 Fe_2O_3 含量为 1% 催化剂的效率较 10% CeO_2-2% Fe_2O_3/ACF 出现明显下降。其中 2% 含量的催化剂活性最佳，在整个反应温度区间 NO 去除效率都较高，基本不低于 98%；Fe_2O_3 含量为 1%、5% 和 7% 的催化剂活性直到温度高于 180℃ 才逐渐趋于平缓，200℃ 以上时各催化剂活性相差不大。按照 Fe_2O_3 负载量的不同催化剂活性顺序从大到小依次为：2%、1%、5%、7%。则可见助催化剂的量不宜过多，且只需占很小的比例就可以起到很好的助催化作用。并由此发现 ACF 负载型催化剂活性与所负载的金属氧化物的总负载量有关，在此，显示最好催化活性的 10% CeO_2-2% Fe_2O_3/ACF 催化剂所占 ACF 的总质量分数也为 12%，而总质量分数超过 12% 时的催化活性则降低。

由图 6-4 可见，Fe 是一种很有效的助催化剂组分，它的加入能明显提高单独负载 CeO_2 催化剂的 NO 脱除效率。反应温度为 80℃ 时，比单独组分的 10% CeO_2/ACF 催化剂的 NO 脱除效率提高了 13.26%，增幅度较大；反应温度为 100℃ 时，与相同质量分数的 CeO_2/ACF 催化剂的 NO 脱除效率相比提高幅度达到 18.11%；随着反应温度的继续升高，催化剂的脱销效率提高幅度趋小，反应温度为 200℃ 时，两者相比，NO 脱除效率仅提高 1.98%；尔后随着温度的攀升，催化剂的脱销效率提高幅度又慢慢趋大，且其本身受温度的影响不大，活性稳定性较好。有对照试验原理可知 10% CeO_2-2% Fe_2O_3/ACF 催化剂更好的催化活性应源于其 ACF 中金属铁氧化物的加入。

同时，12% CeO_2/ACF 在所选温度区间具有较好的催化活性，而加入助催化剂的 10% CeO_2-2% Fe_2O_3/ACF 催化剂催化活性同样较高，并且在 80～160℃ 低温范围内 10% CeO_2-2% Fe_2O_3/ACF 的活性明显高于 12% CeO_2/ACF 催化剂，且低温活性和活性持久性较好，在所测温度范围内，其催化效率基本上稳定在 97% 以上。这表明金属铁氧化物的加入使催化剂的低温效果更加明显。

6.2.2.2　煅烧温度对催化剂活性的影响

通过对各种不同催化剂在 SCR 反应中的 NO 净化效率的考察，我们选出了催化活性最好的催化剂 10% CeO_2-2% Fe_2O_3/ACF，为了进一步研究影响该催化剂活性的条件，我们在前面实验的基础上制备不同煅烧温度（200℃ 和 400℃）下的催化剂，在同样条件下进行催化净化 NO 实验，考察煅烧温度对催化剂催化活性的影响。实验数据以 Excel 软件进行了处理，如图 6-5 所示。

从图 6-5 中我们可以很明显的发现，煅烧温度对催化剂的活性影响很大。200℃ 和 400℃ 煅烧温度下催化剂的催化活性都有一个先下降后上升并趋于稳定的趋势，但活性明显较 300℃ 时的低。200℃ 时的 10% CeO_2-2% Fe_2O_3/ACF 催化剂，在 80～140℃ 的反应温度范围内活性从 85.18% 逐渐降低到约 38%，然后逐渐上

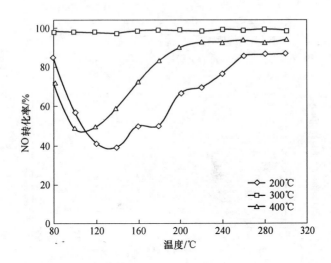

图 6-5   不同煅烧温度 10% CeO_2-2Fe_2O_3/ACF 催化剂活性

升，到 260℃ 时达到 85% 以上并趋于平稳；400℃ 时的 10% CeO_2-2% Fe_2O_3/ACF
催化剂，在 80 ~110℃ 的反应温度范围内活性从 72.17% 逐渐降低到约 48%，然
后逐渐上升，到 200℃ 时达到 90% 以上并趋于平稳。由此可见，煅烧温度为
200℃ 的催化效率要比 400℃ 的催化效率低，但两者比 300℃ 下的都相对较差，可
能的原因是温度太低负载在 ACF 上的硝酸盐没完全分解，而温度过高导致一部
分硝酸盐转化为其他的物质并且有可能发生其他化学反应，这都可以导致 ACF
载体上活性中心的减少，从而影响催化剂的催化活性。

由煅烧温度对催化剂的效率影响曲线来看，10% CeO_2-2% Fe_2O_3/ACF
（300℃）催化剂表现出了最佳的催化性能，有必要对此种催化剂做进一步的性能
实验。

6.2.2.3   氧气对催化剂活性的影响

B. J. Hwang 等研究表明，氧气在以 NH_3 为还原剂选择性催化还原 NO 的过程
中起着非常重要的作用。图 6-6 展示了有 O_2 存在和没有 O_2 存在两种反应条件
下，10% CeO_2-2% Fe_2O_3/ACF 催化剂的 NO 净化的效率。从图中我们可以看到，
两种反应条件下 10% CeO_2-2% Fe_2O_3/ACF 催化剂对 NO 的净化效率在很大程度上
是不一样的。

有 O_2 存在的条件下，10% CeO_2-2% Fe_2O_3/ACF 催化剂对 NO 的净化效率在
整个温度范围内都较高，都在 95% 以上，且很稳定；这是因为 O_2 的存在能促使
NO 转化为 NO_2，而 NO_2 比 NO 更容易被 NH_3 选择性催化还原；而在没有 O_2 存在
的条件下，10% CeO_2-2% Fe_2O_3/ACF 催化剂对 NO 的净化效率，在 80 ~ 140℃ 的

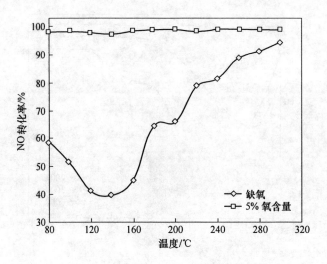

图 6-6 O_2 对 10% CeO_2-2% Fe_2O_3/ACF 催化剂活性的影响

范围内，先有一个下降的趋势，在温度为140℃时净化效率最低，仅为39.71%；在140～300℃温度范围内，随着反应温度的升高净化效率逐渐上升，300℃时达到最高净化效率94.33%，但是整个过程的催化效率都较有 O_2 存在时低得多。这是由于没有 O_2 存在，在较低温度反应刚开始时，活性炭纤维中存在含氧基团如—OH，它能够充当氧化剂使得催化还原反应得以进行，但随着 ACF 中含氧基团的消耗，能起到氧化作用的物质越来越少，所以催化效率降低；但当温度升高到一定程度后，负载在 ACF 上的 CeO_2 能通过 Ce^{4+} 和 Ce^{3+} 间的转换来释放氧，从而为反应提供所需的氧，所以在没有 O_2 的条件下，随着反应温度的升高，催化效率出现了上升。Willey 等指出，在 SCR 反应过程中，NH_3 的分解生成了氢原子，然后催化剂的活性位被氢原子所还原，O_2 的存在对活性位的再生起着重要的作用，使 SCR 反应可以持续下去。

6.2.2.4 NH_3 对催化剂活性的影响

为了考察还原剂 NH_3 对催化剂的 NO 净化效率影响，本实验测试并比较了 10% CeO_2-2% Fe_2O_3/ACF 催化剂在两种反应条件下的 NO 净化效率，如图 6-7 所示。

从图中可以看到，在没有 NH_3 的条件下，10% CeO_2-2% Fe_2O_3/ACF 催化剂的 NO 净化效率在 80～120℃温度范围内逐渐降低，在 120℃时效率最低为 74.87%；而后随着温度的升高，在 120～200℃范围内催化效率出现了一个明显的上升，温度到 200℃时效率达到了 97.44%；随后催化效率基本趋于稳定，并且几乎与存在 NH_3 时持平，即在没有 NH_3 存在的情况下，10% CeO_2-2% Fe_2O_3/ACF 催化剂

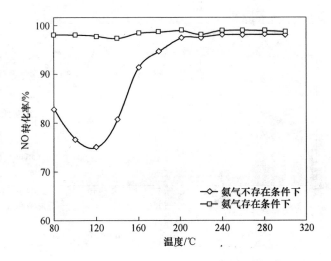

图 6-7 NH$_3$ 对 10% CeO$_2$-2% Fe$_2$O$_3$/ACF 催化剂活性的影响

在较高温度（200～300℃）时同样也能表现出很好的催化活性。这是由于催化剂在低温时具有吸附净化 NO 的能力，只是吸附在达到最大后开始脱附所致。而随着反应温度的升高则出现了简单的氧化反应净化 NO（其反应机理没做进一步讲述），则出现了效率的增高，但显然可见在没有还原剂存在时较低温段（80～200℃）的效率都不如选择性催化还原时的高，可见 NH$_3$ 对本实验研究的低温性催化反应发挥了很大的作用。

6.2.2.5　催化剂的催化效率与时间的关系

催化剂催化活性的稳定性是催化剂性能的重要方面，好的催化剂的活性随时间变化不大。

因此，本实验在如下条件下研究了最优催化剂 10% CeO$_2$-2% Fe$_2$O$_3$/ACF 的催化活性与时间的关系，模拟烟气成分气体配比为：气体总流量为 110mL/min，体积流速为 5000h^{-1}，其中 NO 占 0.1%（体积分数，下同），NH$_3$ 占 0.108%，O$_2$ 占 5%，其余气体为 N$_2$；催化剂的装填量为 0.5000g；反应温度为 200℃（恒温反应），每隔半小时测一次。结果如图 6-8 所示。

从图 6-8 中我们可以发现，10% CeO$_2$-2% Fe$_2$O$_3$/ACF 在 200℃ 条件下的催化活性在经过 13h 的反应后均能维持在一个较高的水平，虽然随着时间的延长在整个时间段表现出了小幅度的上下波动（这是因为测试间隔时间较短（30min），很小的效率变化在曲线图上会表现得比较明显）。但从整体上看，整个曲线表现出平稳的发展趋势，其波动范围不大，最高出现在第 390min，效率为 98.52%，最低则是第 630min 的 92.09%，整个反应过程均维持在 85% 这样一个较高的效

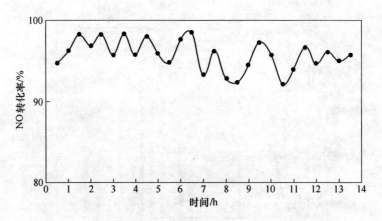

图 6-8　催化剂活性和时间的关系

率水平线以上。所以从整体上看，该催化剂都表现出了较高的催化活性，具有良好的活性持久性，在长达 13h 的反应时间后，反应效率还没出现明显的下降，大大超过了已有研究成果中催化剂活性有效时限。

6.3　催化剂的表征结果及分析

为了了解自制 ACF 系列催化剂的物理化学特性，进一步认识这些催化剂的物理化学性能，我们分别采用了扫描电镜（SEM）、比表面积（BET）、X 射线衍射（XRD）等方法，有针对性、选择性地对部分催化剂进行了表征实验，对催化剂内部结构和及组成数据进行比较和分析，为工程实际应用积累了理论基础。

6.3.1　催化剂的扫描电镜（SEM）分析

SEM 采用日本电子公司 JEOL 生产的 JSM-6700F 型扫描电子显微镜。主要的技术指标为：二次电子像分辨率：1.0NM（15kV）、2.2NM（1kV）；背散射电子像分辨率：3NM（15kV）、WD = 8MM）；EDS 分辨率：136eVEDS；元素分析范围：B-U。通过 SEM 图观察活性碳纤维负载活性组分后表面形态的变化。可以了解催化剂颗粒分布是否均匀。

用扫描电镜（Scanning Electron Microscope，SEM）观察催化剂的表面微观状态。下图是 ACF 负载前和负载后的 SEM 照片。纯 ACF 放大 10000 倍率（10.000k×）的 SEM 图 6-9，由此可见，纤维状 ACF 表面光滑、平整；由放大 4 千倍率（4.00k×）的 SEM 图 6-10，可以看出，表面有一些纤细的纵向条纹，成凹凸状；因此，纯 ACF 的比表面积较大。由图 6-10，即放大 4 千倍率（4.00k×）的 12% CeO_2/ACF 的 SEM 照片可见，活性组分 CeO_2 能比较均匀的负载于 ACF 载体的上面，有放大更大倍数（10000 倍）的 SEM 图同样可以看出负载在催化剂载体上的金属氧化物颗粒物分布均匀，这说明氧化铈分散性较好，能够很好地负载在 ACF 上，使得催化剂性能更佳。由催化剂 10% CeO_2-2% Fe_2O_3/ACF 放大 8 千倍率（8.00k×）的 SEM 图 6-12 可以看到催化剂表面有团聚的颗粒，但基本上也呈均匀分布；放大 10000 倍率（10.000k×）的 SEM 见图 6-11，也可以看出金属氧化物颗粒呈均匀分布状负载在载体 ACF 的表面。图 6-13 为反应失效后的催化剂 SEM 图，由于在较高温 SCR 反应条件下，ACF 已经失去原来的光泽被烧结而失活。

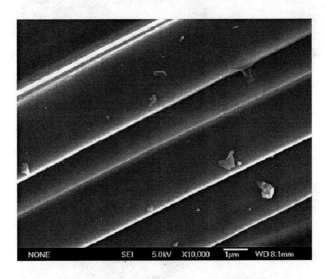

图 6-9　纯 ACF 放大 10000 倍的 SEM 图

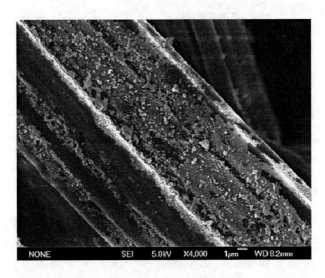

图 6-10　12% CeO_2/ACF 放大 4000 的 SEM 图

图 6-11　10% CeO$_2$-2% Fe$_2$O$_3$/ACF 催化剂放大 10000 的 SEM 图

图 6-12　10% CeO$_2$-2% Fe$_2$O$_3$/ACF 催化剂放大 8000 的 SEM 图

6.3.2　催化剂比表面积和孔结构表征（BET）分析

采用美国康塔公司生产的 NOVA-2000 型比表面积及孔隙分析仪（Surface Area Analyzer）进行。通过静态低温吸附体积法，以 N$_2$ 为分析气体和饱和压力测定气体，He 为回填气和测量自由空间气体，在 77K 下测定 ACF、12% CeO$_2$/ACF、10% CeO$_2$-2% Fe$_2$O$_3$/ACF 催化剂样品的比表面积和孔容结构。先称取 0.19

图 6-13　反应失效后的 10% CeO_2-2% Fe_2O_3/ACF 催化剂的 SEM 图

样品放入洁净样品管，然后将样品管装入 NOVA-2000 比表面积分析仪脱气端口。检测前在 350℃ 下抽空处理 16h，以除去可能吸附的气体脱气完毕，称量脱气后的样品重，再将样品管装入样品端口进行比表面积分析。

本试验考察了 Ce-Fe 制成复合型金属氧化物负载 ACF 后比表面积和孔容结构的微观变化情况，表 6-3 显示其测试结果。由表 6-3 可以看出，随着金属氧化物负载种类的增加比表面积有明显的下降，由 1589.5739 m^2/g（ACF）分别下降到 1288.7583 m^2/g（12% CeO_2/ACF）和 1172.9562 m^2/g（10% CeO_2-2% Fe_2O_3/ACF）；孔容也发生明显的变化，呈现明显下降的态势，由 0.870711 mL/g（ACF）分别下降 0.705432 mL/g（12% CeO_2/ACF）和 0.64436 mL/g（10% CeO_2-2% Fe_2O_3/ACF）；但是孔容的变化不大，仍维持在一定的范围内，并以 CeO_2-Fe_2O_3/ACF 的孔径最大 21.9739 nm。说明 Fe 的加入改变了催化剂的孔结构，也许孔径增大是 CeO_2-Fe_2O_3/ACF 催化剂活性变大的主要原因之一。通常负载型催化剂 BET 下降有两个原因：（1）催化剂的孔被负载物所堵塞，而导致催化剂 BET 下降；（2）由于催化剂载体与负载物固体之间发生反应，生成了新的低表面积的化合物而导致催化剂 BET 下降。

表 6-3　催化剂的比表面积

催化剂种类	比表面积/$m^2 \cdot g^{-1}$	孔容/$mL \cdot g^{-1}$	孔径/nm
ACF	1589.5739	0.870711	21.9106
12% CeO_2/ACF	1288.7583	0.705432	21.8946
10% CeO_2-2% Fe_2O_3/ACF	1172.9562	0.64436	21.9739

6.3.3　ACF 负载型系列催化剂的 XRD 结果及分析

由于 X 射线衍射可以对多种物相共存的体系进行全分析，而催化剂由于含有很多物质，是多种物相共存的体系，所以本实验使用 X 射线衍射分析催化剂的物相。使用德国西门子 D5000 型 X 射线衍射仪对 ACF、12% CeO$_2$/ACF、10% CeO$_2$-2% Fe$_2$O$_3$/ACF 催化剂进行物相分析，粉末样品置于载玻片上压制成片状，然后置于仪器中进行测试分析，靶型为 Cu 靶，衍射角 2θ 从 5°到 80°，X 射线枪的工作电压为 35kV，管流 30mA，扫描速度为 2°/min。在对催化剂等的 X 射线衍射图谱分析的时候，要利用 JCPDS（Joint Committee Power Diffraction Standard，JCPDS）卡片进行检索分析催化剂的晶体物相。

图 6-14 ~ 图 6-17 是 ACF 负载前后的不同催化剂的 XRD 实验结果图。结合

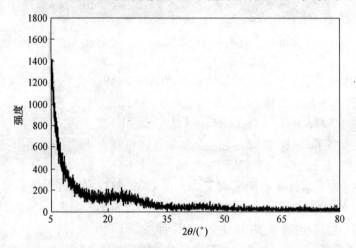

图 6-14　ACF 的 XRD 图谱

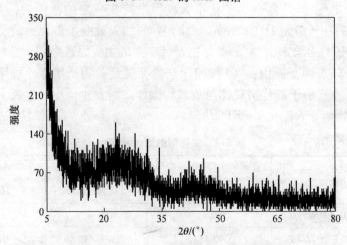

图 6-15　12% CeO$_2$/ACF 催化剂的 XRD 图谱

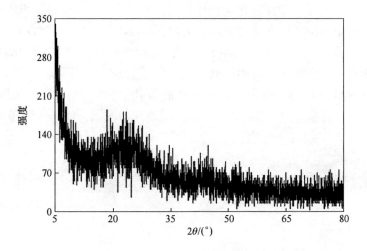

图 6-16 10% CeO$_2$-2% Fe$_2$O$_3$/ACF 催化剂的 XRD 图谱

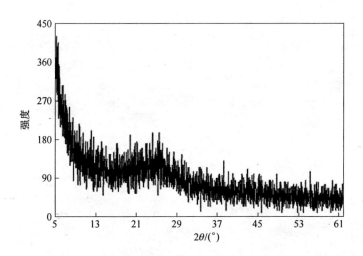

图 6-17 10% CeO$_2$-5% Fe$_2$O$_3$/ACF 催化剂的 XRD 图谱

JCPDS 卡片可以了解到，ACF 的 XRD 实验中，基本上均为炭的特征峰（d = 6.55328，2θ = 13.25）（d = 3.48204，2θ = 24.63），其处于包峰状态，而其他的则多处于尾峰状态（2θ > 27 时），为非晶结构；而 12% CeO$_2$/ACF 的 XRD 实验中，仅在（d = 3.08259，2θ = 29.2）位置检测到很小的复合金属氧化物的特征峰，其余除了 C 的特征包峰外，均为处于非晶状态的尾峰，可见 CeO$_2$ 在 12% CeO$_2$/ ACF 中多以非晶状态存在，或者金属氧化物晶体多被吸附于活性炭纤维内部的孔隙中而不能被检测到，所以衍射图上没有出现明显的特征峰，金属氧化物不能被检测出来，这些反而进一步说明了催化剂具有良好的物理结构，为催化剂性能的大幅提高提供了条件。金属氧化物在催化剂载体上分散分布，在 XRD 结果图上表现为不出现明显特征峰，说明金属氧化物分布较均匀，这与前面扫描电镜观察到的结果也一致。另外，做了不同负载量配比的 CeO_2-Fe_2O_3/ACF 催化剂 XRD 实验，它们没有表现出明显的差别，只是包峰的位置发生了移动，可见 XRD 图谱不能检测出含量的差别，因为金属氧化物的负载量相对于 ACF 来说都比较小，只有负载达到一定量后才能通过 XRD 检测出来。由以上 XRD 实验结果可推断 CeO_2、Fe_2O_3 是无定形的。

7 改性纳米碳纤维材料脱除有机污染物的应用

7.1 活性碳纤维负载钴酞菁催化氧化水中2-巯基乙醇的性能

硫醇是生产和生活废水中常见的有机污染物之一，其恶臭气味会对人们的造成很多不适。处理水中硫醇的常用方法有吸附法和催化氧化法等。吸附法是采用活性炭等一些吸附剂将水中的硫醇富集到其表面孔隙中，再将吸附剂从水中分离的方法。这种方法操作简便，但只是将具有恶臭气味的硫醇转移至吸附剂上，没有从根本上将恶臭气味除去，容易造成二次污染。催化氧化法则是用金属酞菁等催化剂催化分子氧氧化硫醇生成二硫化物，该方法能够使有恶臭气味的硫醇转化成没有臭味的二硫化物，从根本上使恶臭气味消失。然而由于金属酞菁大多在碱性条件下才对硫醇的氧化表现出较高的催化活性，碱液本身也会对环境造成危害，因此研究和提高金属酞菁对中性（或接近中性）的水溶液中硫醇的催化活性有重要意义。有人将金属酞菁负载至结构单元中带有氨基等碱性基团的高分子载体上，利用载体的碱性基团促进硫醇中氢离子的电离，从而加快硫醇的催化氧化，然而目前这方面的研究还较少。本章将ACF-CoPc用于催化氧化水中2-巯基乙醇（2-ME），考察ACF-CoPc在不添加碱的条件下对水中2-ME的催化氧化性能。ACF-CoPc以吸附性很强的ACF为载体，有望将水中硫醇富集于CoPc周围，从而加快催化氧化速率。

7.1.1 实验方法及设备

7.1.1.1 实验原料及设备

（1）实验原料及其来源见表7-1。

表7-1　实验原料及来源

原　料	纯　度	来　源
2-巯基乙醇	AR	上海晶纯试剂有限公司
2,2'-二硫二乙醇	>98.0%	梯希爱（上海）化成工业发展有限公司
ACF-CoPc	—	自制
纯氮	≥99.95%	杭州大众气体有限公司
液氧	≥99.9%	杭州大众气体有限公司

（2）实验仪器见表 7-2。

表 7-2　实验仪器

设　备	型　号	来　源
pH 计	HANNA pH211	意大利 HANNA 公司
旋转式恒温振荡器	DSHZ-300A	江苏太仓市实验设备厂
超高效液相色谱仪	UPLC，WatersAcquity	美国 Waters 公司
循环水式多用真空泵	SHB-B95A	郑州长城科工贸有限公司

7.1.1.2　实验方法

A　2-ME 的催化氧化

实验装置如图 7-1 所示。将 100mL 新配制的一定浓度的 2-ME 溶液（不添加碱调节 pH 值，并且如无特别说明，下文中实验均不调节 pH 值）倒入预先置于恒温振荡器中的三口烧瓶内，通入氧气，控制氧气压力恒定至 588.4Pa 左右，然后迅速加入一定量的催化剂-ACF-CoPc（含 5.26μmol/g CoPc），开启振荡，开始计时。每隔特定的一段时间，用注射器抽取反应液，进行 UPLC 测试。

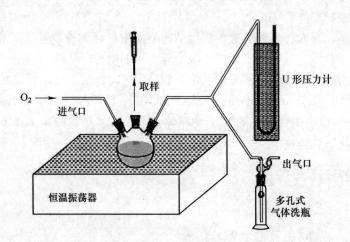

图 7-1　2-ME 催化氧化实验装置

B　分析测试方法

（1）UPLC 测试条件：

色谱柱：WatersACQUITY UPLC HSS T3，1.8μm，2.1mm×100mm；

色谱温度：柱温 30℃，样品 25℃；

流动相：乙腈/水 = 20/80（体积比），流速 0.25mL/min；

进样量：4.0μL，保留时间定性，峰面积外标法定量；

检测波长：2-巯基乙醇 220nm，2,2'-二硫二乙醇 247.8nm。

（2）2-ME 浓度变化的计算如式（7-1）所示：

$$2\text{-ME 去除率}(\%) = \left(1 - \frac{c[2-ME]}{c[2-ME]_0}\right) \times 100\% = \left(1 - \frac{A}{A_0}\right) \times 100\% \quad (7\text{-}1)$$

式中　[2-ME]——催化反应一段时间后 2-ME 的浓度，mol/L；

　　　[2-ME]$_0$——2-ME 的初始浓度，mol/L；

　　　　A——催化反应一段时间后，溶液经测试后 2-ME 对应的 UPLC 色谱峰面积；

　　　　A_0——催化反应前，溶液经测试后 2-ME 对应的 UPLC 色谱峰面积。

7.1.2　催化活性及其影响因素

7.1.2.1　金属酞菁催化氧化 2-ME 的机理

据文献报道，金属酞菁催化氧化 2-ME 的反应机理如图 7-2 所示。

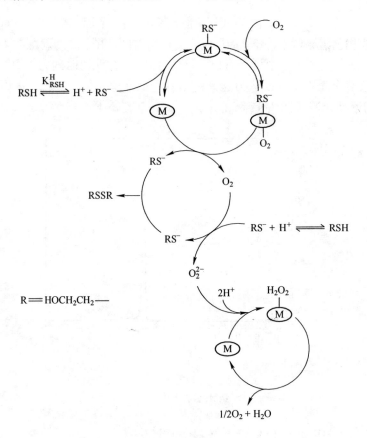

图 7-2　金属酞菁催化氧化 2-ME 的机理

(1) 2-ME 在水溶液中电离生成 $HOCH_2CH_2S^-$，$HOCH_2CH_2S^-$ 和 O_2 分子分别从金属酞菁轴向两侧与中心金属配位，形成三元络合物。

(2) 通过中间体三元络合物中金属酞菁环上中心金属，单个电子从 $HOCH_2CH_2S^-$ 转移至 O_2，生成 $HOCH_2CH_2S^·$ 和 $·O_2^-$，这一步单电子转移过程是整个反应的速率决定步骤。

(3) $·O_2^-$ 与 $HOCH_2CH_2S^-$ 反应生成 $HOCH_2CH_2SSCH_2CH_2OH$ 和 O_2^{2-}，同时 O_2^{2-} 与 H^+ 反应生成 HOO^-，这两种反应较快。

(4) HOO^- 分解成 O_2 和 H_2O。因此，2-ME 催化氧化的总反应式如式 (7-2) 所示：

$$4HOCH_2CH_2SH + O_2 \longrightarrow 2HOCH_2CH_2SSCH_2CH_2OH + 2H_2O \qquad (7-2)$$

7.1.2.2　2-ME 及其催化氧化产物 UPLC 色谱峰的确定

A　2-ME 的 UPLC 谱图及紫外光谱

配制浓度为 0.01mol/L 的 2-ME 溶液，紧接着进行 UPLC 分析，以确定在实验采用的液相色谱测试条件下 2-ME 对应的保留时间。图7-3 为新配的 2-ME 溶液的 UPLC 谱图。从图 7-3 中可以看出，2-ME 溶液仅在保留时间为 1.505min 处有一明显的色谱峰，从而可以认为这一色谱峰即属于 2-ME。另外，由 UPLC 还得到 2-ME 的紫外光谱 （图7-4）。

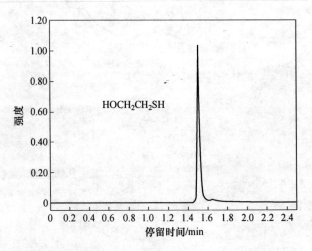

图 7-3　2-ME 的 UPLC 谱图

（检测波长 220nm）

B　产物 DTDE 的 UPLC 谱图及紫外光谱

金属酞菁催化氧气氧化 2-ME 的产物通常是 2,2'-二硫二乙醇 （DTDE）。因而

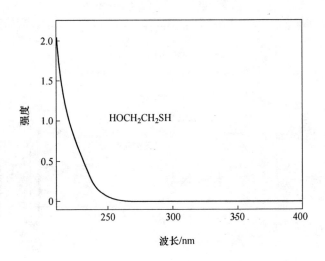

图 7-4 2-ME 的紫外光谱

对新配的 DTDE 溶液进行 UPLC 测试, 得到 DTDE 溶液的色谱图（图 7-5）。从图 7-5 可知, DTDE 溶液在保留时间为 1.670min 处出现仅有的色谱峰, 从而认为这一色谱峰属于 DTDE。该色谱峰（1.670min 处）对应的紫外光谱如图 7-6 所示。

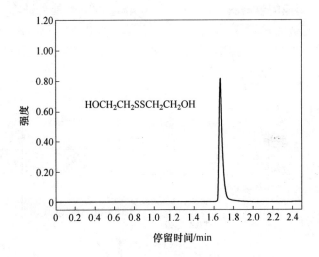

图 7-5 DTDE 的 UPLC 谱图

（检测波长 247.8nm）

C 2-ME 催化氧化产物溶液的 UPLC 谱图

对 ACF-CoPc 催化氧化 2-ME 反应 60min 后的反应液取样, 进行 UPLC 测试,

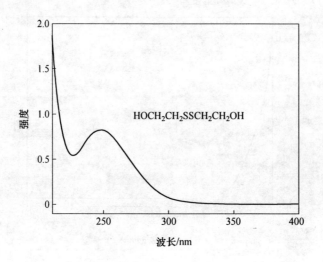

图 7-6　DTDE 的紫外光谱

得到的色谱图如图 7-7 所示。当检测波长设为 220nm 时（图 7-7a），在保留时间为 1.504min 和 1.650min 处分别有较强的色谱峰，对照新配 2-ME 溶液的色谱图（图 7-3），可知 1.504min 处色谱峰对应反应物 2-ME。而当检测波长设为 247.8nm 时（图 7-7b），在保留时间为 1.503min 和 1.650min 处分别有色谱峰，对照新配 DTDE 溶液的色谱图（图 7-5），可知 1.650min 处色谱峰对应氧化产物 DTDE。另外，通过将图 7-7 中两个色谱峰对应的紫外光谱（图 7-8）分别与 2-ME（图 7-4）和 DTDE（图 7-6）的紫外光谱比较，发现相互一致，这进一步证明了上述色谱峰的判断。

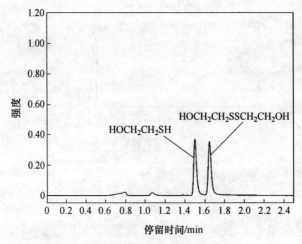

a

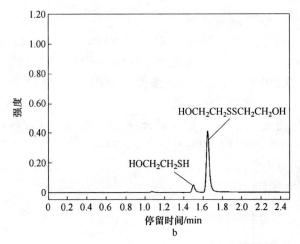

图 7-7 ACF-CoPc 催化氧化 2-ME 反应 60min 后产物溶液的 UPLC 谱图

a—检测波长 220nm；b—检测波长 247.8nm

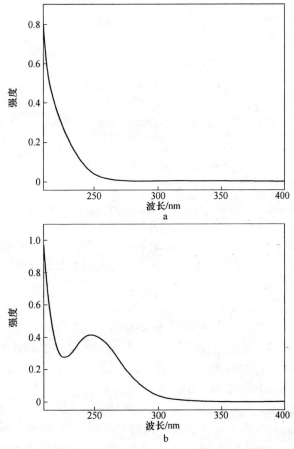

图 7-8 2-ME 催化反应产物溶液各色谱峰对应的紫外光谱

a—1.504min 处色谱峰；b—1.650min 处色谱峰

D　产物 DTDE 标准工作曲线

计算出 2-ME 催化氧化一段时间后溶液中产物 DTDE 的准确浓度，可以评价 2-ME 氧化的转化程度。因此，本书配制了 0.001mol/L、0.002mol/L、0.003mol/L、0.004mol/L、0.005mol/L 五种不同浓度的 DTDE 水溶液，进行 UPLC 分析。然后以 DTDE 对应色谱峰的面积为纵坐标，样品溶液浓度为横坐标作图，得到 DTDE 的标准工作曲线（图7-9）。线性拟合后，得到标准工作曲线直线方程为 $Y = 5237.92381 + 3.97088 \times 10^8 X$，相关系数 $R = 0.9998$。根据这个方程，由样品溶液 DTDE 色谱峰面积可换算出 DTDE 的浓度。

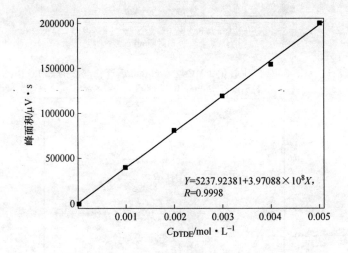

图 7-9　产物 DTDE 的标准工作曲线

7.1.2.3　氧化处理对载体 ACF 去除 2-ME 性能的影响

图 7-10 为相同条件下，当未经硝酸氧化处理的 ACF(p-ACF) 或经硝酸氧化处理的 ACF(o-ACF) 存在时，2-ME 的去除率随时间变化的曲线。由图可知，当反应时间为 4h 时，p-ACF 对 2-ME 的去除率为 85.97%，o-ACF 对 2-ME 的去除率为 52.71%。

可见，硝酸处理后，载体 ACF 去除 2-ME 的性能有所下降。根据 ACF 表面孔结构分析，可知 ACF 经硝酸氧化处理后表面出现略多的微孔和中孔，比表面积略微增大，这显然有利于 ACF 吸附能力的提高，这似乎与图7-10所示结果相反。因此，o-ACF 与 p-ACF 对 2-ME 去除能力的差异可能与它们表面化学性质（官能团）有关。另外，图7-11给出了 p-ACF 或 o-ACF 分别存在时 2-ME 溶液中氧化产物 DTDE 的随时间变化的曲线。可以看出，反应4h后，存在 p-ACF 的溶液中 DTDE 的浓度达到 2.83×10^{-3} mol/L，而存在 o-ACF 的溶液中 DTDE 的浓度为 2.00×10^{-3} mol/L，即与 o-ACF 存在时相比，p-ACF 存在时溶液中有更多的

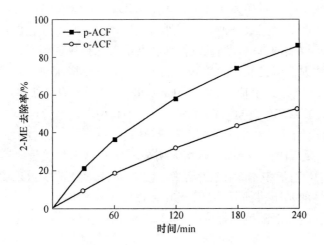

图 7-10　ACF 氧化处理对 2-ME 去除率的影响

($[2\text{-ME}]_0 = 0.01\text{mol/L}$，$m(\text{p-ACF}) = 0.20\text{g}$，$m(\text{o-ACF}) = 0.20\text{g}$，$T = 25℃$，振荡速度为 150r/min)

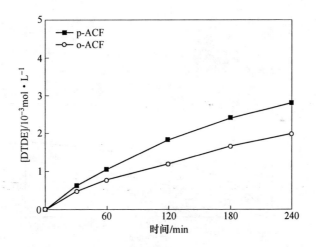

图 7-11　ACF 氧化处理对溶液中 DTDE 浓度的影响

($[2\text{-ME}]_0 = 0.01\text{mol/L}$，$m(\text{p-ACF}) = 0.20\text{g}$，$m(\text{o-ACF}) = 0.20\text{g}$，$T = 25℃$，振荡速度为 150r/min)

DTDE 生成。这可能是因为载体 ACF 对 2-ME 有一定的催化氧化活性，并且相比于 o-ACF，p-ACF 对 2-ME 的催化氧化活性较高，具体原因有待进一步研究。

7.1.2.4　ACF-CoPc 对 2-ME 的吸附性能

催化剂 CoPc 的负载使 ACF 的比表面积有所减小，可能会影响载体 ACF 对 2-ME 的吸附性能。因此本文考察了 ACF-CoPc 对 2-ME 的吸附性能。实验采用以下操作将三口烧瓶中空气置换为氮气：首先将 0.20gACF-CoPc 置于三口烧瓶中，用真空泵将三口烧瓶抽真空数分钟，接着通入氮气，关闭真空泵，保持氮气流通数分钟，依次重复以上抽真空、通氮气操作各两次，保持氮气流通，并控制好氮气流速。接着用注射器将已配好的 2-ME 溶液注入至三口烧瓶中，开启振荡，开始计时。如图 7-12 所示，反应 2h 后，ACF-CoPc 对 2-ME 的去除率比 o-ACF 对 2-ME 的去除率低了 12.2%，这说明在氮气气氛中，ACF-CoPc 对 2-ME 的去除效果不如 ACF。而由图 7-13 可知，o-ACF 或 ACF-CoPc 存在时，溶液中氧化产物 DTDE 的浓度在反应时间达到 1h 后均无明显增加并且十分接近。这可能是因为在反应初期 2-ME 溶液中本身存在的溶解氧、ACF 上存在的少量未脱附的吸附氧以及一些氧化性的基团将部分 2-ME 氧化，而随着反应时间的延长这些溶解氧、吸附氧和氧化性基团逐渐被消耗完，2-ME 的氧化反应因缺少氧化剂而几乎不再进行。当反应时间为 2h 时，o-ACF 或 ACF-CoPc 存在时溶液中产物 DTDE 的浓度无明显区别，这说明当 o-ACF 或 ACF-CoPc 分别存在时溶液中此时 2-ME 浓度的差异是由 o-ACF 和 ACF-CoPc 吸附性能的不同引起的。CoPc 负载后，ACF 对 2-ME 的吸附性能有所下降。

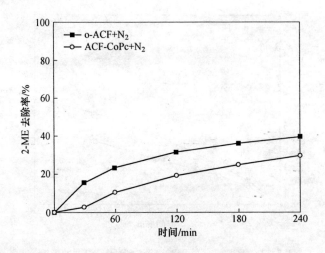

图 7-12 氮气气氛中 ACF-CoPc 去除 2-ME 的效果

（$[2\text{-ME}]_0 = 0.01\text{mol/L}$, $m(\text{o-ACF}) = 0.20\text{g}$, $m(\text{ACF-CoPc}) = 0.20\text{g}$, $T = 25℃$，振荡速度为 150r/min）

7.1.2.5 ACF-CoPc 对产物 DTDE 的吸附性能

在 ACF-CoPc 用于去除 2-ME 的反应过程中，产物 DTDE 在 ACF-CoPc 上的吸附是影响 2-ME 去除效果的重要因素之一。因此本书考察了 ACF-CoPc 对 DTDE 的吸附性能。DTDE 的初始浓度为 0.005mol/L（相当于 0.01mol/L 的 2-ME 完全转化成 DTDE 时溶液中 DTDE 的总含量），溶液温度控制在 25℃，振荡器转速设

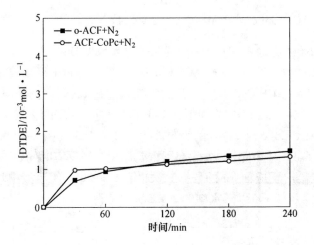

图 7-13 氮气气氛中 ACF-CoPc 催化下溶液中 DTDE 的生成量

（$[2\text{-ME}]_0 = 0.01 \text{mol/L}$，$m(\text{o-ACF}) = 0.20\text{g}$，$m(\text{ACF-CoPc}) = 0.20\text{g}$，$T = 25℃$，振荡速度为 150r/min）

定为 150r/min。并且，为了与 ACF-CoPc 催化氧化 2-ME 时实验条件相同，ACF-CoPc 吸附 DTDE 的实验在氧气气氛中进行。氧气的压力控制在 588.4Pa 左右。如图 7-14 所示，振荡 10min 后，ACF-CoPc 对 DTDE 的吸附率为 24.5%，并且随着时间的延长 DTDE 的吸附率不再明显增加。o-ACF 对 DTDE 的吸附效果与 ACF-CoPc 基本相同。因而下文中通过比较 o-ACF 或 ACF-CoPc 存在时 2-ME 溶液中产物 DTDE 的浓度，即可看出两者分别存在时 2-ME 氧化程度的相对大小，从而评价 ACF-CoPc 对 2-ME 的催化氧化性能。

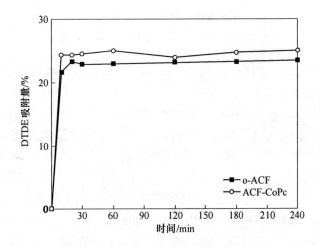

图 7-14 o-ACF 和 ACF-CoPc 对 DTDE 的吸附性能比较

（$[\text{DTDE}]_0 = 0.005 \text{mol/L}$，$m(\text{o-ACF}) = 0.20\text{g}$，$m(\text{ACF-CoPc}) = 0.20\text{g}$，$T = 25℃$，振荡速度为 150r/min）

7.1.2.6　ACF-CoPc 对 2-ME 的催化氧化性能

在 2-ME 初始浓度为 0.01mol/L，氧气压力为 588.4Pa，温度为 25℃，振荡器转速为 150r/min 的条件下，考察 ACF-CoPc 对 2-ME 的催化氧化效果。如图 7-15 所示，反应 4h 后，ACF-CoPc 对 2-ME 的去除率达到 100%，而 o-ACF 对 2-ME 的去除率仅为 52.7%。在相同条件下，ACF-CoPc 对 2-ME 的去除效率远高于 o-ACF。又由于 ACF-CoPc 对 2-ME 的吸附能力不如 o-ACF（图 7-12），从而可知负载于 ACF 上的 CoPc 对 2-ME 的去除起了重要作用。当反应时间延长至 5h 或更长时（图 7-15 仅给出反应前 5h 的数据），加有 ACF-CoPc 的溶液中均未检测到 2-ME，这说明 ACF-CoPc 可以对水中的 2-ME 完全去除。

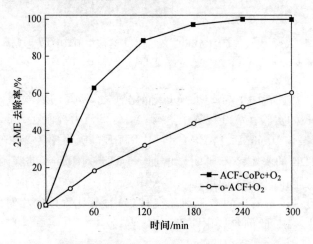

图 7-15　氧气气氛中 ACF-CoPc 去除 2-ME 的效果

（$[2\text{-ME}]_0 = 0.01\text{mol/L}, m(\text{o-ACF}) = 0.20\text{g}, m(\text{ACF-CoPc}) = 0.20\text{g}, T = 25℃$，振荡速度为 150r/min）

从产物 DTDE 的浓度随时间变化曲线（图 7-16）可以看出，反应 4h 后加有 ACF-CoPc 的溶液中 DTDE 的浓度为 4.05×10^{-3} mol/L，而加有 o-ACF 的溶液中 DTDE 的浓度为 2.00×10^{-3} mol/L，这说明负载于 ACF 上的 CoPc 能够在不加碱的条件下可有效地催化氧化 2-ME。另外，在反应 4h 后继续延长反应时间，加有 ACF-CoPc 的溶液中 DTDE 的浓度几乎不再增加，未达到 0.01mol/L 的 2-ME 完全转化时 DTDE 的总含量（0.005mol/L），这可能是因为部分氧化产物 DTDE 被吸附于 ACF-CoPc，而 UPLC 检测的只是溶解在水中（以溶液形式存在）的 DTDE 的含量。根据图 7-14，0.005mol/L DTDE 溶液在加入 0.20gACF-CoPc 并且振荡 4h 后，被 ACF-CoPc 吸附的 DTDE 为总量的 25.07%，因而溶液中 DTDE 的浓度约为 3.75×10^{-3} mol/L。这与放有 0.20gACF-CoPc 的 2-ME 溶液在反应 4h 后 DTDE 的浓度（4.05×10^{-3} mol/L）基本相当。

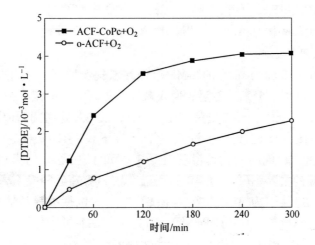

图 7-16   ACF-CoPc 催化下 2-ME 溶液中 DTDE 的生成量

（[2-ME]$_0$ = 0.01mol/L, m(o-ACF) = 0.20g, m(ACF-CoPc) = 0.20g, T = 25℃, 振荡速度为 150r/min）

7.1.2.7   ACF-CoPc 催化氧化 2-ME 的影响因素

A   溶液 pH 值的影响

在上述实验中，2-ME 的催化氧化均在不添加碱的条件下进行。为考察溶液 pH 值对 2-ME 催化氧化的影响，采用 0.1mol/L 的氢氧化钠溶液调节 2-ME 溶液 pH 值，分别在未加 o-ACF 或 ACF-CoPc（空白溶液，记为 Blank）、加入 o-ACF、加入 ACF-CoPc 三种情况下测试反应 60min 后 2-ME 的去除率，结果如图 7-17 所示。从图中可以看出，在实验所研究的 pH 值范围内，ACF-CoPc 对 2-ME 的去除

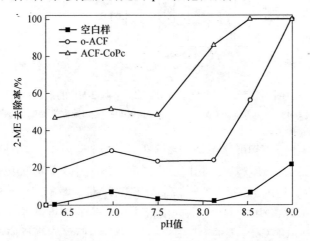

图 7-17   pH 值对 ACF-CoPc 催化氧化 2-ME 的影响

（[2-ME]$_0$ = 0.01mol/L, m(o-ACF) = 0.20g, m(ACF-CoPc) = 0.20g, T = 25℃, 振荡速度为 150r/min）

效果均好于 o-ACF；随着 pH 值升高，ACF-CoPc 和 o-ACF 对 2-ME 的去除率均有所提高，而空白溶液中 2-ME 的浓度随 pH 值变化相对不明显。

B　溶液温度的影响

将四份各 100mL 的 1mol/L 的 2-ME 溶液在氮气保护下，分别水浴加热恒温至 25℃、35℃、45℃、55℃。然后，通入氧气，控制氧气的压力为 588.4Pa，加入相同质量的 ACF-CoPc，开启振荡，开始计时，反应一定时间后取样，用 UPLC 检测组分含量。图 7-18 比较了上述四种不同温度下 ACF-CoPc 对 2-ME 的去除率。从图中可以看出，相同时间内，温度升高，2-ME 的去除率增大；45℃下反应 60min 后，2-ME 的去除率可达 95.2%；而温度从 45℃升至 55℃，2-ME 的去除率没有明显变化。这是因为 ACF-CoPc 对 2-ME 的去除包括吸附和催化两个过程。在吸附方面，温度升高，ACF-CoPc 对 2-ME 的吸附性能可能会下降；而在催化方面，当温度升高后，体系中 2-ME 的分子运动加剧，2-ME 分子与催化活性中心的碰撞加快，有助于加快催化氧化反应的进行。但是，温度上升也会导致水中的溶解氧含量下降，这显然不利于 2-ME 的催化氧化。

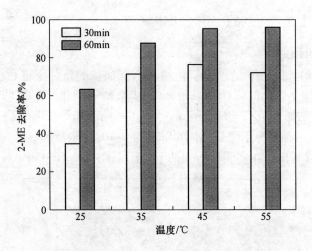

图 7-18　不同温度下 ACF-CoPc 去除 2-ME 的效果

（$[2\text{-ME}]_0 = 0.01\text{mol/L}$，$m(\text{ACF-CoPc}) = 0.20\text{g}$，振荡速度为 150r/min）

图 7-19 为不同温度下，溶液中 2-ME 催化氧化产物 DTDE 的浓度随时间变化的曲线。由图可知，温度越高，相同反应时间内溶液中 DTDE 的浓度越高，这说明在实验范围内，温度升高有助于提高 ACF-CoPc 催化氧化 2-ME 的速率。而温度为 45℃和 55℃时，相同反应时间内溶液中 DTDE 的浓度几乎一致，考虑到温度较高时吸附于 ACF-CoPc 上的 DTDE 一般较少，因而可知当反应温度从 45℃升高至 55℃，2-ME 的催化氧化速率几乎没有增加，这可能是因为温度较高时水中的溶解氧较少所致。

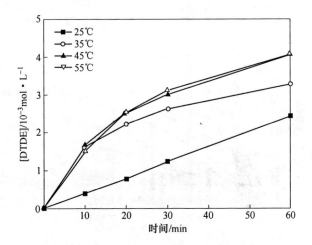

图 7-19 不同温度下，2-ME 溶液中产物 DTDE 的浓度随时间变化的曲线

（[2-ME]$_0$ = 0.01mol/L，m（ACF-CoPc）= 0.20g，振荡速度为 150r/min）

C 2-ME 初始浓度的影响

反应物浓度是影响化学反应快慢的因素之一。为考察 2-ME 溶液初始浓度对催化氧化的影响，本书固定 ACF-CoPc 加入量为 0.20g，温度为 25℃，氧气压力为 588.4Pa，振荡速度为 150r/min，改变 2-ME 溶液的初始浓度分别为 0.01mol/L、0.04mol/L、0.08mol/L、0.12mol/L、0.16mol/L 五个不同值，比较不同初始浓度条件下一定反应时间后 2-ME 的去除率，结果如图 7-20 所示。从图 7-20 可以看出，一定反应时间内 2-ME 的去除率随着初始浓度的增加而下降。当初始浓度从 0.01mol/L 增加至 0.04mol/L 时，反应 4h 后 2-ME 的去除率由 100% 下降至66.8%，这是由于 ACF-CoPc 对 2-ME 的吸附能力是有限的，当溶液中 2-ME 的浓度升高时，被 ACF-CoPc 吸附的 2-ME 不能按比例增加，从而导致总的去除率下降。当初始浓度为 0.16mol/L 时，在 4h 内 2-ME 的去除率随着时间延长不断增加，到 4h 时达到 40.4%，这说明 ACF-CoPc 可用于较高浓度的 2-ME 溶液的催化氧化。

为表示 ACF-CoPc 去除 2-ME 速率，本书按式（7-3）计算各初始浓度条件下反应时间分别为 30min 和 60min 内的平均去除速率(v)，列于表 7-3 中。

$$v = \frac{C_0 R}{t} \tag{7-3}$$

式中　C_0——2-ME 初始浓度，mol/L；

　　　t——催化氧化 2-ME 的反应时间，min；

　　　R——反应时间为 t 时 2-ME 的去除率，%。

由表 7-3 可知，2-ME 的平均去除速率随着初始浓度的增加先增大后减小，

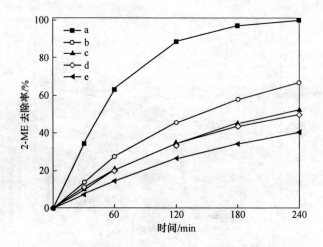

图 7-20   2-ME 初始浓度对 2-ME 去除效果的影响

(m(ACF-CoPc) = 0.20g，T = 25℃，振荡速度为 150r/min)

a—0.01mol/L；b—0.04mol/L；c—0.08mol/L；d—0.12mol/L；e—0.16mol/L

当初始浓度为 0.12mol/L 左右时平均去除速率最大。这是因为在 CoPc 催化氧化 2-ME 过程中 2-ME 和氧分子须分别与 CoPc 发生配位才能完成催化反应。在初始浓度小于 0.12mol/L 时，随着浓度增加与 CoPc 发生配位的 2-ME 分子数也增加，有助于加快 2-ME 去除速率；而在初始浓度大于 0.12mol/L 时，初始浓度继续增加，ACF-CoPc 上吸附的 2-ME 过多，在一定程度上阻碍氧分子与 CoPc 配位，因此 2-ME 去除速率随初始浓度的增加反而略有下降。

表 7-3   初始浓度对 2-ME 平均去除速率的影响

初始浓度 C_0 /mol · L^{-1}	2-ME 去除率 R/%		2-ME 去除速率 v/mol · (L · min)$^{-1}$	
	反应 30min	反应 60min	反应 30min	反应 60min
0.01	34.7	63.2	1.16×10^{-4}	1.05×10^{-4}
0.04	13.8	27.6	1.84×10^{-4}	1.84×10^{-4}
0.08	10.1	20.1	2.69×10^{-4}	2.68×10^{-4}
0.12	11.3	20.4	4.52×10^{-4}	4.08×10^{-4}
0.16	7.5	14.6	4.00×10^{-4}	3.89×10^{-4}

D   振荡速度的影响

扩散阻力是影响非均相催化反应的一个重要因素。在 ACF-CoPc 催化氧化 2-ME 的体系中，溶液中的底物 2-ME 向催化剂 ACF-CoPc 的扩散速度，水中的溶解氧向催化剂 ACF-CoPc 的扩散，气相中的氧气在水中的溶解以及氧化产物 DTDE

从 ACF-CoPc 扩散至溶液等这些扩散相关的过程都会影响 ACF-CoPc 催化氧化 2-ME 的速率。而这些扩散过程又受到振荡速度快慢的影响，因此本书分别研究了 50r/min、100r/min 和 150r/min 三种振荡速度下 ACF-CoPc 对 2-ME 的去除效果。如图 7-21 所示，当振荡速度增大时，相同时间内 2-ME 的去除率明显增加。这是因为振荡加快时，催化剂 ACF-CoPc 表面底物、氧化剂和产物的更新速度加快，主体相（溶液）中的 2-ME 更容易到达催化剂表面并发生反应。也就是说，振荡加快，提高了扩散的速度，从而加快了反应的进行，这说明扩散是影响 ACF-CoPc 催化氧化 2-ME 速率的重要因素。

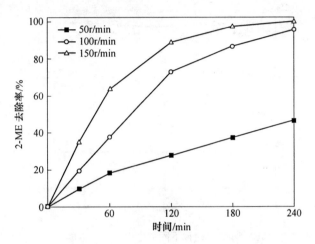

图 7-21　振荡速度对 2-ME 去除效果的影响

（$[2\text{-ME}]_0 = 0.01\text{mol/L}$, $m(\text{ACF-CoPc}) = 0.20\text{g}$, $T = 25℃$）

E　产物 DTDE 吸附的影响

2-ME 催化氧化的反应过程中，氧化产物 DTDE 在 ACF-CoPc 表面不断地生成，吸附于 ACF-CoPc 表面的 DTDE 可能会影响 2-ME 与 CoPc 配位，从而影响 2-ME 催化氧化的速率。本书将两份相同质量的 ACF-CoPc 分别加入到两种不同浓度的 DTDE 溶液中（1 号，0.005mol/L；2 号，0.020mol/L）振荡 4h，使 ACF-CoPc 预吸附产物 DTDE，再过滤出 ACF-CoPc，挤干后投入到 0.01mol/L 的 2-ME 溶液中，考察 DTDE 预吸附对催化氧化 2-ME 的影响。如图 7-22 所示，初始浓度分别为 0.005mol/L 和 0.020mol/L 的两种 DTDE 溶液在吸附 30min 后，DTDE 的浓度均有较明显的下降；而继续延长吸附时间至 4h，DTDE 的浓度均没有明显变化。因此可以认为，4h 后，ACF-CoPc 对 DTDE 的吸附已接近平衡。由 DTDE 的初始浓度 $[\text{DTDE}]_0$ 和 4h 后 DTDE 的初始浓度 $[\text{DTDE}]_{4h}$，可以计算出 DTDE 在 ACF-CoPc 上的吸附量 n_{ads}（式（7-4）），结果列于表 7-4 中。由表 7-4 可以看出，当 $[\text{DTDE}]_0$ 从 0.005mol/L 增加到 0.020mol/L 后，ACF-CoPc 上的吸附量仅从

1.1×10^{-4}mol 增加到 1.8×10^{-4}mol，可见在本实验条件下 ACF-CoPc 对 DTDE 的吸附能力较小，这有助于 ACF-CoPc 对氧化底物 2-ME 的吸附和催化。

$$n_{ads} = ([DTDE]_0 - [DTDE]_{4h}) \times V \tag{7-4}$$

式中　n_{ads}——4h 后 DTDE 在 ACF-CoPc 上的吸附量，mol；

$[DTDE]_0$——吸附前溶液中 DTDE 的初始浓度，mol/L；

$[DTDE]_{4h}$——吸附 4h 后溶液中 DTDE 的浓度，mol/L；

V——溶液的体积，0.1L。

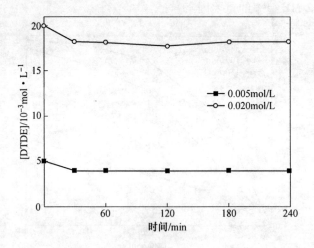

图 7-22　ACF-CoPc 对两种不同浓度 DTDE 溶液的预吸附效果

(m(ACF-CoPc) = 0.20g，T = 25℃，振荡速度为 150r/min)

表 7-4　ACF-CoPc 对两种不同浓度 DTDE 溶液的预吸附

溶液编号	$[DTDE]_0/\text{mol} \cdot \text{L}^{-1}$	$[DTDE]_{4h}/\text{mol} \cdot \text{L}^{-1}$	n_{ads}/mol
1 号	5.00×10^{-3}	3.93×10^{-3}	1.1×10^{-4}
2 号	2.00×10^{-2}	1.82×10^{-2}	1.8×10^{-4}

预吸附 DTDE 的 ACF-CoPc 去除 2-ME 的效果如图 7-23 所示。与没有预吸附 DTDE 的 ACF-CoPc 相比，预吸附 DTDE 后 ACF-CoPc 对 2-ME 的去除效果较差，这可能是由于 DTDE 的吸附会对 ACF-CoPc 表面的部分微孔造成堵塞或遮蔽，从而影响 ACF-CoPc 对 2-ME 的吸附；另外，DTDE 的吸附还有可能遮蔽 ACF-CoPc 上催化活性中心钴离子，阻碍钴离子与 2-ME 和氧分子的配位，从而影响 ACF-CoPc 对 2-ME 的催化活性。当预吸附中 DTDE 溶液浓度分别 0.005mol/L 和 0.020mol/L 时，ACF-CoPc 去除 2-ME 的效果几乎相同，这可能是因为吸附了 DTDE 的 ACF-CoPc 放入到 2-ME 溶液后，部分 DTDE 在振荡过程中脱附到了溶液中；而 ACF-CoPc 上 DTDE 吸附量越大，脱附到溶液中的 DTDE 也越多，使得预

吸附不同量 DTDE 的两份 ACF-CoPc（表7-4）上 DTDE 的吸附量差别减小，从而导致两者去除 2-ME 的效果几乎相同。

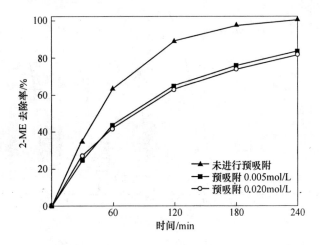

图 7-23 产物 DTDE 的吸附对 ACF-CoPc 去除 2-ME 的影响

（$[2\text{-ME}]_0 = 0.01\text{mol/L}$，$m(\text{ACF-CoPc}) = 0.20\text{g}$，$T = 25℃$，振荡速度为 150r/min）

7.1.2.8 ACF-CoPc 催化氧化 2-ME 的循环使用性能

与磺酸基金属酞菁等常见的硫醇催化剂相比，ACF-CoPc 作为非均相催化剂，具有反应后易于分离的优点，这便于催化剂的循环使用。本书先使用 ACF-CoPc 催化氧化初始浓度为 0.01mol/L 的 2-ME 溶液反应 4h（第一次循环使用）；再将反应混合物过滤，分离出催化剂 ACF-CoPc，烘干水分后，加入至已配好的初始浓度为 0.01mol/L 的 2-ME 溶液中，反应 4h（第二次循环使用）；然后过滤出 ACF-CoPc，烘干，继续用于下一次循环中，这样总共循环使用六次，结果如图 7-24 所示。在第一次循环使用中，反应 4h 时 2-ME 的去除率达 100%；第二次循环使用中，2-ME 的去除效果没有明显变差，4h 时 2-ME 的去除率依旧达 96.4%；从第三次循环使用开始，2-ME 的去除效果有所变差但较为稳定，第三至第六次循环使用中反应 4h 时 2-ME 的去除率依次为 84.4%、82.9%、74.2%、81.6%。这可能是由于在第二次循环使用中，氧化产物 DTDE 在 ACF-CoPc 上的吸附较少，未对 ACF-CoPc 吸附和催化氧化 2-ME 造成明显影响；而在第三次循环使用中，氧化产物 DTDE 在 ACF-CoPc 上的吸附继续增多，从而较明显地影响了 ACF-CoPc 的吸附和催化性能；另外在一次循环刚开始时因溶液中几乎没有 DTDE，前一次循环中吸附的 DTDE 易脱附至溶液中，使得因吸附 DTDE 而被遮蔽的催化活性中心重新有机会接触到底物 2-ME，因此随着循环次数的增加，ACF-CoPc 去除 2-ME 的效果没有持续变差，循环使用性能较好。

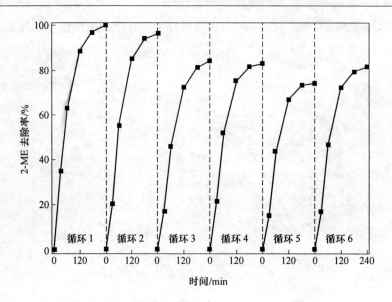

图 7-24　ACF-CoPc 催化氧化 2-ME 的循环使用性能

$([2\text{-ME}]_0 = 0.01\text{mol/L}, m(\text{ACF-CoPc}) = 0.20\text{g}, T = 25℃, 振荡速度为 150\text{r/min})$

7.2　活性碳纤维负载钴酞菁催化氧化正己烷中丙硫醇的性能

由含硫原油炼制的轻质油品中常含有硫醇。硫醇的存在不仅使油品有恶臭气味，而且使油品质量和安全性降低。另外硫醇本身具有腐蚀性，会对设备造成不同程度的腐蚀。目前油品中硫醇的脱除广泛用到 Merox 催化氧化脱硫工艺中，然而该工艺过程中排放大量废碱液，对环境有害。因此在不添加碱的条件下研究油品中硫醇的催化氧化脱除具有重要意义。本章以丙硫醇（n-PM）的正己烷溶液模拟含硫醇油品，采用 UPLC 检测特定反应时间后 n-PM 溶液中 n-PM 及其氧化产物的浓度，考察 ACF-CoPc 对正己烷中 n-PM 的催化氧化性能。

7.2.1　实验方法及设备

7.2.1.1　实验原料及设备

（1）实验原料及其来源见表 7-5。

表 7-5　实验原料及来源

原　料	纯　度	来　　源
正丙硫醇	98%	上海晶纯试剂有限公司
二丙基二硫醚	>98.0%	梯希爱（上海）化成工业发展有限公司
正己烷	AR	天津市永大化学试剂有限公司

续表7-5

原　料	纯　度	来　源
ACF-CoPc	—	自制
液氧	≥99.9%	杭州大众气体有限公司

（2）实验仪器见表7-6。

表7-6　实验仪器

设　备	型　号	来　源
旋转式恒温振荡器	DSHZ-300A	江苏太仓市实验设备厂
超高效液相色谱仪	UPLC，WatersAcquity	美国 Waters 公司
循环水式多用真空泵	SHB-B95A	郑州长城科工贸有限公司

7.2.1.2　实验方法

A　n-PM 的催化氧化

n-PM 的催化氧化装置与图7-12所示的装置相同。实验中先将100mL 新配的一定浓度的 n-PM 溶液倒入预先置于恒温振荡器中的三口烧瓶内，通入氧气，控制好氧气压力为588.4Pa 左右（由于正己烷和丙硫醇均易挥发，实验中保持多孔式气体洗瓶中基本无气泡冒出）。然后迅速加入一定量的催化剂 ACF-CoPc（含5.26μmol/gCoPc），开启振荡，开始计时。每隔特定的一段时间，用注射器抽取反应液，进行 UPLC 测试。

B　分析测试方法

（1）UPLC 测试条件：

色谱柱：ACQUITY UPLC BEN C18 1.7μm，2.1mm×50mm；

测试温度：柱温30℃，样品20℃；

流动相：乙腈/水 =90/10（体积比），流速0.20mL/min；

进样量：4.0μL，保留时间定性，峰面积外标法定量；

检测波长：225nm。

（2）n-PM 浓度变化的计算如式（7-5）所示：

$$n\text{-PM 去除率}(\%) = \left(1 - \frac{[n\text{-PM}]}{[n\text{-PM}]_0}\right) \times 100\% = \left(1 - \frac{A}{A_0}\right) \times 100\% \tag{7-5}$$

式中　$[n\text{-PM}]$——催化反应一段时间后 n-PM 的浓度，mol/L；

$[n\text{-PM}]_0$——n-PM 的初始浓度，mol/L；

A——催化反应一段时间后，溶液经测试后 n-PM 对应的 UPLC 色谱峰面积；

A_0——催化反应前，溶液经测试后 n-PM 对应的 UPLC 色谱峰面积。

7.2.2 催化活性及其影响因素

7.2.2.1 n-PM 及其催化氧化产物 UPLC 色谱峰的确定

A n-PM 的 UPLC 谱图及紫外光谱

将新配制的 2.50×10^{-3} mol/L 的 n-PM 正己烷溶液进行 UPLC 分析，得到 UPLC 谱图如图 7-25 所示。从图中可以看出，在保留时间为 0.816min 和 1.7min 附近各有一色谱峰。对比相同条件下正己烷溶剂（分析纯）的 UPLC 谱图（文中未给出），可知 1.7min 附近很宽的色谱峰属于正己烷溶剂。从而可知，0.816min 处的色谱峰对应 n-PM。由 UPLC 还得到 n-PM 的紫外光谱，如图 7-26 所示。

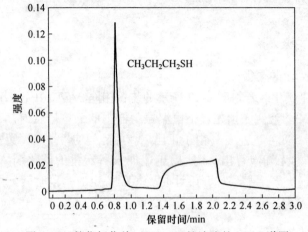

图 7-25 催化氧化前 n-PM 正己烷溶液的 UPLC 谱图
（检测波长 225nm）

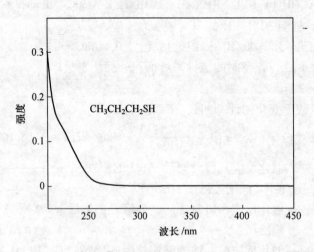

图 7-26 n-PM 的紫外光谱

B　DPDS 的 UPLC 谱图及紫外光谱

　　由于金属酞菁催化氧化硫醇类物质的产物一般是相应的二硫化物，因此本文将新配制的 1.25×10^{-3} mol/L 的二丙基二硫醚（DPDS，n-PM 对应的二硫化物）的正己烷溶液进行 UPLC 测试，结果如图 7-27 所示。从图 7-27 可知，在保留时间为 1.141min 和 1.7min 附近分别出现色谱峰。对比相同测试条件下正己烷溶剂（分析纯）的 UPLC 谱图（文中未给出）和 n-PM 正己烷溶液的 UPLC 谱图（图 7-25），进一步说明 1.7min 附近宽的色谱峰属于正己烷溶剂。因此 1.141min 处的色谱峰对应 DPDS。DPDS 的紫外光谱如图 7-28 所示。

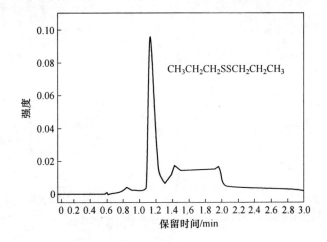

图 7-27　DPDS 正己烷溶液的 UPLC 谱图（检测波长 225nm）

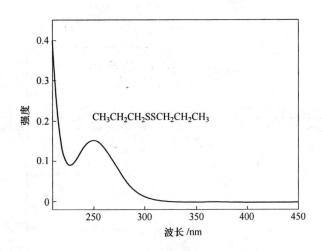

图 7-28　DPDS 的紫外光谱

C　n-PM 催化氧化产物溶液的 UPLC 谱图

在 ACF-CoPc 催化氧化 n-PM 反应 120min 时的反应溶液中取样，进行 UPLC 分析，结果如图 7-29 所示。由图可知，在 0.817min 和 1.166min 处分别有一明显的色谱峰。分别与图 7-25 和图 7-27 比较可知，0.817min 处为反应物 n-PM 的色谱峰，而 1.166min 处为产物 DPDS 的色谱峰。另外据上文分析可知，图 7-29 中 1.7min 附近一宽峰属于溶剂正己烷。图 7-30 给出了 0.817min 和 1.166min 处色谱峰对应的紫外光谱，分别与 n-PM（图 7-26）和 DPDS（图 7-28）的紫外光谱一致，这进一步验证了上述图 7-29 中各色谱峰的判断，表明 DPDS 是 n-PM 的氧化产物。

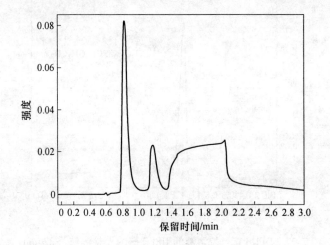

图 7-29　ACF-CoPc 催化氧化 n-PM 反应 120min 后产物溶液的
UPLC 谱图（检测波长 225nm）

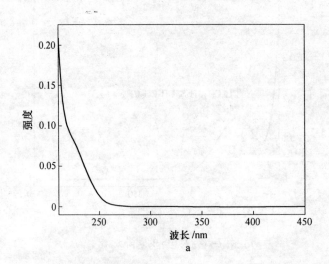

a

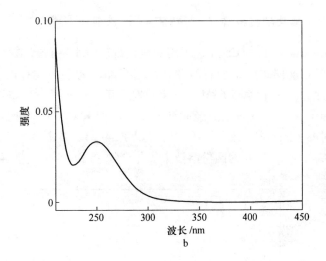

图 7-30　n-PM 催化反应溶液各色谱峰对应的紫外光谱

a—0.817min 处色谱峰；b—1.166min 处色谱峰

D　产物 DPDS 标准工作曲线

计算出 n-PM 催化氧化反应一定时间后溶液中产物 DPDS 的准确浓度，可以评价 n-PM 的转化程度。因此，本文配制了 2.5×10^{-4} mol/L、5.0×10^{-4} mol/L、7.5×10^{-4} mol/L、1.0×10^{-3} mol/L、1.25×10^{-3} mol/L 五种不同浓度的 DPDS 正己烷溶液，进行 UPLC 分析。然后以 DPDS 对应色谱峰的面积为纵坐标，DPDS 溶液浓度为横坐标作图，线性拟合得到 DPDS 的标准工作曲线（图 7-31）。标准工作曲线直线方程为 $Y = 3928.5714 + 31460.6286X$，相关系数 $R = 0.9992$。根据这个方程，可由样品溶液 DPDS 色谱峰的面积可换算出 DPDS 的浓度。

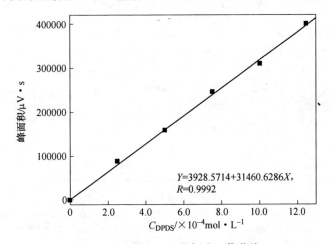

$Y = 3928.5714 + 31460.6286X$,
$R = 0.9992$

图 7-31　产物 DTDE 的标准工作曲线

7.2.2.2　氧化处理对载体 ACF 去除 n-PM 性能的影响

在制备 ACF-CoPc 时，ACF 经过了硝酸氧化处理。ACF 经硝酸处理后，其表面孔结构和化学官能团组成都会有所变化，这些都可能影响其对正己烷中 n-PM 的去除效果。因此，本书考察了 ACF 氧化处理对其去除 n-PM 效果的影响，如图7-32 所示。从图7-32 可以看出，经硝酸处理后，ACF 对 n-PM 的去除量略有下降，反应 2h 时的去除量从未处理 ACF（p-ACF）的 23.4% 下降至 18.7%。而对比分别加有 p-ACF 和 o-ACF 的两份溶液中氧化产物 DPDS 的生成量（图7-33）可

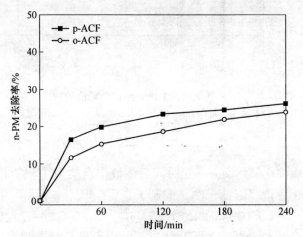

图 7-32　ACF 氧化处理对其去除 n-PM 效果的影响

（$[\text{n-PM}]_0 = 2.5 \times 10^{-3}\,\text{mol/L}$，$m(\text{p-ACF}) = 0.20\text{g}$，$m(\text{o-ACF}) = 0.20\text{g}$，$T = 25℃$，振荡速度为 150r/min）

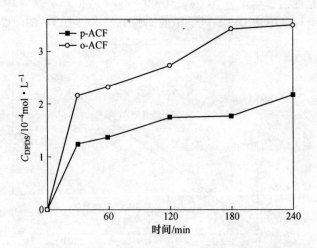

图 7-33　ACF 氧化处理对溶液中产物 DPDS 生成量的影响

（$[\text{n-PM}]_0 = 2.5 \times 10^{-3}\,\text{mol/L}$，$m(\text{p-ACF}) = 0.20\text{g}$，$m(\text{o-ACF}) = 0.20\text{g}$，$T = 25℃$，振荡速度为 150r/min）

知，当 o-ACF 存在时溶液中有较多的 DPDS，这可能与 ACF 经硝酸处理后表面氧化性基团增加有关。从而可以推测 o-ACF 对 n-PM 的去除效果较 p-ACF 差可能是由于 o-ACF 上吸附的 n-PM 较少所致。

7.2.2.3 ACF-CoPc 对产物 DPDS 的吸附性能

图 7-34 比较了 o-ACF 和 ACF-CoPc 对正己烷中产物 DPDS 吸附效果。由图可知，4h 后 o-ACF 和 ACF-CoPc 对 DPDS 的吸附量均很少，分别为 1.72% 和 2.60%。这可能是由于 DPDS 分子在 ACF 表面的吸附作用较弱，与溶剂正己烷分子在 ACF 表面的吸附作用接近，同时 DPDS 分子又远远少于正己烷分子所致。因此下文中通过比较 o-ACF 或 ACF-CoPc 分别存在时反应溶液中 DPDS 的浓度，评价 ACF-CoPc 对 n-PM 的催化氧化性能。

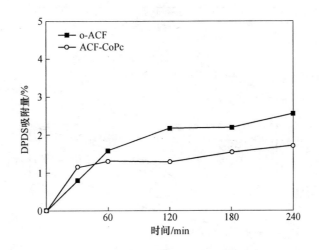

图 7-34　ACF 和 ACF-CoPc 对产物 DPDS 的吸附性能

（$[DPDS]_0 = 1.25 \times 10^{-3} mol/L$，$m(ACF\text{-}CoPc) = 0.20g$，$m(o\text{-}ACF) = 0.20g$，$T = 25℃$，振荡速度为 150r/min）

7.2.2.4 ACF-CoPc 对 n-PM 的催化氧化性能

为考察 ACF-CoPc 对 n-PM 的催化氧化性能，本书将 ACF-CoPc 与 o-ACF 对正己烷中 n-PM 的去除效果进行比较。如图 7-35 所示，反应 4h 时，o-ACF 对 n-PM 的去除率为 23.9%，而此时 ACF-CoPc 对 n-PM 的去除率达到 38.9%，ACF-CoPc 去除 n-PM 的效果远好于 o-ACF。图 7-36 比较了分别加有 o-ACF 和 ACF-CoPc 的两份 n-PM 溶液中产物 DPDS 的浓度。从图 7-36 可以看出，反应时间相同时，加有 ACF-CoPc 的溶液中 DPDS 的浓度较高，4h 时 DPDS 的浓度为 $5.19 \times 10^{-4} mol/L$，而此时加有 o-ACF 的溶液中 DPDS 的浓度仅为 $3.50 \times 10^{-4} mol/L$。由于 o-ACF 和 ACF-CoPc 对正己烷中 DPDS 的吸附很少并且吸附量十分接近（图 7-34），从而可以认为负载于 ACF 上的 CoPc 对正己烷中 n-PM 的氧化有一定的催化作用。

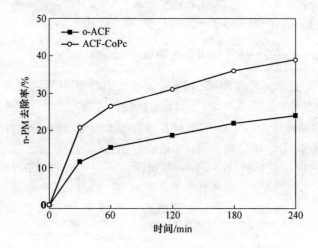

图 7-35　ACF-CoPc 催化氧化去除 n-PM 的效果

（[n-PM]$_0$ = 2.5 × 10^{-3} mol/L，m(ACF-CoPc) = 0.20g，m(o-ACF) = 0.20g，T = 25℃，振荡速度为 150r/min）

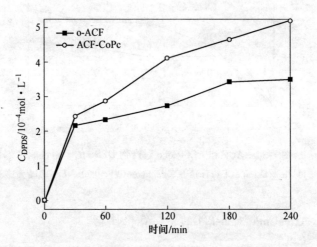

图 7-36　ACF-CoPc 催化氧化 n-PM 时溶液中 DPDS 的生成量

（[n-PM]$_0$ = 2.5 × 10^{-3} mol/L，m(ACF-CoPc) = 0.20g，m(o-ACF) = 0.20g，T = 25℃，振荡速度为 150r/min）

7.2.2.5　ACF-CoPc 催化氧化 n-PM 的影响因素

（1）n-PM 初始浓度的影响。图 7-37 给出了 n-PM 的初始浓度分别为 2.50 × 10^{-3} mol/L、1.00 × 10^{-2} mol/L、1.75 × 10^{-2} mol/L 时，ACF-CoPc 去除正己烷中 n-PM 的效果。从图中可以看出，随着初始浓度的增加，相同时间内 ACF-CoPc 对

n-PM 的去除率有所降低。

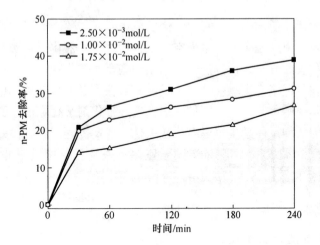

图 7-37 初始浓度对 ACF-CoPc 去除 n-PM 的影响

(m(ACF-CoPc) = 0.20g, T = 25℃, 振荡速度为 150r/min)

(2) ACF-CoPc 上 CoPc 负载量的影响。由上文可知，在 ACF 上负载 CoPc 后，其对正己烷中的 n-PM 的去除效果有明显改善。因此，本文接着考察了 CoPc 负载量对 ACF-CoPc 去除 n-PM 的影响，结果如图 7-38 所示。从图中可知，随着 CoPc 负载量的增加，一定时间内 n-PM 的去除率显著提高。这进一步说明了负载后的 CoPc 对 n-PM 的催化氧化作用。ACF-CoPc 有望应用于油品中的脱硫。

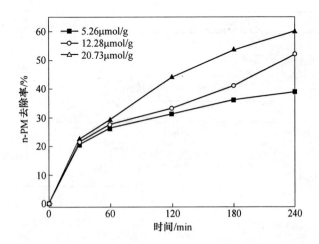

图 7-38 CoPc 负载量对 ACF-CoPc 去除 n-PM 的影响

([n-PM] = 2.5 × 10^{-3}mol/L, m(ACF-CoPc) = 0.20g, T = 25℃, 振荡速度为 150r/min)

7.3　活性碳纤维负载钴酞菁催化氧化甲醛的性能

随着人们生活品质的提高，室内装修已成为时尚，随之而来的便是室内空气污染越来越严重。甲醛是主要的室内空气污染物之一。催化氧化法是去除室内空气中甲醛的一种有效方法，该方法主要采用一些金属氧化物、负载型贵金属等催化剂催化甲醛在较低温度下氧化分解。目前，可在室温下高效催化甲醛氧化分解的催化剂主要是一些负载型贵金属催化剂，这些催化剂又存在成本高、难以推广使用的问题。因此如果能解决甲醛净化效率低、成本高等问题，高效室温分解甲醛具有重要意义。本章将 ACF-CoPc 用于室温下去除空气中的甲醛，考察 ACF-CoPc 对甲醛的催化氧化活性以及影响甲醛去除效果的因素。

7.3.1　实验方法及设备

7.3.1.1　实验原料及设备

（1）实验原料及其来源见表7-7。

表7-7　实验原料及来源

原　料	纯　度	来　源
甲醛溶液	AR	天津市永大化学试剂有限公司
乙酰丙酮	AR	天津市科密欧化学试剂有限公司
冰乙酸	AR	天津市永大化学试剂有限公司
乙酸铵	AR	天津市科密欧化学试剂有限公司
ACF-CoPc	—	自制
纯氮	≥99.95%	浙江杭州大众气体有限公司

（2）实验仪器见表7-8。

表7-8　实验仪器

设　备	型　号	来　源
数显恒温水浴锅	HH-A	国华电器有限公司
紫外可见分光光度计	Hitachi U-3010	日本日立公司
循环水式多用真空泵	SHB-B95A	郑州长城科工贸有限公司

7.3.1.2　实验方法

A　甲醛的催化氧化

在一定容积的玻璃反应容器中悬挂一定质量的 ACF-CoPc（除特别说明外，

本章所用 ACF-CoPc 中 CoPc 的负载量均为 5.26μmol/g），塞上反口橡胶塞，并置于一定温度的水浴中恒温。然后用微量注射器注入一定量 1.23g/L 的甲醛溶液，快速用封口膜将容器密封，开始计时。反应一定时间后，测试烧瓶中甲醛浓度。以容器中甲醛浓度的变化表征 ACF-CoPc 去除甲醛的效果。

B 分析测试方法

（1）乙酰丙酮法原理。乙酰丙酮法，又称乙酰丙酮分光光度法，其原理是：甲醛在乙酸-乙酸铵缓冲溶液中与乙酰丙酮反应，生成稳定的黄色化合物——3,5-二乙酰基-1,4-二氢三甲基吡啶，其在 414nm 处有最大吸收，根据该波长处的吸光度与甲醛含量成比例关系，对甲醛进行定量分析。

（2）乙酰丙酮法原理。称取 375g 乙酸铵溶于去离子水中，加入 30mL 冰乙酸、3mL 乙酰丙酮，混匀后，加水稀释至 1000mL。

（3）乙酰丙酮法标准曲线的绘制。在 8 支 25mL 的具塞比色管中，分别加入 0μL、10μL、20μL、30μL、40μL、60μL、80μL、100μL 浓度为 1.23g/L 的甲醛溶液 I，加水稀释定容至 10mL 刻线，得稀释后的甲醛溶液 II。再加入 2mL 乙酰丙酮溶液，摇匀后，置于 60℃ 水浴中反应 20min。冷却后，得黄色的 3,5-二乙酰基-1,4-二氢三甲基吡啶溶液，测定其在特定波长范围内的吸光度。

根据 Lambert-Beer 定律，吸光度（A）与溶液中 3,5-二乙酰基-1,4-二氢三甲基吡啶的浓度（C_p）成正比。

理论上，溶液中 3,5-二乙酰基-1,4-二氢三甲基吡啶的摩尔数与甲醛溶液 II 中甲醛的摩尔数相等，又因为实验中不同浓度甲醛溶液的体积相同，因此 C_p 与甲醛溶液 II 中含有甲醛的质量（m）成正比。

因此本书中以 A 为纵坐标，m 为横坐标绘制乙酰丙酮法标准曲线。

（4）甲醛气体浓度的测定。催化氧化一定时间后，在反应容器中注入 9.9mL 的水和 2mL 乙酰丙酮溶液，快速取出 ACF-CoPc 后，密封、摇匀后，于 60℃ 水浴中反应 20min，冷却。然后用紫外可见（UV-Vis）分光光度计测试溶液在特定波长范围内的吸光度。最后由吸光度计算容器中含有甲醛的质量 m。

（5）UV-Vis 光谱仪测试条件。扫描速率 300nm/min，步长 1nm，扫描波长范围 320～650nm。

C 甲醛去除效果的评价

通过测定反应一定时间后甲醛的浓度计算甲醛去除率，评价甲醛的去除效果。

7.3.2 催化活性及其影响因素

7.3.2.1 乙酰丙酮法标准曲线

图 7-39 为不同浓度的甲醛溶液与乙酰丙酮反应后生成的产物 3,5-二乙酰基-

1,4-二氢三甲基吡啶溶液在波长为 320～650nm 范围内紫外可见光谱。从图中可以看出，414nm 附近有一较强的特征吸收峰。并且，随着反应溶液中甲醛含量的增加，414nm 处的吸光度不断增大。因此，下文中均采用 414nm 处的吸光度计算甲醛含量。

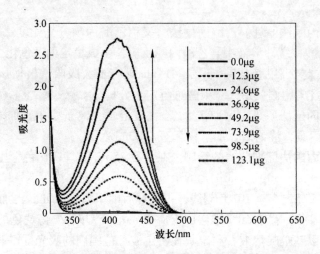

图 7-39　不同浓度 3,5-二乙酰基-1,4-二氢三甲基吡啶溶液的紫外光谱

如图 7-40 所示，以甲醛含量（μg）为横坐标、414nm 处的吸光度为纵坐标作图，经线性拟合后，得到标准曲线。标准曲线方程为 $A = 0.05498 + 0.02189m$，相关系数 $R = 0.99973$。可得甲醛浓度（式(7-6)）：

$$C = \frac{A - 0.05498}{0.02189V} \tag{7-6}$$

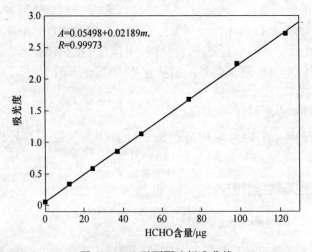

图 7-40　乙酰丙酮法标准曲线

同时计算可得甲醛去除率公式 (7-7):

$$HCHO 去除率(\%) = \frac{A_0 - A}{A_0 - 0.05498} \times 100\% \qquad (7\text{-}7)$$

根据上式，由吸光度值可直接计算甲醛的去除率。

7.3.2.2 ACF-CoPc 对甲醛的催化氧化活性

为考察 ACF-CoPc 催化氧化甲醛的活性，将 14 个相同的玻璃容器分为 A、B 两组。在每个容器中各悬挂 0.15gACF-CoPc，并使悬挂后 ACF-CoPc 均基本位于容器的中心位置。然后对 B 组的各个容器进行抽真空，接着充入氮气，使 B 组的各个容器中均为氮气气氛，随后于 25℃水浴中恒温数分钟。A 组的各个容器直接置于 25℃水浴中恒温相同时间。待容器内气体温度稳定后，分别向 A、B 两组各个容器注入 1.23g/L 的甲醛溶液 100μL，于 25℃水浴中开始反应。每隔特定的一段时间后，从 A、B 两组中各取出一个容器，采用乙酰丙酮法测试容器中的甲醛浓度，并计算甲醛在空气和氮气两种气氛中的去除率，结果如图 7-41 所示。从图中可以看出，反应时间为 3h 以内时，两种气氛中 ACF-CoPc 去除甲醛的速率十分接近，催化氧化没有引起的甲醛浓度明显降低，一方面，这是由于 ACF-CoPc 吸附甲醛的速率很快，远远大于催化氧化甲醛的速率；另一方面，甲醛被催化氧化后，其产物可能继续吸附在 ACF-CoPc 表面，因此被吸附的甲醛的"消耗"并未使 ACF-CoPc 表面的吸附位立即增加。当反应进行到 3h 以后，空气气氛中 ACF-CoPc 去除甲醛的速率明显大于氮气气氛中，这可能是因为当氧气存在时，随着催化氧化的进行，在 ACF-CoPc 表面生成的甲醛氧化产物增多，产物从被吸附的状态解吸至空气中的"解吸附势"增大，产物的这种解吸附为甲醛分子提

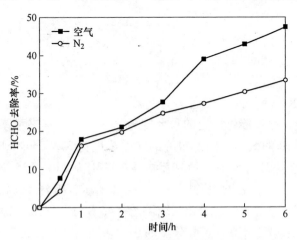

图 7-41 ACF-CoPc 在空气和氮气气氛中去除甲醛的效果

($[HCHO]_0 = 372.0 \text{mg/m}^3$, $m(\text{ACF-CoPc}) = 0.15\text{g}$, $T = 25℃$)

供了新的吸附位，使得更多的甲醛被吸附。

7.3.2.3   ACF-CoPc 去除甲醛的影响因素

A   反应时间的影响

固定甲醛的初始浓度为 372mg/m³，温度为 25℃，ACF-CoPc 用量为 0.15g，测试甲醛去除率随时间的变化，结果如图 7-42 所示。由图可知，随着反应时间的增加，甲醛去除率不断提高。反应到 12h 时，甲醛的去除率为 65.0%，随着反应时间继续增加到 24h，甲醛去除率为 74.0%，这说明 ACF-CoPc 能够在空气中有效地去除甲醛。反应时间为 12~24h 期间的去除率远小于反应初期 12h 内的去除率，这是因为 ACF-CoPc 能够有效地吸附甲醛，随着反应时间的增加，吸附逐渐接近饱和，吸附速率随之减小。

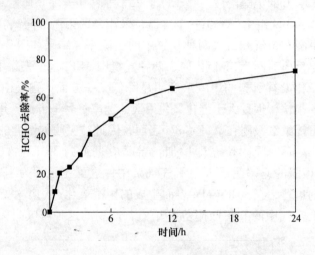

图 7-42   时间对 ACF-CoPc 催化氧化甲醛的影响

$([HCHO]_0 = 372.0mg/m^3,\ m(ACF\text{-}CoPc) = 0.15g,\ T = 25℃)$

B   反应温度的影响

温度是影响吸附和催化反应的重要因素之一，因而本书考察了不同温度下 ACF-CoPc 去除甲醛的效果。固定甲醛的初始浓度为 372.0mg/m³，ACF-CoPc 的用量为 0.15g，反应时间为 4h，改变反应温度分别为 25℃、35℃、45℃、55℃，考察了温度对甲醛去除效果的影响。如图 7-43 所示，随着反应温度的提高，甲醛去除率先明显升高后略微下降，当温度为 45℃ 时，甲醛去除率最高，达到 87.4%。这是由于温度升高，甲醛分子的热运动加剧，与催化剂 ACF-CoPc 碰撞的频率增加，有助于催化氧化反应的进行，但是温度过高时，ACF-CoPc 吸附甲醛的能力下降，因此甲醛去除率在温度为 55℃ 时反而较 45℃ 时低。

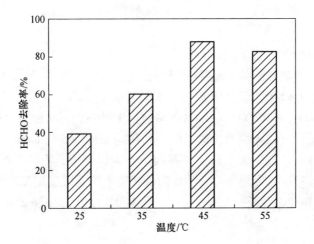

图 7-43 温度对 ACF-CoPc 催化氧化甲醛的影响

$([HCHO]_0 = 372.0mg/m^3, m(ACF\text{-}CoPc) = 0.15g, t = 4h)$

C 催化剂用量的影响

为考察催化剂 ACF-CoPc 用量对甲醛去除率的影响，在甲醛初始浓度为 $372mg/m^3$，温度为 25℃的条件下，比较 ACF-CoPc 用量分别为 0.05g、0.10g、0.15g、0.25g 和 0.35g 时反应 4h 后甲醛的去除率，结果如图 7-44 所示。从图 7-44 可以看出，随着 ACF-CoPc 用量的增加，甲醛去除率提高，但当 ACF-CoPc 用量达到 0.15g 后，ACF-CoPc 用量继续增加，甲醛去除率无明显变化。这可能是因为当 ACF-CoPc 用量较大时，单位面积上吸附的甲醛较少，使得催化活性中

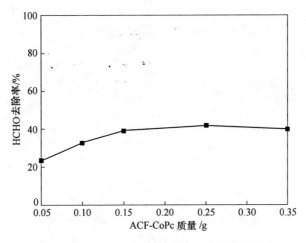

图 7-44 ACF-CoPc 用量对催化氧化甲醛的影响

$([HCHO]_0 = 372.0mg/m^3, T = 25℃, t = 4h)$

心周围甲醛浓度相对较低,从而减小了催化氧化反应的速率,具体原因有待进一步研究。

　　D　甲醛初始浓度的影响

　　在上述催化氧化甲醛的实验中,甲醛的初始浓度均为 $372mg/m^3$。甲醛的初始浓度是影响其去除率的重要因素之一。图 7-45 给出了不同甲醛初始浓度条件下,反应 4h 后 ACF-CoPc 对甲醛的去除率。由图可知,当初始浓度较小时,甲醛去除率随着初始浓度的增加而快速下降,当初始浓度为 $372mg/m^3$ 时,初始浓度继续增加,去除率仅有略微下降。这是因为一定温度下,ACF-CoPc 吸附甲醛的容量是有限的,初始浓度增加时,被吸附的甲醛不能无限制增加,但另一方面甲醛浓度增加时,催化氧化反应的速率加快,因此初始浓度为 $372mg/m^3$ 和 $484mg/m^3$ 时总的去除率比较接近。

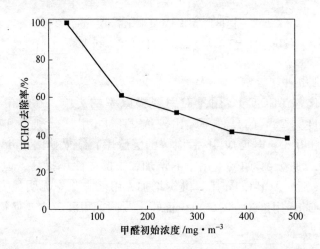

图 7-45　甲醛初始浓度对 ACF-CoPc 催化氧化甲醛的影响

$(m(\text{ACF-CoPc})=0.15g, T=25℃, t=4h)$

8 改性纳米碳纤维材料脱除 SO_2 的应用

8.1 改性纳米碳纤维材料的制备及表征方法

8.1.1 实验试剂与仪器

8.1.1.1 实验原料与试剂

实验原料和试剂如表 8-1 所示。

表 8-1 实验原料与试剂

原料与试剂名称	纯度	生产厂家
聚丙烯腈（PAN）	AR	安庆石化生产
N,N'-二甲基甲酰胺（DMF）	AR	国药集团化学试剂有限公司
聚乙烯基批略院酮（PVP）	AR	天津市博进化工有限公司
铁酸正四丁酯（TBT）	AR	天津市大茂化学试剂厂
冰乙酸（CH_3COOH）	AR	天津市福晨化学试剂厂
乙醇（CH_3CH_2OH）	AR	沈阳化学试剂厂
磷酸（H_3PO_4）	AR	沈阳化学试剂厂

8.1.1.2 实验仪器

实验过程中用到的主要实验仪器如表 8-2 所示。

表 8-2 主要实验仪器

名 称	型 号	生 产 厂 商
静电纺丝装置	—	实验室自组装
高压静电发生器	DW-P303-1ACCC	天津市东文高压电源厂
恒温磁力搅拌器	IKAWERKE	广州 IKA 公司
电热恒温鼓风干燥箱	DGG-9070A 型	上海森信实验仪器有限公司
数显厢式电阻炉	SX-2.5-10	沈阳市节能电炉厂
精密电子天平	AL204 型	梅特勒-托利多仪器有限公司
扫描电子显微镜	ZSM-6360LV 型	日本 JEOL 公司
X 射线衍射仪	XRD-6000	日本理学电机株式会社

名　　　称	型　　号	生　产　厂　商
FT-IR 红外光谱仪	Magna560	美国热电尼高力仪器公司
热重-差热分析	STA449F3	日立 HITACHI
比表面积分析仪	Automade	大连化物所

8.1.2　PAN 基活性碳纤维的制备

8.1.2.1　静电纺丝法制备纳米纤维

将研磨好的聚丙烯腈（PAN）粉末平铺在蒸发皿中，将蒸发皿放置在温度不高于 45℃ 的烘箱中烘 20h 待用。称量一定量的 PAN 溶于 20mL 的 DMF 溶液中，在 40℃ 恒温状态下用磁力搅拌器搅拌 4h，待 PAN 完全溶于 DMF 时，将 0.5mL 无水乙醇和 0.5mL 冰醋酸分别逐滴加入上述混合溶液中，40℃ 下持续搅拌 20min，然后按比例分别加入 TBT、PVP 溶液，继续搅拌 20h，直至 TBT、PVP 完全溶于 PAN 溶液中，即得到了黏稠的 PAN/TBT 和 PAN/PVP 复合溶液。

利用自制的静电纺丝装置进行纺丝，量取 8mL 上述复合溶液置于注射器中，并将高压电源线接在针头上，调整针尖与接收板之间的距离（12～30cm）、注射器倾斜角度（8°～12°），开启电源，调节到设定好的电压范围（10～20kV）。由于 PAN 复合溶液遇水会凝聚，纺丝的过程中要时刻关注喷头是否被堵塞。纺丝 24h 后，关闭高压电源，取下接收板上的纤维装入密封袋中待用。

8.1.2.2　纤维的预氧化

均聚 PAN 的玻璃化温度（T_g）为 104℃；没有软化点，在 317℃ 时分解，因此根据纤维的 TG-DTA 图，本书拟采用数显马弗炉，在空气含量为 8%～10%，温度为 220～280℃ 的条件下进行预氧化，预氧化时间为 0.5～2h。通过调节电流来控制升温速率，在预氧化过程中要对纤维使用张力，以防止其收缩变形，为后续的碳化活化做准备。

本书根据纤维的 TG-DTA 图，选取 280℃ 作为最佳预氧化温度，预氧化时间为 2h。

8.1.2.3　纤维的碳化活化

碳化活化装置为程序控温管式炉，本书采用 N₂ 作为保护气体，在 700℃ 下进行碳化，700℃ 后利用 CO₂ 做活化剂，于 700℃ 下直接进行活化。将经过预氧化的纤维剪成适当的形状后放入石英管，先通氮气将石英管中的空气排空，从 280℃ 开始升温，经过 2h 升温到 700℃，700℃ 开始通入 CO₂ 开始进行活化，

700℃后每1min升5℃至900℃，900℃后保持一段时间，然后在氮气保护下进行冷却。

8.1.3 表征与测试

本文采用扫描电子显微镜（SEM）、电子能谱（EDS）、热重-差热（TG-DTA）、X射线衍射法（XRD）、比表面积（BET）等手段对制备的复合纤维及活性碳纤维进行了表征，并分析了活性碳纤维的表面形貌、晶体结构、元素组成等。

8.1.3.1 SEM分析

采用导电胶分别将PAN纳米纤维、PAN/TBT复合纤维、PAN/PVP复合纤维及其预氧化和碳化活化后纤维固定在不锈钢样品台上，采用KYKYSBV-12型离子喷金仪进行喷金。采用ZSM-6360LV型扫描电子显微镜观察不同纤维的表面，分析不同黏度、电压、浓度、纺丝距离等因素对PAN纤维形貌的影响。观察不同预氧化、碳化活化条件下纤维的形貌，选出最佳预氧化、碳化活化条件。

8.1.3.2 EDS分析

采用电子能谱法ZSM-6360LV型场发射扫描电子显微镜及其附件EDS对PAN/PVP纤维的元素进行分析，确定PAN/PVP纳米纤维中元素的实测含量，并分析造成实测的元素含量与理论含量产生偏差的原因。

8.1.3.3 TG-DTA分析

采用STA449F3型热重-差热分析仪对不同的聚丙烯腈基纤维进行分析。测试条件为：氮气保护，起始温度为35℃，终止温度为800℃，升温速率为15℃/min。

8.1.3.4 XRD分析

采用日本理学电机株式会社生产的岛津XRD-6000型X射线衍射仪对原丝、预氧化纤维、碳化活化后的纤维进行分析，扫描范围$2\theta = 10° \sim 90°$，扫描速度为15°/min。

利用傅里叶变换红外光谱仪（FT-IR）对不同条件下制备出的纤维进行表征，分析不同的实验条件对PAN基纤维分子链有序程度及结构的影响。

8.1.3.5 BET分析

采用AUTOmated Surface area and Spore size Analyzer对制备的活性碳纤维进行

比表面积测试。

8.1.3.6　活性碳纤维对 SO_2 吸附性能的测试

利用自制的模拟 SO_2 气体，采用盐酸副玫瑰苯胺比色法，通过测量溶液吸光度的变化，来确定活性碳对 SO_2 的吸附性能。吸附流程图如图 8-1 所示。

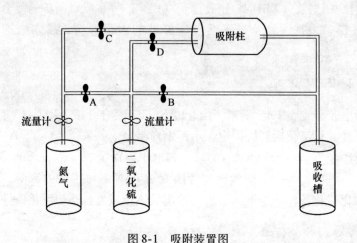

图 8-1　吸附装置图

实验过程为：（1）打开球形阀 A、B，用氮气将气路 AB 中的空气排尽，关闭球形阀 A，开始通入 SO_2 气体，通过流量计控制其流量，经吸收槽吸收后，在波长 575nm 下测其吸光度 A_0；（2）打开球形阀 C，用氮气将气路 C 中的空气排尽，关闭球形阀 C，打开球形阀 D，开始通入 SO_2 气体，经过填充有复合活性碳纤维的吸附柱，在吸收槽进行吸收反应，在波长 575nm 下测其吸光度 A_1；（3）按照式（8-1）计算吸附率 W。

$$W = \frac{A_0 - A_1}{A_0} \times 100\% \qquad (8-1)$$

式中　W——SO_2 吸附率,%；

　　　A_0——初始 SO_2 吸光度；

　　　A_1——剩余 SO_2 吸光度。

如果要确定碳纤维的具体吸附量，则首先应该绘制标准曲线：配制浓度分别为 0.5μg/mL，1μg/mL，2μg/mL，5μg/mL，8μg/mL，10μg/mL 的 SO_2 标准溶液，在 $\lambda = 575$nm 处，采用 10mm 石英比色皿，以蒸馏水为参比液测量吸光度 A_{575}。以浓度为横坐标，吸光度为纵坐标绘制出标准曲线，如图 8-2 所示。

可以看出，溶液与吸光度 A_{575} 的值在测量范围内呈线性关系（相关系数 $R = 0.9996$），线性回归方程如式（8-2）所示：

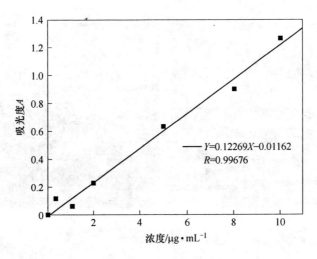

图 8-2　SO₂ 标准曲线

$$Y = 0.0534X + 0.0279 \tag{8-2}$$

式中，Y 为 A_{575} 的值；X 为 SO₂ 浓度。可以用测得的吸光度值计算 SO₂ 的浓度。

8.2　PAN 基 TiO₂-活性碳纤维的研究

8.2.1　静电纺丝工艺参数对纤维制备的影响

8.2.1.1　浓度对 PAN/TBT 复合纤维制备的影响

纺丝液浓度是静电纺丝工艺中的一个重要参数，溶液浓度的高低将直接影响纤维的最终形貌和性能。本书以 DMF 为溶剂，按照 2% 的浓度（质量分数）递增，配置了不同浓度的纺丝溶液，纺丝液的可纺范围为 8% ~24% 之间。当溶液浓度特别低的时候，由于黏度与浓度成正相关性，所以黏度也会很低，导致溶液表面张力小，溶液会直接从喷头滴下，在纺丝过程中无法形成 Taylor 锥；在喷头末端的微小液滴在电场中不容易被拉伸，DMF 溶剂难以挥发出来而直接落到接收板上，从而导致接收板上会出现大量液滴。相反的，如果浓度过大，溶液会直接堵塞喷头，阻碍纺丝的连续进行。因此，如果想制备出较好形貌的纤维，必须控制好纺丝液的浓度。

本书将不同浓度的 PAN/TBT 前驱体纺丝溶液进行纺丝，纺丝距离固定为 20cm，角度固定为 12°，电压为 16kV。将在不同浓度条件下制备的纤维进行扫描电镜比较。结果如图 8-3 所示。

从图 8-3 可以看出，当浓度较大的时候，纤维的直径在 280 ~650nm 之间，分布不均匀。随着浓度的降低，纤维直径开始变小，并且越来越均匀，这是因为

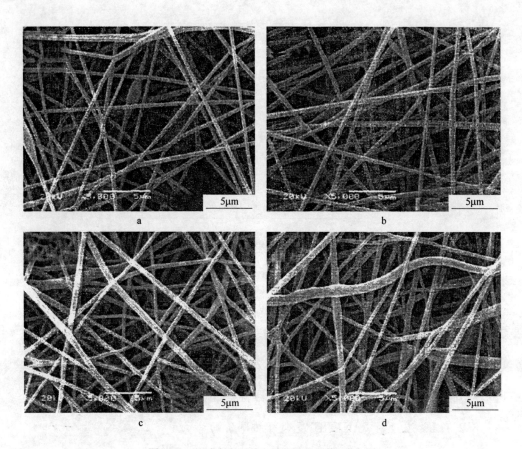

图 8-3　不同浓度下的 PAN/TBT 纤维 SEM 图

a—12%；b—14%；c—16%；d—18%

随着溶液浓度的降低，溶液的黏度也相应的会变小，表面张力变小，因此喷口出液滴的分裂能力变强，这使得纤维的直径越来越小。而当浓度为 12% 的时候，纤维中开始出现珠节状的纤维，珠节形成的原因是：由于溶液浓度较低，溶剂含量较大，在纺丝过程当中溶剂黏附在纤维上不能完全挥发，接收到的纤维中溶剂含量过大而造成了纤维中珠节的出现；此外，当溶液浓度低的时候，溶液黏度也会较低，溶液中聚合物分子链之间的作用力弱，稳定性差，因此在纺丝过程当中容易断裂形成液珠。Baumgarten 经过大量的聚丙烯腈/DMF 溶液的纺丝实验，总结出了纤维直径与溶液黏度之间的经验关系式。根据以上分析可知，当浓度为 14% 时，纤维的形貌最佳。

8.2.1.2　电压对 PAN/TBT 复合纤维制备的影响

图 8-4 是在 PAN/TBT 溶液浓度为 16%，接收距离为 25cm，倾斜角度为 8°，

电压分别为 14kV、16kV、18kV 时的 PAN/TBT 复合纤维的 SEM 图，从图中可以看出，当电压为 14kV 时，纤维的平均直径在 500nm 左右；电压为 16kV 时，纤维的平均直径为 430nm 左右，下降了 70nm；当电压达到 18kV 时，纤维的平均直径为 360nm 左右，即随着电压的增加，纤维的直径有变小的趋势。这可能由于液体喷射细流表面的电荷密度与其所受电场力有关，随着电压的增加，电场力增大，液体表面电荷之间的静电斥力也随之增大，因此提高了纤维的分裂拉伸能力，使得纤维直径变小。

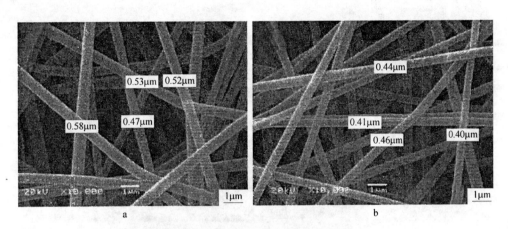

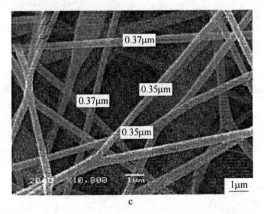

图 8-4　不同电压下的 PAN/TBT 纤维 SEM 图

a—14kV；b—16kV；c—18kV

8.2.1.3　接收距离对 PAN/TBT 复合纤维制备的影响

图 8-5 是溶液浓度为 14% 的 PAN/TBT 溶液在电压固定为 16kV，倾斜角固定为 12°，接收距离（喷头与接收板之间的距离）分别为 20cm 和 30cm 得到的纤维

的 SEM 图。由前文可知，增加纺丝距离的效果等同于减小了电场的强度，根据以上电压对纤维直径的影响分析可知，纤维的直径应该增大。但是从图 8-5 中可以看出纤维的直径却随着距离的增加变小了，减小的原因是接收距离增加虽然减小了电场强度，但是同时也增加了纤维的运动距离，这时，纺丝射流也获得了更多的分裂机会，纤维中的溶剂也有更充分的时间挥发掉，因而接收到的纤维中的溶剂含量也大大地减少了，这就必然导致纤维的平均直径减小；同时由于距离的增加，也导致电场不稳定，更易受外界影响导致了纤维的直径分布不均匀。

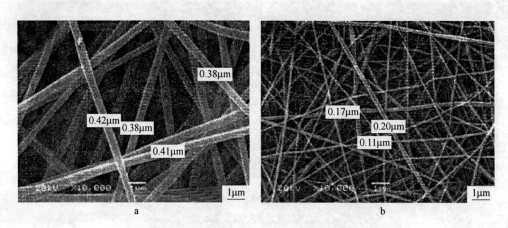

图 8-5　不同接收距离下 PAN/TBT 纤维的 SEM 图

a—20cm；b—30cm

8.2.2　PAN/TBT 复合纤维的 TG-DTA 分析

采用热重-差热对纤维进行分析，结果如图 8-6 所示。

从图 8-6 中可以看出，PAN/TBT 复合纤维一共有两个失重阶梯；第一个失重阶梯在 280～320℃之间，从 10～280℃之间，纤维基本没有失重，280℃之后开始出现明显的失重，这可能是由于 PAN 长链分子断裂和钛酸四丁酯的部分分解造成的。280～320℃是失重最快的期间，对应的 DTA 曲线上出现了一个很强的吸收峰，此时失重保持在 75% 左右；320℃以后 TG 曲线开始变得平滑，分解速率逐渐减慢；第二个失重阶梯 440～500℃之间，这可能是由于 PAN 的进一步分解，分子内部之间发生环化反应、脱氢反应等造成的，相应的 DTA 曲线上也出现了一个很强的吸收峰，此时失重达到 30% 左右，为 PAN/TBT 失重的主要区间。550℃以后，TG 曲线和 DTA 曲线都趋于平缓，纤维的失重基本保持不变，说明纤维的结构已趋于稳定。根据上述分析，可以确定 PAN/TBT 的预氧化稳定应该低于 280℃。

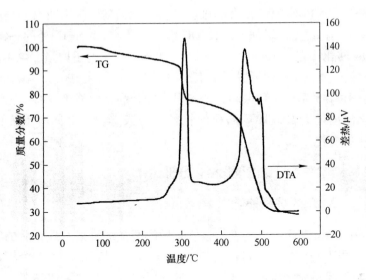

图 8-6 PAN/TBT 复合纤维热重-差热(TG-DTA)图

8.2.3 PAN/TBT 复合纤维的预氧化分析

图 8-7 为 PAN/TBT 复合纤维与预氧化后纤维的 FT-IR 图谱,从图 8-7a 中可以看出:在 3440cm^{-1}、2920cm^{-1}、2240cm^{-1}、1650cm^{-1} 的峰为—OH 伸缩振动峰、—NH 的伸缩振动峰、 —C≡N 的三键伸缩振动和—C ═O 的双键伸缩振

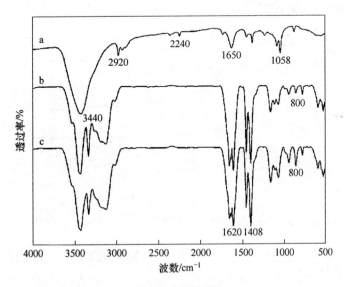

图 8-7 FT-IR 图

a—PAN/TBT 复合纤维;b—200℃预氧化后纤维;c—300℃预氧化后纤维

动。图 8-7b、c 为 PAN/TBT 复合纤维经过预氧化后的 FT-IR 图谱，从图中可以看出，随着预氧化温度的增加，PAN/TBT 复合纤维在 2240cm^{-1} 处的—C≡N 基团逐步向—ON 转化；在 1620cm^{-1} 处—C═O 的特征峰得到了增强，说明预氧化过程中经过脱氢、氧化反应而形成了不饱和的双键结构。在 800cm^{-1} 出现的新特征峰可归属于 TiO₂ 中 Ti—O 键振动，随着温度的升高，此峰也变得突出，这表明随着预氧化温度的升高，TiO₂ 晶粒的粒径有增大趋势，这同时也佐证了前面 XRD 曲线中的变化。

8.2.4 PAN/TBT 复合纤维的碳化活化分析

8.2.4.1 XRD 结果分析

图 8-8 是 PAN/TBT 纳米纤维、预氧化后的纳米纤维以及碳化后的纳米纤维的 X 射线衍射图。从图 8-8a 可以看出在 $2\theta = 16.7°$ 附近出现了一个较强的衍射峰，为 PAN/TBT 纳米纤维的特征峰；经过预氧化后，PAN/TBT 纳米纤维的特征峰有变弱的趋势，随着碳化的进行，纤维的衍射峰逐渐减退、消失。当温度达到 600℃时，在 $2\theta = 25.2°$、$37.2°$、$47.9°$ 附近出现了代表锐钛矿的峰值。当温度超过 600℃时，TiO₂ 的锐钛矿晶型开始向金红石晶型转变。

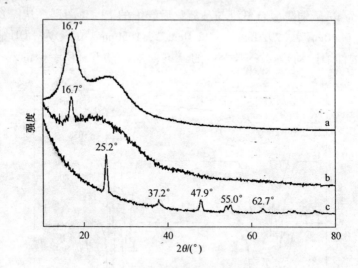

图 8-8   X 射线衍射图（XRD）

a—JPAN 纳米纤维；b—预氧化后的 PAN 纳米纤维；c—碳化活化后的 PAN 纳米纤维

当采用 CO₂ 作为活化剂进行活化时，需要的活化温度要 900℃以上，而温度超过 600℃后，TiO₂ 晶粒中的锐钛矿晶型就会转变为金红石晶型。采用 H₃PO₄ 做活化剂时，不仅可以抑制 TiCh 向金红石晶型转变，还可以降低 PAN/TBT 纤维的活化温度。因此本实验首先采用 H₃PO₄ 进行活化处理，将制备的纤维在 H₃PO₄

中浸渍 12h，这样既可以清除纤维中的杂质又能降低活化温度，因此从 700℃ 开始就可以进行活化。

8.2.4.2　SEM 结果分析

图 8-9 为 PAN/TBT 复合纤维经过碳化活化后的 SEM 图，从图 8-9a 可以看出，纤维直径虽然小，但是呈断裂无序状排列，这是因为在碳化活化过程中纤维韧性变低，容易变脆导致断裂。图 8-9b 为经过 H₃PO₄ 浸渍处理后的纤维，从图中可以看出纤维断裂明显减少并且直径稍微变细。

图 8-9　PAN/TBT 经过碳化活化后的 SEM 图
a—直接碳化活化；b—经 H₃PO₄ 浸渍后再碳化活化

8.2.4.3　活化对 PAN 基 TiO₂-活性碳纤维的影响

将制备好的样品置于球形容器中抽真空，当真空度达到要求后首先升温到 100℃，升温速率为 10℃/min，保持 1h 后继续升温，升温速率为 10℃/min，达到 300℃ 后停止升温并保持 3h。将预处理过的样品置于 BET 测试仪，测试过程必须在液氮气氛中进行，在样品中取 7 个点进行表征。PAN/TBT 活性碳纤维的孔容和比表面积结果如表 8-3 所示。

表 8-3　PAN/TBT 活性碳纤维的孔容和比表面积

样　品	比表面积/m² · g⁻¹	总孔容/cm³ · g⁻¹	微孔孔容/cm³ · g⁻¹	中孔孔容/cm³ · g⁻¹
复合活性碳纤维	1149	0.4976	0.4568	0.0408
市售活性碳纤维	986	0.3866	0.3465	0.0401

经过活化后 PAN 基 TiO₂-活性碳纤维的收率可以达到 85% 以上，纤维的比表面积明显增大，并且出现了微孔（孔径在 2nm 以下的孔）、中孔（孔径在 2 ~

50nm 之间的孔）等孔结构，其中微孔占总孔体积的 90%。

8.3　PAN 基 PVP-活性碳纤维的研究

8.3.1　静电纺丝工艺参数对纤维制备的影响

8.3.1.1　电压对 PAN/PVP 复合纤维制备的影响

在静电纺丝过程中，电压是决定纺丝成败的关键因素。溶液的浓度不同，则静电纺丝的起始电压也不同，每个溶液都有一个底线值和最高值。当电压低于底线值时，纺丝溶液会直接从喷口直接垂直滴落，不能正常纺丝，这可能是由于喷射流受到排斥力小，溶液分化能力小，导致了纤维间的黏结。如果电压过高的话，会出现电火花等电晕放电现象，产生的电场不稳定，严重时还会损坏电压表，因此，必须选择合适的电压范围进行纺丝。

从图 8-10 中可以看出，纤维的直径分布比较均匀，在 180～340nm 之间，并

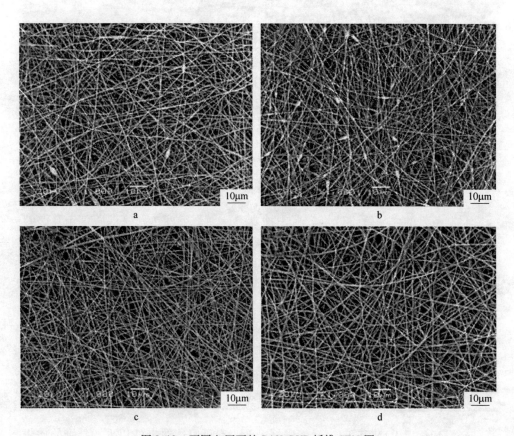

图 8-10　不同电压下的 PAN/PVP 纤维 SEM 图

a—12kV；b—14kV；c—16kV；d—18kV

且随着电压的升高，直径有变小的趋势。从图中还可以看出在较低电压时，纤维表面出现了大量的珠节现象，随着电压的升高，珠节现象越来越少，在 16kV 时基本看不到珠节，而当电压继续升高到 18kV 时可以看出纤维之间出现微弱的黏结现象。这可能由于液体喷射细流表面的电荷密度主要受电场影响，随着电压的增加，液体表面电荷之间的静电斥力增大，因此提高了纤维的拉伸能力，使得纤维表面的珠节越来越少，直径也变得越小。当电压太高时，溶液由于受到的电场力太大，溶液由喷头运动到接收板的速度也会很大，这时溶液表面的 DMF 等溶液来不及挥发凝固就容易继续产生黏结现象。

8.3.1.2　浓度对 PAN/PVP 纤维制备的影响

纺丝液的黏度对电纺成纤条件有着重要的影响，黏度的高低将直接影响纤维的形貌特征和最终性能。通过实验我们发现，如果溶液浓度太低，导致黏度也会很低，表面张力小，当分子间所带电荷的排斥力大于其表面张力时是无法出现所谓的 Taylor 锥的，溶液与喷头的黏附力不够，溶液会顺着喷口直接滴落，在喷头末端不能保持稳定持续的液流，在电场中不易拉伸，溶剂不易挥发，喷射时溶液呈液滴状直接喷射到接收板上。

从表 8-4 可以看出对于相同的 PAN/PVP 前驱体，溶液的黏度和电导率与溶液的浓度大致呈线性关系，随着溶液浓度的增加，黏度与电导率也相应地增加，因此我们可以通过测定黏度与电导率对纤维形貌的影响，从侧面反应溶液浓度对纤维形貌的影响。

表 8-4　不同 PAN/PVP 浓度的纺丝溶液黏度及电导率

PAN/PVP 浓度/%	10	12	14	16	18
电导率/pS·m^{-1}	163	181	195	204	216
黏度/mPa·s	208	230	245	263	278

由图 8-11 可以看出，当溶液黏度较低时，形成的不完全是纤维，而是纤维与珠粒的共同体，并且有较严重的断丝现象，这是因为喷射流在拉伸分化过程中，由于纺丝液黏度低，拉伸性能差，在电场中延展性差，因而出现了断裂现象，但是此时获得纳米纤维直径比较小。随着黏度的增加，纤维直径越来越大，断裂跟珠节现象也随之消失，纤维的形貌跟排列都较好，此时出丝率会下降，制备 PAN/PVP 纤维所需的时间也越长。当溶液浓度超过 24%，溶液黏度达到 500mPa·s 以上时，流动性太差，严重影响了纺丝的可能性。

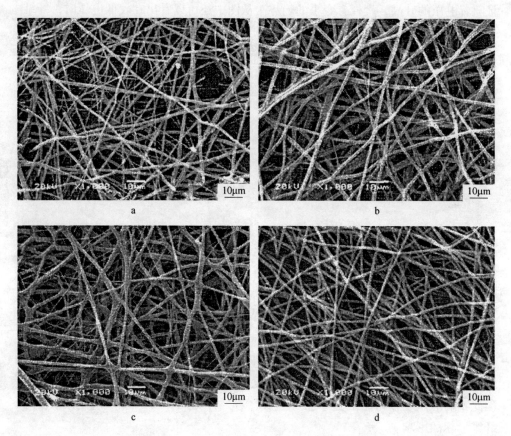

图 8-11　不同黏度下 PAN/PVP 溶液的 SEM 图

a—208mPa·s；b—230mPa·s；c—245mPa·s；d—263mPa·s

8.3.1.3　接收距离对 PAN/PVP 纤维制备的影响

在固定电压的情况下，理论上来说增加接收距离等同于减小电场强度，根据以上电压对纤维形貌的影响可知，纤维的直径应该增大，但是接收板上收集到的纤维却与理论上恰恰相反，图 8-12 是在其他外界条件固定，接收距离不同的情况下收集到的纤维的 SEM 图。

从图 8-12 中可以看出当接收距离从 18cm 增加到 25cm 时，纤维直径从 340nm 范围下降到 220nm 内，并且纤维分布也变得非常均匀。纤维直径变小的原因可能是接收距离的增加虽然减小了电场强度，但同时由于纤维从喷口出来到接收板的距离增加，这就增加了纤维的分裂机会，并且纤维中易挥发的物质也可以从纤维中恢复出去，两者共同作用使得纤维的平均直径变小。从图 8-12a 中还可以发现，纤维直径分布不均匀，有些直径明显比其他纤维小。这可能是在较短的

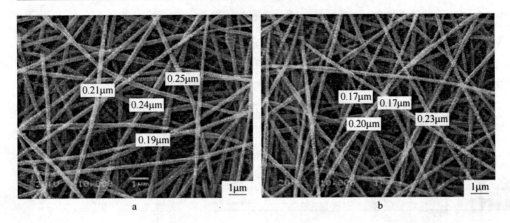

图 8-12　不同接收距离下的 PAN/PVP 复合纤维的 SEM 图

a—20cm；b—25cm

纺丝距离时，新生成的纤维中残留溶剂含量较高，一些大直径纤维受到较大电场力的作用时直接分裂成了两根较细的纤维。随着接收距离的增加，纤维丝中的溶剂会有更多的时间充分挥发，得到的纤维丝中溶剂含量也会大大减少，纤维直径趋向均匀。

8.3.1.4　静电纺丝工艺参数的优化

由静电纺丝各个因素对纤维表面形态的影响可以看出，很多组的影响因素参数可以制得直径小并且均匀的纳米纤维。每组工艺参数制得的纳米纤维也都各有特点，根据上面的实验结果，本实验选择影响静电纺丝的 3 个重要的参数作为因素水平，如表 8-5 所示，通过前面单因素实验的分析结果，我们选择 3 个纤维形貌较好的水平，以 L9（34）做正交实验，分析影响 PAN 纳米纤维直径的主要因素。结果如表 8-6 所示。

表 8-5　因素水平表

因　素	溶液浓度/%	电压/kV	距离/cm	电导率/pS·m^{-1}
	A	B	C	D
1	14	16	20	180
2	16	18	25	190
3	18	20	30	200

通过表 8-6 极差分析数据中的 R_j 比较可知，影响纤维直径因素排序为：溶液浓度 > 电压 > 接收距离。所以在静电纺丝过程中，溶液的浓度是最重要的影响因素，电压对纤维形貌的影响其次，接收距离的影响最小，但是接收距离是制得均匀平滑的纤维必不可少的影响参数。从以上正交实验可以得出最优化的实验方

案为：在浓度为16%，电压为18kV，接收距离为25cm时，可以制得直径小且均匀平滑的 PAN/PVP 纳米纤维。如图 8-13 所示。

表 8-6　极差分析数

水平	A	B	C	D	平均直径/nm
1	1	1	1	1	95
2	1	2	2	2	160
3	1	3	3	3	210
4	2	1	2	3	550
5	2	2	3	1	210
6	2	3	1	2	490
7	3	1	1	2	690
8	3	2	1	3	430
9	3	3	2	1	310
I_j	465	1335	895	615	
II_j	1250	770	1200	1340	
III_j	1460	1010	1110	1190	
R_j	995	565	305	725	

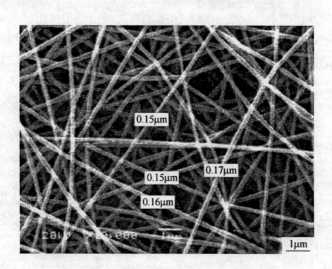

图 8-13　最优化工艺条件制得的 PAN/PVP SEM 图

8.3.2　PAN/PVP 复合纤维的 TG-DTA 分析

聚丙烯腈纤维的耐热性能是决定其应用的一个重要因素。通常情况下，聚合物受热时，会发生两类反应，一类是物理变化，如软化、熔融等；另一类是化学变化，例如氧化反应和环化反应等。其中化学反应是影响纤维性能的一个重要变化。聚丙烯腈在预氧化过程中发生环化反应、氧化反应、脱氧反应及分解反应等。对于预氧化过程中发生的环化反应还没有直接证据来证明，对聚丙烯腈分子内、分子间环化反应发生的先后顺序仍有争议。本书利用 TG-DTA 图分析了 PAN/PVP 复合纤维的热性能。如图 8-14 所示。

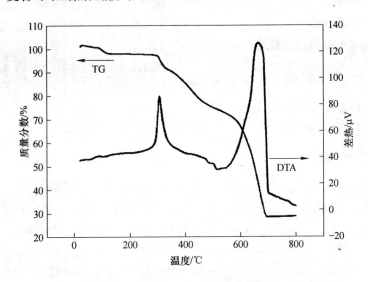

图 8-14　PAN 及 PAN/PVP 的热重-差热（TG-DTA）图

由图 8-14 可见，纤维的失重大致可以分为三阶段：第一阶段是起始温度到 300℃之间，这一阶段的失重主要是由于纤维中所含水分的受热蒸发所致；第二阶段是 300~460℃之间，随着温度的升高纤维的失重越来越明显，这是由于分子内环化或者分子间交联及氧化、脱氧等反应生成 H_2、HCN、CO、CO_2 等所致。在 650℃时最大失重可达 34.7%，之后失重曲线变得较平缓，表明 PAN/PVP 已逐渐分解，在 260~650℃范围内失重非常明显，这是由于 PAN 和 PVP 的热分解所致，在 680℃时失重达 27.8%。在 700℃时 PAN 的产率为 24.8%，这说明此时 PAN 已基本分解完全。

8.3.3　PAN/PVP 复合纤维的预氧化分析

8.3.3.1　PAN/PVP 复合纳米纤维 EDS 分析

将制备的 PAN/PVP 复合纳米纤维分别在 230℃、250℃、270℃进行预氧化，通过能谱测定预氧化过程中纤维中 C、O、N 等元素含量的变化，结果如表 8-7 所示。

表8-7　不同预处理温度时的元素分析

温度/℃	230	250	270
C 含量/%	75.22	73.74	72.87
N 含量/%	18.75	18.68	18.62
O 含量/%	6.03	7.58	8.51

由于 PAN 和 PVP 属于聚合物，因此它们的分子量就存在不确定性，所以制备出来的纤维原丝中的 C、H、O、N 等主要元素的含量也会略有不同。预氧化阶段由于在空气中进行，因此空气中的氧会参与反应。从表8-7 可以看出随着预氧化温度和时间的增加，纤维中氧元素的含量也随之增加，在 270℃ 左右达到一个最大值，随着温度的升高，又因为脱水和环化会导致氧元素含量有所下降；鉴于能谱分析不能检查出纤维中 H 元素的含量，但是通过分析可以得知，由于预氧化过程中脱氢反应的存在，纤维中的氢元素含量也会有所下降。

8.3.3.2　PAN/PVP 复合纳米纤维 FT-IR 分析

图8-15 为 PAN/PVP 复合纤维与预氧化后纤维的 FT-IR 图谱，PAN 的特征光谱是在 2220 ~ 2260cm⁻¹ 处的 —C≡N 三键伸缩振动，从图8-15a 中可以看出，经过复合后，PAN 在 2220 ~ 2260cm⁻¹ 处的特征峰变得很弱。从图8-15b 可以看出，经过预氧化后，PAN/PVP 在 2248cm⁻¹ 处的特征峰消失，并且在 810cm⁻¹ 处出现了新的特征峰。在 3440cm⁻¹ 的—OH 的伸缩振动峰有所减弱，这是因为纤维中水蒸发后水分子减少所致；在 1690cm⁻¹ 处有一个肩峰，是—C ＝O 的伸缩振动，说明在预氧化初期脱氧反应形成了不饱和结构。在 810cm⁻¹，芳环—C ＝C—H 谱带不断增强，说明预氧化过程中，环化和脱氧发展最终形成芳环结构。

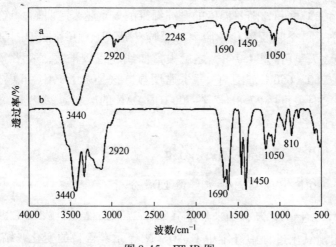

图8-15　FT-IR 图
a—PAN/PVP 复合纤维；b—预氧化后 PAN/PVP 复合纤维

随着预氧化温度的升高，由于分子间内聚能密度降低，纤维的力学性能也会下降。

8.3.4　PAN/PVP 复合纳米纤维的碳化活化分析

8.3.4.1　XRD 结果分析

图 8-16a 为 PAN/PVP 复合纤维的 XRD 图，在 $2\theta = 16.9°$ 附近为 PAN 纤维的特征峰，图 8-16b 为 PAN/PVP 复合纤维经过 700℃碳化活化后 XRD 图，从图中可以看出，经过碳化活化后 PAN 纤维的特征峰消失，说明经过碳化后非碳元素逐步驱除，碳元素得到富集；700℃之后，纤维的结构开始向乱层石墨结构转化，纤维的结构随之逐步固定下来。700℃之后随着碳化的进行，同时进行活化，有利于多孔碳结构的形成。

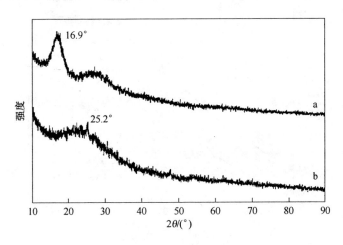

图 8-16　XRD 图

a—PAN/PVP 纤维；b—PAN/PVP 活性碳纤维

8.3.4.2　活化对 PAN/PVP 活性碳纤维的影响

将制备好的样品置于球形容器中抽真空，当真空度达到要求后首先升温到 100℃，升温速率为 10℃/min，保持 1h 后继续升温，升温速率为 10℃/min，达到 300℃后停止升温并保持 3h。将预处理过的样品置于 BET 测试仪，测试过程必须在液氮气氛中进行，在样品中取 7 个点进行表征。结果如表 8-8 所示。

表 8-8　PAN/PVP 活性碳纤维的孔容和比表面积

样　品	比表面积/m²·g⁻¹	总孔容/cm³·g⁻¹	微孔孔容/cm³·g⁻¹	中孔孔容/cm³·g⁻¹
复合活性碳纤维	1042	0.4735	0.4221	0.0514
市售活性碳纤维	986	0.3866	0.3465	0.0401

经过活化后 PAN/PVP 活性碳纤维的收率可以达到 80%，纤维的比表面积明显增大，并且出现了微孔和中孔结构，其中微孔占 90% 左右。

8.4　活性碳纤维吸附低浓度 SO_2 实验的研究

8.4.1　SO_2 浓度对吸附率的影响

由于本书的研究内容是基于燃料电池的应用，因此本实验在温度为 60℃，SO_2 流速为 35mL/min，甲醛吸收液体积为 100mL 时，考察了 PAN/TBT 活性碳纤维和 PAN/PVP 活性碳纤维对 SO_2 的吸附率随浓度的变化。结果如图 8-17 所示。

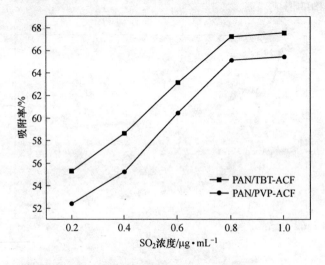

图 8-17　SO_2 浓度对吸附率的影响

从图 8-17 可以看出，两种活性碳纤维的吸附率都随着 SO_2 的浓度增加而升高，当 SO_2 的浓度为 0.8μg/mL 时，吸附率增加速率变小。这是由于吸附柱中活性碳纤维的吸附容量达到了饱和，因此吸附率会逐渐下降，直到保持不变。当 SO_2 浓度为 0.8μg/mL 时，PAN/TBT-ACF 和 PAN/PVP-ACF 对 SO_2 吸附率达到最大，分别为 67.5% 和 65.4%。从图 8-17 还可以看出，PAN/TBT-ACF 对 SO_2 的吸附率明显高于 PAN/PVP-ACF。

8.4.2　吸附柱高度对吸附率的影响

在 SO_2 浓度为 0.8μg/mL，SO_2 气体流速 35mL/min，甲醛吸收液体积为 100mL 时，考察了 PAN/TBT 活性碳纤维和 PAN/PVP 活性碳纤维对 SO_2 的吸附率随吸附柱高度的变化。结果如图 8-18 所示。

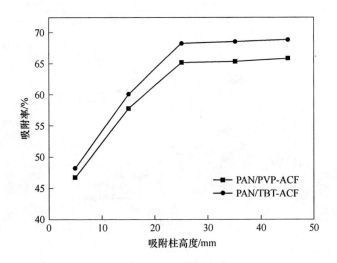

图 8-18　吸附柱高度对吸附率的影响

图 8-18 为不同吸附柱高度条件下，PAN/TBT-ACF 与 PAN/PVP-ACF 对 SO$_2$ 吸附率的影响曲线图，从图中可以看出，随着吸附柱高度的增加，两种纤维对 SO$_2$ 的吸附率也随之升高，但当吸附柱高度为 25mm 时，活性碳纤维对 SO$_2$ 的吸附率增加明显变缓，逐渐趋近于水平，PAN/TBT-ACF 和 PAN/PVP-ACF 的吸附率分别在 68.9% 和 65.8% 附近达到极大值，由此可见，最佳的吸附柱高度为 25mm。从图中还可以看出 PAN/TBT-ACF 对 SO$_2$ 的吸附率明显高于 PAN/PVP-ACF 对 SO$_2$ 的吸附率。

8.4.3　吸附温度对吸附率的影响

在吸附柱高度为 25mm，SO$_2$ 浓度为 0.8μg/mL，流速为 35mL/min，甲醛吸收液体积为 100mL 时，考察了 PAN/TBT 活性碳纤维和 PAN/PVP 活性碳纤维对 SO$_2$ 的吸附率随吸附温度的变化。结果如图 8-19 所示。

图 8-19 为不同吸附温度对 PAN/TBT-ACF 与 PAN/PVP-ACF 吸附率的影响曲线图，从图中可以看出，随着吸附温度的升高，活性碳纤维对 SO$_2$ 的吸附率有逐渐下降的趋势，其原因分析如下，在实验室条件下，活性碳纤维对 SO$_2$ 的吸附主要依靠的是物理吸附，而物理吸附属于放热反应，因此随着温度的升高，活性碳纤维对 SO$_2$ 的物理吸附能力会逐渐下降，但是变化不大。从图 8-19 还可看出 PAN/TBT-ACF 对 SO$_2$ 的吸附率明显高于 PAN/PVP-ACF 对 SO$_2$ 的吸附率。

通过对不同吸附条件下活性碳纤维对 SO$_2$ 吸附率的分析，可以看出 PAN/TBT-ACF 对 SO$_2$ 的吸附效果明显好于 PAN/PVP-ACF 对 SO$_2$ 的吸附效果。

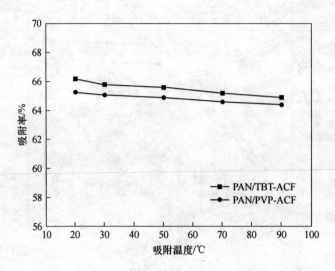

图 8-19　吸附温度对吸附率的影响

9 改性纳米碳纤维材料脱除水中重金属离子的应用

9.1 实验方法及表征

9.1.1 实验材料及设备仪器

9.1.1.1 实验材料

本实验所用的主要材料和试剂列于表9-1。

表 9-1 实验材料

原料及试剂	规　格	生　产　厂　家
氯化镉（$CdCl_2 \cdot 2.5H_2O$）	AR	国药集团上海化学试剂有限公司
氯化亚铁（$FeCl_2 \cdot 4H_2O$）	AR	天津市福晨化学试剂厂
氯化铁（$FeCl_3 \cdot 6H_2O$）	AR	天津市福晨化学试剂厂
氯化镍（$NiCl_2 \cdot 6H_2O$）	AR	国药集团上海化学试剂有限公司
氯化铜（$CuCl_2 \cdot 2H_2O$）	AR	国药集团上海化学试剂有限公司
氯化锌（$ZnCl_2 \cdot 7H_2O$）	AR	国药集团上海化学试剂有限公司
氮气	99.999%	大连光明特气化工研究所
乙炔气	>99.6%	大连光明特气化工研究所
电弧放电法制备的碳纳米管	—	自制
CVD 法制备的碳纳米管	—	深圳纳米港公司
煤基微米碳纤维	—	自制

9.1.1.2 实验设备

实验所用的设备列于表9-2。

表 9-2 实验中所用的设备

仪　器　设　备	生　产　厂　家
DF-101B 集热式恒温加热磁力搅拌器	河南省巩义市英峪予华仪器厂
202-0 型电热恒温干燥箱	上海阳光实验仪器有限公司
梅特勒-托利多 Delta320-S pH 计	梅特勒-托利多仪器（上海）有限公司

仪 器 设 备	生 产 厂 家
HY-4 调速多用振荡器	河南省巩义市英峪予华仪器厂
SHA-C 恒温振荡器	常州国华电器有限公司
电子分析天平	奥豪斯国际贸易（上海）有限公司
SYZ-550 型石英亚沸高纯水蒸馏器	江苏省金坛市科析仪器有限公司
DLSB-5L/25 低温冷却液循环泵	河南省巩义市英峪予华仪器厂

9.1.1.3　分析仪器

实验所用的分析仪器列于表 9-3。

表 9-3　实验中所用的分析仪器

仪 器 设 备	生 产 厂 家
JSM-5600LV 型扫描电子显微镜	日本 JEOL 公司
Tecnai G^2 20 型透射电子显微镜	日本 Philips 公司
ASAP2010 物理吸附仪	美国 Mieromeritics 公司
Nicolet AVATAR 360 系列傅里叶变换红外光谱仪	美国 Nieolet 公司
X 射线光电子能谱仪（VG ESCALAB MK2）	英国 VG 科学仪器公司
DMS Titrino716 全自动滴定仪	瑞士 Metrohm 公司
原子吸收分光光度计（UNICOM 969）	英国 Unicom 公司
离子色谱（DIONEX ICS-90）	美国 Dionex 公司

9.1.2　实验过程

9.1.2.1　吸附剂及其处理过程

（1）电弧放电法制备的碳纳米管。以光谱纯石墨棒为原料，用传统电弧放电法制备的碳纳米管，标记为 ADCNTs。碳纳米管放入浓硝酸中，在 140℃下回流煮沸 4h，立即用去离子水稀释至室温，并真空过滤、反复洗涤至滤液中性。然后将氧化处理后的碳纳米管放入干燥炉中 100℃烘干，玛瑙研钵研磨至粉末状备用，并标记为 ADCNTs-ox。

（2）气相沉积法制备的碳纳米管。购自深圳纳米港有限公司的碳纳米管，标记为 CVDCNTs。经浓硝酸在 140℃下回流 4h，之后用去离子水清洗，过滤，100℃烘干，研磨至粉末状储藏待用，标记为 CVDCNTs-ox。

（3）煤基微米碳纤维。所用煤基微米碳纤维来自本课题组。煤基微米碳纤维的制备采用传统电弧放电法制备而成。来自中国的无烟煤做成炭棒作为碳源来制备煤基微米碳纤维。煤基炭棒的制备方法步骤为：

1）首先将无烟煤进行干燥、粉碎（100~200 目）等预处理，然后与黏结剂（煤焦油）搅拌并混合均匀，由于煤的组成和性质不同，煤焦油的添加量也不同，实验中的用量与煤样的质量比为 30~80，然后在一定压力下（10~20MPa）制成强度符合要求的煤棒。

2）将制好的煤棒置于电炉内进行炭化处理，并通入一定量的 N_2 进行保护（流量为 5mL/min），用温控仪控制升温速率，炭化过程中的升温过程为：室温~500℃（5℃/min，在 500℃恒温 60min）；500~900℃（3℃/min，900℃下恒温 2~4h）；再由 900℃冷却至室温。炭化后得到强度较高，热稳定性也较好的炭棒（直径为 9~10mm），其比电导率小于 2S/100mm，表面较为光滑。制好的煤基炭棒作为阳极进行电弧放电实验。为了排除空气的影响，进行抽真空并用氮气反复吹扫 3 次，再用氦气吹扫 1 次，最后充入氦气/乙炔气（$V/V=4:1$）混合气体，控制压力为 0.05MPa。电弧放电时间通常为 3min，放电结束后，在阳极表面沉积有很厚一层煤基微米碳纤维，标记为 CCFs。实验制备的煤基微米碳纤维用浓硝酸在 140℃下氧化 4h。氧化后，标记为 CCFs-ox。

9.1.2.2 吸附实验

将分析纯氯化亚铁、氯化铁、氯化镍、氯化铜、氯化锌、氯化镉溶于二次蒸馏水中，配制浓度为 1000mg/L 的储备液，大约 0.005mol 盐酸预先加入到每一种储备液中以防水解，储备液密封低温存储备用。吸附实验在 250mL 锥形瓶中进行。

吸附量计算公式如式（9-1）所示：

$$q = \frac{(C_0 - C_e)V}{W} \tag{9-1}$$

式中　q——对应离子的吸附量；

　　　C_0——离子的初始浓度，mg/L；

　　　C_e——离子的平衡浓度，mg/L；

　　　V——溶液体积，L；

　　　W——吸附剂质量，g。

A　时间对吸附的影响

Cd(Ⅱ)离子在碳纳米管上的吸附：稀释出 1L 镉离子浓度为 2mg/L 的溶液。用移液管移取 100mL 上述溶液到预先称量 0.20g 碳纳米管的锥形瓶中，按预先设定的时间依次放入振荡器上振荡，最终所有溶液同时取出，立即过滤测量溶液的浓度。所得数据绘制成动力学曲线。预设时间分别为：10min、20min、40min、60min、120min、180min、240min。

Fe(Ⅱ)、Fe(Ⅲ)离子在碳纳米管上的吸附：初始浓度分别为 2mg/L、3mg/L、4mg/L。吸附剂用量：0.20g。

Ni(Ⅱ)、Cu(Ⅱ)、Zn(Ⅱ)、Cd(Ⅱ)离子在碳纳米管上的竞争吸附：初始浓度为 0.025mmol/L。吸附剂用量：0.15g。

Cd(Ⅱ)离子在煤基微米碳纤维上的吸附：初始浓度为 3mg/L。吸附剂用量：0.05g。

B　pH 值对吸附的影响

Cd(Ⅱ)离子在碳纳米管上的吸附：稀释出 2L 镉离子浓度为 3mg/L 的溶液。用移液管移取 100mL 上述溶液到预先称量 0.2g 碳纳米管的锥形瓶中，用稀硝酸和稀氢氧化钠控制 pH 值在 2.00~12.00。室温下将锥形瓶置于振荡器上振荡 6h后立即过滤测量溶液中阴阳离子的浓度。绘制出溶液 pH 值对镉离子和氯离子在碳纳米管上吸附的影响曲线。

其中去除率计算公式如式（9-2）所示：

$$去除率 = \frac{C_0 - C_e}{C_0} \times 100\% \tag{9-2}$$

式中　C_0——离子的初始浓度，mg/L；

　　　C_e——离子的平衡浓度，mg/L。

Fe(Ⅱ)、Fe(Ⅲ)离子在碳纳米管上的吸附：初始浓度为 3mg/L。吸附剂用量：0.20g。

Ni(Ⅱ)、Cu(Ⅱ)、Zn(Ⅱ)、Cd(Ⅱ)离子在碳纳米管上的竞争吸附：初始浓度为 0.025mmol/L。吸附剂用量：0.15g。

Cd(Ⅱ)离子在煤基微米碳纤维上的吸附：初始浓度为 3mg/L。吸附剂用量：0.05g。

C　浓度对吸附的影响

Cd(Ⅱ)离子在碳纳米管上的吸附：稀释出 250mL 不同初始浓度（1~5mg/L）的镉离子溶液。用移液管移取 100mL 上述溶液到预先称量 0.20g 碳纳米管的锥形瓶中。用稀硝酸和稀氢氧化钠控制溶液 pH 值为 3.50、5.50、6.50。室温下将锥形瓶置于振荡器上振荡 6h 后立即过滤测量溶液中镉离子和氯离子的浓度。所得数据绘制成镉离子和氯离子在碳纳米管上吸附的吸附等温线。

Fe(Ⅱ)、Fe(Ⅲ)离子在碳纳米管上的吸附：初始浓度分别为 2~10mg/L。吸附剂用量：0.20g。用稀硝酸和稀氢氧化钠控制溶液 pH 值为 2.50、2.90、3.20。

Ni(Ⅱ)、Cu(Ⅱ)、Zn(Ⅱ)、Cd(Ⅱ)离子在碳纳米管上的竞争吸附：在单组分体系中，初始浓度范围为 1~5mg/L 的水溶液中。在二元体系中，金属离子初始的摩尔比设定为 0.5，1.0 和 2.0。而对于三元体系和四元体系，金属离子初的摩尔比则设定为 1:1:1 及 1:1:1:1。吸附剂用量:0.15g。测量标准曲线中的标准溶液 10 次,计算相对标准偏差结果如下:Ni:0.5%,Cu:0.4%,Zn:0.3%,Cd:0.2%。相对误差的平均值为:Ni:1.6%,Cu:1.7%,Zn:1.8%,Cd:3.8%。

Cd(Ⅱ)离子在煤基微米碳纤维上的吸附:初始浓度为 1~5mg/L。吸附剂用量:0.05g。用稀硝酸和稀氢氧化钠控制溶液 pH 值为 4.50、5.50、9.50。

D 温度对吸附的影响

为了研究 Fe(Ⅱ)和 Fe(Ⅲ)离子在碳纳米管上吸附的热力学特性,将 0.20g浓硝酸氧化后的碳纳米管放入 100mL 的 Fe(Ⅱ)和 Fe(Ⅲ)离子的溶液中,溶液的初始浓度范围为 2~10mg/L,步长为 2mg/L。随后将溶液放置在振荡器上,分别在 10℃,20℃,30℃的实验条件下振荡,直到吸附达到平衡。立即过滤测量溶液的浓度。所得数据绘制成吸附热力学曲线,并计算碳纳米管吸附 Fe(Ⅱ)和 Fe(Ⅲ)离子的热力学参数。

所有实验用水均为二次蒸馏水。

9.1.3 样品表征

9.1.3.1 表面形貌

采用日本 JEOL 公司生产的 JSM-5600LV 型扫描电子显微镜(Seanning Electron Microscopy,SEM)观测氧化前后碳纳米管及煤基微米碳纤维的表面形貌,操作电压 20kV。扫描电镜制样是在导电胶上粘上微量的分析样品,呈薄薄一层即可。

9.1.3.2 微观结构

用日本 Philips 公司 Teenai G^2 20 型透射电子显微镜(Transmission Electron Microscopy,TEM)观测氧化前后碳纳米管的微观结构。具体测试步骤为:取少量样品,置于一定量的乙醇溶液中,将混合液超声处理约 2min,然后取几滴混合溶液于覆有碳膜的铜网上,晾干后进行分析,测试加速电压为 200kV。

9.1.3.3 零点电荷 pH 值(pH$_{PZC}$)

采用 pH 漂移的方法对氧化前后碳纳米管及微米碳纤维的零电荷点(pH$_{PZC}$)进行表征,用以评价吸附剂表面的电荷。0.01mol/L NaCl 溶液的 pH 值用稀 HCl和稀 NaOH 调节至 2.00~12.00。室温下溶液通入氮气用以去除溶解的二氧化碳,使溶液的 pH 值稳定。0.15g 的碳纳米管及微米碳纤维加入到 25mL 溶液中。pH值稳定后(通常 24h),最终的 pH 值被记录。以初始 pH 值为横坐标,以最终 pH

值为纵坐标作图，曲线与直线 $y\text{-}x$ 的交点即为碳纳米管及微米碳纤维的 pH_{PZC} 值。

9.1.3.4　比表面积和孔结构的测定

用美国 Mieromeritics 公司生产的 ASAP2010 物理吸附仪，在 77K 下，采用 N_2 吸附法测定吸附剂的比表面积和孔体积的大小，具体测试过程：样品首先在 393K 条件下抽真空达到 10^{-4}torr，并在真空条件下处理 10h 以完全脱除样品中物理吸附的水分子。然后根据静态法测量吸附-脱附等温线，由 BET 理论计算材料的比表面积（S_{BET}）；t-plot 法计算吸附剂的微孔体积（V_{mic}）；由相对压力为 0.99 时的氮气吸附量计算总孔体积（V_t）；采用密度泛函方法（DFT）确定吸附剂的孔大小分布；中孔体积（V_{mes}）采用 V_t 减去 V_{mic} 获得。

9.1.3.5　傅里叶变换-红外光谱分析

用美国 Nicolet 公司生产的傅里叶变换红外光谱仪（Nicolet AVATAR 360 E. S. P. FTIRs Pectrometer）测定吸附剂表面的化学官能团。带有 DTGS KBr 检测器的光谱仪由计算机软件 EzoMNIC5.0 控制，所有的数据测试范围为 4000 ~ 400cm^{-1}，平均 64 倍扫描，4cm^{-1} 的解析度，扫描时扣除 CO_2 的干扰。测试前，碳纳米管及微米碳纤维用溴化钾以 1/50 的比例均匀研磨，粉末在 10t/m^2 的压力下压制成片。

9.1.3.6　X 射线光电子能谱分析

采用 X 射线光电子能谱仪（VG ESCALAB MK2 X-ray photoelectron speetrometer）对碳纳米管进行表征。阳极为铝（Al K_a = 1486.6eV），X 射线光源功率为 250W。分析室的测定压力为 $6 \times 10^{-7} \sim 2 \times 10^{-6}$Pa。测试前样品进行压片处理。高解析扫描分别得到 C1s（275 ~ 300eV）、O1s（522 ~ 547eV）、Cd3d（400 ~ 425eV）、Cl2p（190 ~210eV）谱图。所有键能都以 C1s 峰（284.3eV）为基准。

9.1.3.7　电位滴定分析

使用 DMS Titrino 716 全自动滴定仪（potentiometrie titration，瑞士 Metrohm 公司）测定碳纳米管表面化学特征。716DMS 型自动电位滴定仪基于电位滴定原理，即向试液中滴加能与待测物质进行化学反应的一定浓度的试剂，并在滴定过程中监测指示电极的电位变化，根据反应达到等当点时，待测物质浓度的突变所引起的电位突跃来确定终点，从而进行定量分析。该仪器具有滴定、统计计算、校正、方法存储、测量等多种功能，其滴定、数据处理、结果打印全部自动化。

实验测试 pH 值范围为 3 ~ 10。详细实验过程如下：将 0.1g 样品与 0.01mol/L

$NaNO_3$ 标准溶液 50mL 混合，温度通过自动调温器控制在 298K。N_2 保护下，连续搅拌 12h 以使电解液平衡。采用 0.1mol/L 的 NaOH 标准溶液作为滴定剂连续滴定上述的悬浮液。

碳纳米管的表面特性首先用电位滴定实验来评价。实验假设碳纳米管表面的活性位可以用连续的 pK_a 分布 $f(pK_a)$ 来描述。所得实验数据可以转换成质子结合等温曲线。Q 代表和 pK_a 分布相关的质子位总量。其积分形式表达式如式（9-3）所示：

$$Q(\text{pH}) = \int_{-\infty}^{+\infty} q(\text{pH}, pK_a) f(pK_a) \mathrm{d}pK_a \qquad (9\text{-}3)$$

方程通过计算程序来求解。基于酸常数谱图和样品的处理过程相结合，评价碳纳米管详细的表面化学特性。

9.1.3.8 阴离子浓度检测

离子色谱（DIONEX ICS-90，Dionex，American）测定溶液中氯离子浓度，Dionex ICS-90 睿智型离子色谱仪，Chkromeleon 6.7 中文版色谱工作站。所用淋洗液（Na_2CO_3）及再生液（H_2SO_4）购自戴安公司。阴离子标准储备液（1000mg/L）购自国家标准物质中心。所有用水均为超纯水，电阻率低于 $1\mu S \cdot cm$。

色谱所用分离柱：Dionex IonPac AS9-HC 分离柱，5mmol/L Na_2CO_3 缓冲溶液等度淋洗，AMMS Ⅲ-4mm 阴离子抑制器，DS5 电导检测器。淋洗液流速为 1.0mL/min，进样体积为 $10\mu L$。样品前处理要求用 $0.22\mu m$ 微孔滤膜过滤，测量前，用购自戴安公司的氢柱交换掉金属离子。

9.1.3.9 阳离子浓度检测

实验采用原子吸收分光光度计（Unieom 969，Unieom Analytical Systems，Cambridge，U.K.）来测定金属离子浓度。元素灯的灯电流设定为 50%。采用氘灯背景校正，使用空气/乙炔气火焰炉测定。稀释过程用水为二次蒸馏水。使用 Solaar 32 软件来控制实验过程。标准曲线的线性相关系数设定值大于 0.995。实验工作标准曲线标准溶液的配制由 1g/L 的浓标准溶液（北京纳克分析仪器有限公司，中国）经二次稀释而成。

对于镉离子的检测：波长设定 228.8nm。实验工作标准曲线采用 1mg/L，2mg/L，3mg/L 的标准溶液。

对于铁离子的检测：波长设定 248.3nm。实验工作标准曲线采用 1mg/L，2mg/L，5mg/L 的标准溶液。

对于镍离子的检测：波长设定 232.0nm。实验工作标准曲线采用 2mg/L，4mg/L，6mg/L 的标准溶液。

对于铜离子的检测：波长设定 324.7nm。实验工作标准曲线采用 1mg/L，2mg/L，3mg/L 的标准溶液。

对于锌离子的检测：波长设定 213.9nm。实验工作标准曲线采用 0.5mg/L，1mg/L，1.5mg/L 的标准溶液。

9.2　碳纳米管对水溶液中镉离子的吸附

碳纳米管是一种新型材料，具有一维的纳米级尺度、中空的层状结构、大的比表面积、良好的化学稳定性和热的稳定性等优点，作为吸附材料和载体材料在储氢、污水处理等方面具有广阔的应用前景。碳纳米管在金属离子吸附等方面的研究刚刚起步，但发展迅速，逐步成为吸附领域的研究热点。

碳纳米管经氧化剂氧化处理后，其表面化学性质发生了变化，可以引进丰富的表面官能团结构，目前所用的氧化剂为浓硝酸、过氧化氢、高锰酸钾、次氯酸等。对于相同的碳纳米管，由于氧化剂的不同，氧化后吸附剂表面化学性质各异，从而导致了吸附能力的不同。Li 等还用不同的原料及催化剂通过 CVD 法制备出不同形貌的碳纳米管并用相同的氧化方法进行表面改性，以其吸附水溶液中的铅离子。比较发现铅离子在碳纳米管上的吸附能力也存在差异。不同方法制备的碳纳米管结构不同，经相同的氧化处理后，可能导致吸附效果各异。以电弧放电法制备的碳纳米管为例，其管壁层数多，石墨化程度高，表面结构缺陷相对少，且多数为闭口结构，氧化后引入的官能团数量相对少。而对于 CVD 法制备的碳纳米管，管壁层数相对少，石墨化程度低，表面结构缺陷多，氧化处理一方面能破坏碳管的端部，致使其开孔，另一方面也能引进更多的表面官能团结构，从而使其吸附能力得到提高。

利用各种方法修饰的碳纳米管用来从水溶液中去除金属离子，可由于其在水溶液中吸附的复杂性，吸附剂表面的金属离子存在状态还没有被详细研究。尽管这些材料的吸附距离现实的应用很远，但这种机理性研究可以为复杂体系的吸附机理提供一些依据。

本章以电弧放电方法制备的碳纳米管（ADCNTs）和气相沉积方法制备的碳纳米管（CVDCNTs）为吸附剂，研究氯化镉水溶液中镉离子在浓硝酸氧化前后两种碳纳米管上吸附的机理。基于表面化学和吸附剂本身结构的研究将被深入讨论。使用碳纳米管作为吸附剂研究金属离子在其上吸附的好处是其缺少明显的微孔结构，这就消除了内表面扩散的限制，而内表面扩散会影响微孔材料作为吸附剂的吸附性能。同时基于研究吸附剂活性表面官能团和吸附质之间的吸附反应的新研究工具 XPS 表征将用于本研究来阐明镉离子在碳纳米管上去除的机理。吸附后镉物种与吸附剂表面的活性官能团如果成键，则对应的元素的键能将相应的有所偏移，通过这一特征来进一步确认吸附后表面的化学特征。

9.2.1　吸附剂的表征分析

图9-1是氧化处理前后两种碳纳米管的扫描电镜照片。从图中可发现，对于 ADCNTs 和 ADCNTs-ox，氧化前后碳纳米管都是长的、直的。而对 CVDCNTs 和 CVDCNTs-ox 来说，都是弯曲的。基于碳纳米管的宏观形态可以预测，由于不同的空间构成，至少在大孔孔容上存在差异。对于 ADCNTs，氧化后，杂质明显被去除，导致了"致密"结构。这可能是由于氧化过程致使管间分散性增加所致。

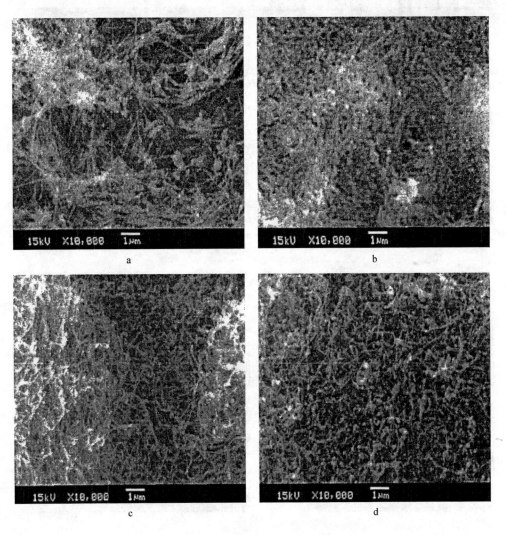

图9-1　碳纳米管的扫描电子显微镜照片

a—ADCNTs；b—ADCNTs-ox；c—CVDCNTs；d—CVDCNTs-ox

　　氧化处理前后两种碳纳米管的 TEM 照片见图 9-2。从图中可发现两种碳纳米管的平均内径约 10nm，外径约 30nm，长度由数百纳米到数微米不等。对于氧化前后的 ADCNTs 都是直线形，多壁。无论氧化前后在碳纳米管中间夹杂着一些同源的具有石墨结构的碳粒子。并且氧化碳纳米管的形貌没有变化。这表明浓硝酸氧化后，碳纳米管的结构没有改变。对于氧化前后的 CVDCNTs，无论氧化前还是氧化后，碳纳米管都是弯曲的，这是由于其上存在缺陷结构所致。理想碳纳米管是由石墨层卷曲而成，石墨层由六圆环连接而成。而对于气相沉积的碳纳米管来说，由于其复杂的制备过程所致，其间会插入五圆环和七圆环，致使产生缺

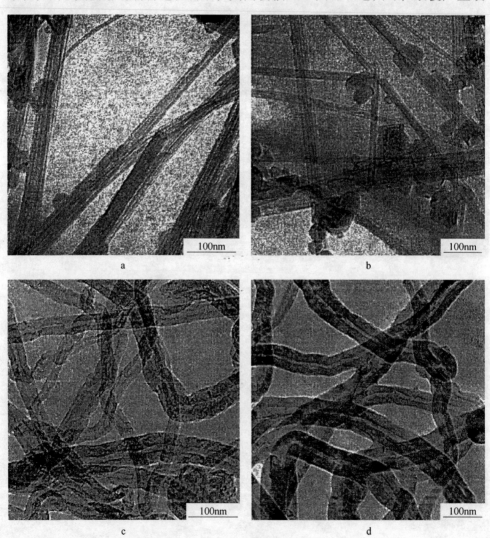

图 9-2　碳纳米管的 TEM 照片

a—ADCNTs；b—ADCNTs-ox；c—CVDCNTs；d—CVDCNTs-ox

陷；另一种缺陷可能是由于碳原子发生了 Sp3 杂化。正是这些结构上的缺陷和杂化为金属在其上的吸附提供了活性位。还可看出，氧化后结构没有发生变化。

在 77K 下采用氮气吸附仪进行孔结构分析。根据吸附等温线计算的相关参数列于表 9-4 中，通过对数据进行分析可知，材料完全可以被看作是非孔结构，其比表面积变化范围为 $10 \sim 90 m^2 / g$。对于 CVDCNTs-ox，微孔比例高达 14%。氧化之后，变化很明显。尽管由于杂质的去除以及管壁形成了缺陷，致使表面积和孔容增加了大约 35% 和 24%，碳纳米管表面仍以大孔为主。和 ADCNTs 相比，CVDCNTs 有更大的比表面积，这与 SEM 和 TEM 的观察一致。

表 9-4　由氮气吸附计算所得的吸附剂结构参数

样　品	$S_{BET}/m^2 \cdot g^{-1}$	$V_t/cm^3 \cdot g^{-1}$	$V_{mic}/cm^3 \cdot g^{-1}$	$V_{mes}/cm^3 \cdot g^{-1}$	$V_{mic}/V_t/\%$	pH_{PZC}
ADCNTs	12	0.064	0.006	0.058	9	7.54
ADCNTs-ox	19	0.068	0.007	0.061	10	4.35
CVDCNTs	66	0.196	0.025	0.171	13	6.31
CVDCNTs-ox	89	0.243	0.035	0.208	14	3.10

图 9-3 给出了氧化前后两种碳纳米管的孔尺寸分布。由图可知，氧化引起很小的变化，主要集中在孔径大于 30nm 的范围。对于氧化前后的 CVDCNTs，大于 1nm 左右有峰出现，并且氧化之后，孔容略有增加，这可能归功于弯曲碳纳米管的空间效应以及管壁的缺陷结构。和碳纳米管相貌相关的空间排布将导致 CVDCNTs 比 ADCNTs 在表面有更多的异质结构。尽管 1nm 左右出现微孔结构，但从孔容判断，其比例很小，可以忽略不计。我们仍把两种碳纳米管看成非孔结构。

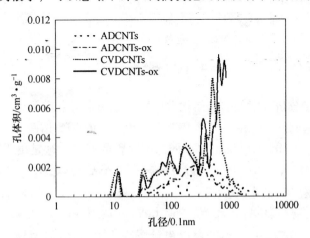

图 9-3　氧化前后碳纳米管的孔尺寸分布图

　　FTIR 是一种快速定性分析炭材料表面化学性质的测试方法。对于电弧放电法制备的碳纳米管，浓硝酸氧化处理没有明显改变其孔结构，但是可以用来改变其表面的化学性质。从图9-4 中可以看出，对于原始碳纳米管，在1080cm^{-1}，出现的强峰归属于碳纳米管表面的 C—O 官能团的伸缩振动。1730cm^{-1}归属于—CO—的伸缩振动。大于3000cm^{-1}的强宽谱带归属于表面烃基官能团的存在。原始碳纳米管表面官能团的存在可能是因为和空气中氧等发生弱氧化的结果。对于氧化的碳纳米管，所有的峰强都明显增强。很明显经过浓硝酸氧化处理后，碳纳米管表面的官能团比原始碳纳米管的增加了很多。对于 CVDCNTs，在1180cm^{-1}出现的强峰归属于碳纳米管表面的 C—O 官能团的伸缩振动。1730cm^{-1}归属于—CO—的伸缩振动。大于3000cm^{-1}的强宽谱带归属于表面羟基官能团。对于CVDCNTs-ox，所有的峰强都明显增强。这是由于经浓硝酸氧化，碳纳米管表面引进了更多的含氧官能团所致，这些官能团是镉离子通过离子交换过程吸附的吸附中心。增加的官能团还导致了吸附剂的 pH$_{PZC}$值下降，见表9-4。

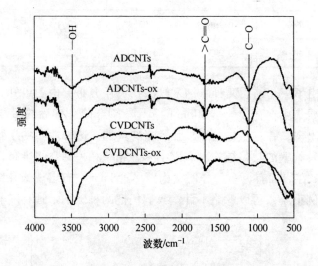

图9-4　碳纳米管的红外谱图

　　为了进一步分析吸附剂的表面化学性质，对吸附剂进行 XPS 分析。图9-5 和图9-6 给出了浓硝酸氧化前后碳纳米管 C1s 和 O1s 的 XPS 谱图。

　　从图中可以看出，C1s 和 O1s 谱图为不对称的峰形，这是由于其上有含氧官能团所致。图9-5 中，C1s 谱图可以被分解为4 个高斯类型的对称峰。除了主峰284.3eV 为石墨层碳之外，其他三个峰分别归属于官能团如羟基或者醚中的 C—O键(286.1eV)、羰基中的 C＝O 键(257.6eV)、羧基或酯中的—O—C＝O 键(约259.1eV)。图9-6 中，O1s 谱图可以被分解为4 个对称峰：531.1eV、532.3eV、533.3eV 和534.2eV。分别归属于官能团中 O＝C，酯、酐或羧酸中 C—O，酯、酐或羧酸中的 C =O，以及羟基中的 O—C。这些官能团进一步证明了红外的分析结果：氧化后，碳纳米管表面含氧官能团数量增加。

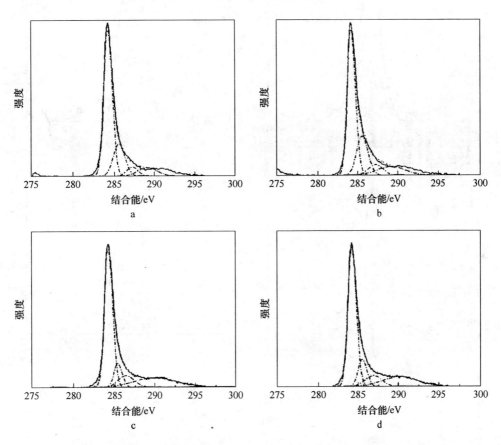

图 9-5　碳纳米管的 XPS 分析：C1s 谱图及其解析
a—ADCNTs；b—ADCNTs-ox；c—CVDCNTs；d—CVDCNTs-ox

基于峰面积分析可知，对于氧化后的碳纳米管表面，羧酸是主要含氧官能团。这一分析和 FTIR 的分析以及 pH_{PZC} 的结果一致。对于两种碳纳米管的原始样品，所有的官能团也存在于表面，解析表明羧基官能团含量非常少，这也和 FTIR 表征一致。

碳纳米管表面官能团的强度和数量定量分析可以通过电位滴定研究来得到。图 9-7 的氧化前后碳纳米管的质子吸收曲线表明：氧化之后，碳纳米管表面的酸性增强。这可以从质子释放量增加来判断（负的 Q 值）。正如 FTIR 及 XPS 表征所示，两种碳纳米管的原始样品也含有一定量、可测量的官能团。以氧化效果来说，CVDCNTs 要比 ADCNTs 氧化效果好。这可能要归因于在 CVDCNTs 表面存在大量的缺陷结构以及相对大的表面积。

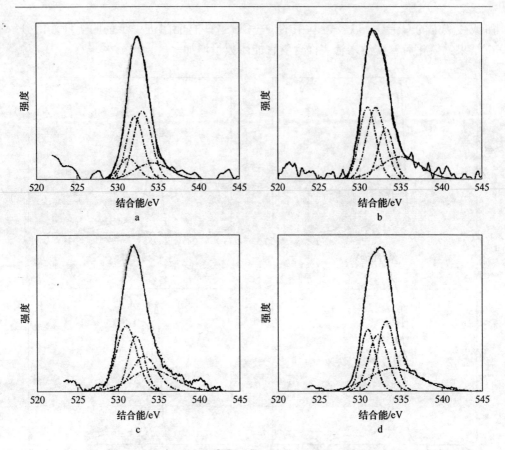

图 9-6　碳纳米管的 XPS 分析：O1s 谱图及其解析

a—ADCNTs；b—ADCNTs-ox；c—CVDCNTs；d—CVDCNTs-ox

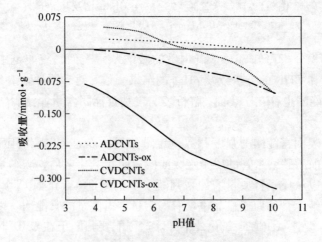

图 9-7　氧化前后碳纳米管的质子吸收曲线

对氧化前后碳纳米管的质子吸收曲线用 SAIES 程序处理就可得到酸度常数分布曲线，见图9-8。图中的每个峰的峰面积代表官能团的数量，其强度由对应峰的 pK_a 决定。尽管对于碳质材料表面来说用每一个特征峰对应某一有机官能团不可能实现，但是广泛来看，把 $pK_a < 8$ 的官能团归属于羧酸，而把 $pK_a > 8$ 的官能团归属于炭材料表面的—OH 还是得到认可的。

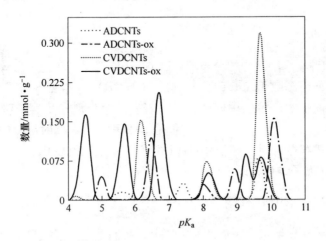

图9-8 氧化前后碳纳米管的酸度常数分布曲线

从图9-8 中可以看到，对于原始碳纳米管来说，CVDCNTs 所对应的峰要多，且峰强度要大一些，说明 CVDCNTs 的酸性要比 ADCNTs 的酸性强。而氧化之后，碳纳米管表面的异质结构增强，并且对于两种碳纳米管来说，新的强酸形成，尤其是在 $pK_a < 8$ 所对应的核酸官能团增强了，所得数据列于表9-5。表9-5 中的 pH 值尽管不能代表吸附剂的 pH_{PZC}，但它可以提供一个可比较的关于样品平均酸度（包括数量和强度）的信息。氧化的影响对于两种碳纳米管来说很类似：氧化后材料表面酸性有 3 个 pH 单位的增加。CVDCNTs-ox 酸性最强，ADCNTs 酸性最弱。这会影响到它们吸附镉的能力。

表9-5 电位滴定法测定的氧化前后碳纳米管表面官能团数量

样 品	pH 值	pK_a/mmol·g^{-1}						全部/m·mol·g^{-1}
		4～5	5～6	6～8	8～9	9～10	9～11	
ADCNTs	8.03		5.56 (0.005)	7.39 (0.010)	8.05 (0.010)	9.64 (0.025)		0.050
ADCNTs-ox	4.67	5.00 (0.013)		6.48 (0.036)	8.93 (0.017)		10.12 (0.058)	0.124
CVDCNTs	6.70	4.23 (0.002)		6.22 (0.053)	8.14 (0.025)	9.73 (0.108)		0.188

样　品	pH 值	$pK_a/mmol \cdot g^{-1}$						全部/
		4 ~ 5	5 ~ 6	6 ~ 8	8 ~ 9	9 ~ 10	9 ~ 11	$m \cdot mol \cdot g^{-1}$
CVDCNTs-ox	3.82	4.50 (0.059)	5.67 (0.054)	6.75 (0.071)	8.17 (0.021)	9.27 (0.028)	9.75 (0.031)	0.264

9.2.2　溶液分析

Cd(Ⅱ)物种在水溶液中的分布随溶液的 pH 值变化而变化。当 pH < 8.00 时，溶液中主要物种由 Cd^{2+} 和 Cd(OH)$^+$ 过渡到 Cd(OH)$^+$。根据 Stumm 和 Morgan 报道，这些多价离子的水解的中间体，比非轻基的金属离子更容易吸附在固液界面。当 pH > 8.00 时，溶液中的主要物种是 $Cd(OH)_{2(s)}$。此时溶液中的镉离子主要以沉淀的形式存在。对于溶液中的 Cl 离子，在酸性范围内，随着 pH 值的减小，逐渐和 Cd 离子结合，以 CdCl$^+$ 的形式存在于溶液中。

9.2.3　氯离子在吸附中的作用

为了全面考察碳纳米管表面的吸附情况，我们首先考察氯离子在吸附中所起的作用。

9.2.3.1　pH 值对氯离子吸附的影响

图 9-9 给出了 pH 值对氯离子在碳纳米管上吸附的影响曲线。

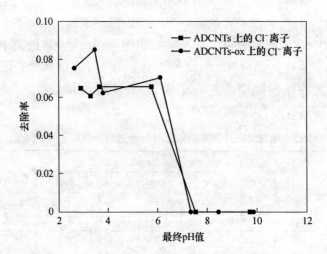

图 9-9　溶液 pH 值对氯离子在碳纳米管上吸附的影响

由图 9-9 可知，当 pH < 7.00 时，去除率随着 pH 值的增加几乎不变，当 pH >

7.00 时，去除率迅速下降，接近于零。对于氯离子在氧化碳纳米管上的吸附，去除率对于溶液 pH 值变化规律几乎和在未氧化碳纳米管上的变化规律相同。这一规律可解释如下：随着溶液 pH 值增加，溶液中的镉离子逐渐形成多核聚羟基物种。此时氯离子可能被吸附在吸附剂的表面，也可能和镉一起形成诸如 $CdCl^+$ 等多核聚合物种一起被吸附。但是由于其所占比例很小，表现为去除率也很小，不到 10%，去除率随 pH 值的变化也很小。当溶液的 pH 值在碱性条件下，镉以 $Cd(OH)_{2(s)}$ 的形式存在，此时氯离子的去除率迅速下降，被吸附的氯离子将迅速返回到溶液中以平衡溶液的电荷，结果导致氯离子的去除率几乎为零。这和 Choi 等的研究结果一致。

9.2.3.2　浓度对氯离子吸附的影响

浓度对氯离子吸附的影响通过氯离子吸附的等温线给出，见图 9-10。对于实验数据进行回归分析，得到 Langmuir 和 Freundlich 的等温吸附式，相关数据见表 9-6，曲线见图 9-10。

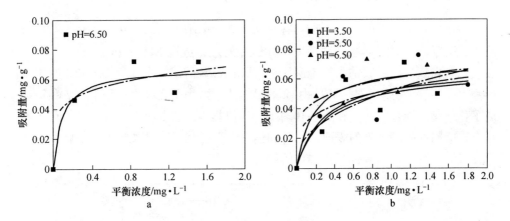

图 9-10　不同 pH 值下氯离子在 ADCNTs(a) 和 ADCNTs-ox(b) 上的吸附等温线以及
Langmuir 方程（实线）和 Freundlich 方程（点划线）拟合

表 9-6　各种 pH 值下碳纳米管吸附氯离子的 Langmuir 和
Freundlich 方程的拟合参数

样　品	pH 值	Langmuir			Freundlich		
		q_m /mg·g^{-1}	K /L·mg^{-1}	r^2	n	K_F	r^2
ADCNTs	3.5	—	—	—	—	—	—
	5.5	—	—	—	—	—	—
	6.5	0.0672	11.6527	0.8668	5.9277	0.0618	0.4153

样 品	pH值	Langmuir			Freundlich		
		q_m /mg·g^{-1}	K /L·mg^{-1}	r^2	n	K_F	r^2
ADCNTs-ox	3.5	0.0656	3.3997	0.7285	2.4710	0.0521	0.4593
	5.5	0.0673	3.6009	0.7078	4.2827	0.0530	0.2511
	6.5	0.0711	5.9032	0.8608	5.8207	0.0600	0.3170

由图 9-10 中可以看出，数据杂乱无章，比较表 9-6 中的相关系数 r^2 可知，所研究的浓度范围内，所有的相关系数均在 0.25～0.87 之间。这说明氯离子的吸附数据既不符合 Langmuir 的单层吸附，也不符合 Freundlich 的中等覆盖度下的多层吸附。氧化后的碳纳米管对氯离子的吸附能力变化很小，说明氧化处理对氯离子的去除没有作用。

9.2.3.3 吸附氯离子后吸附剂的 XPS 分析

溶液 pH = 6.50 下，分别加 0.2g 氧化前后的碳纳米管到 100mg/L 的 $CdCl_2$ 溶液中，吸附后，吸附剂经过滤、烘干并压片处理，进行 XPS 分析。图 9-11 给出了氯元素在氧化前后碳纳米管上吸附的 Cl 2p XPS 谱图。由图可知 Cl 2P 的主峰值为 198.7eV，是典型的 $CdCl_2$ 中 Cl 的键能值。这表明在吸附过程中，氯和镉形成了化学键。结合图 9-9 和图 9-10 中的 pH 值影响曲线及等温线可知，氯离子不是直接吸附在碳纳米管的表面，而是和镉一起组成粒子同时被吸附。也就是氯离子在吸附过程中起到和镉离子共存的作用。

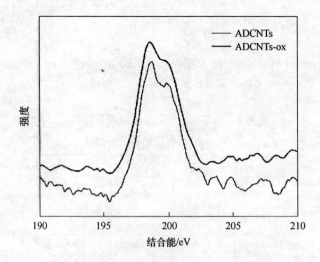

图 9-11 氧化前后碳纳米管的 Cl(2p) XPS 谱图

碳纳米管吸附氯离子的去除率及吸附量值很低，因此氯离子的存在对镉离子的吸附影响可以忽略不计。碳纳米管对氯化镉水溶液的吸附主要以镉离子吸附为主。下面主要研究镉离子在碳纳米管上的吸附性能。

9.2.4 时间对镉离子吸附的影响

图9-12给出了吸附动力学曲线，用以决定吸附平衡时间。由图可以看出，曲线在短时间内迅速增长，60min后达到平衡，这一快速吸附过程明显没有扩散限制。

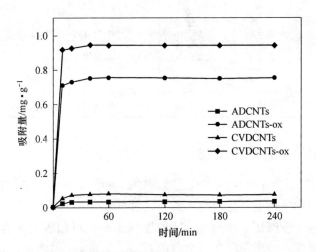

图9-12 时间对碳纳米管吸附镉离子的影响（pH＝6.50，室温）

通常用来模拟动力学实验数据的模型有两种：准一级速率方程和准二级速率方程。对图9-12中实验数据进行处理，得出 $\lg(q_e-q_t)$ 对 t，t/q_t 对 t 的关系图（图9-13），根据直线的斜率和截距计算得到 k_1 和 k_2 的值列于表9-7。从表中可

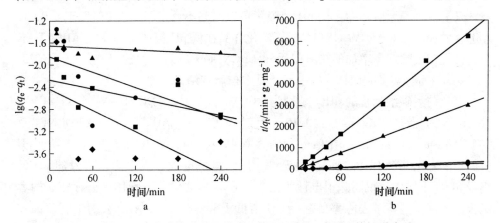

图9-13 两种动力学方程的准一级(a)和准二级(b)线性形式对
碳纳米管吸附镉离子的实验数据拟合

以看出，准二级速率方程的相关系数 r^2 比一级速率方程的相关系数更接近 1。因此镉离子在碳纳米管上的吸附动力学遵从准二级速率方程。这也是金属离子在炭素材料上吸附的一般动力学吸附规律。

表 9-7　两种碳纳米管吸附镉离子的两种动力学模型参数（pH = 6.50，室温）

样　品	初始 Cd(Ⅱ) 浓度 /mg·L⁻¹	准一级			准二级		
		k_1 /min⁻¹	q_e /mg·g⁻¹	r^2	q_e /mg·g⁻¹	k_2 /g·(mg·min)⁻¹	r^2
ADCNTs	2	0.0263	0.0398	0.3005	0.0381	10.2293	0.9958
ADCNTs-ox	2	0.0491	0.7581	0.3769	0.7580	2.8735	0.9999
CVDCNTs	2	0.0164	0.0959	0.1452	0.0791	10.8491	0.9985
CVDCNTs-ox	2	0.0688	1.0001	0.3435	0.9457	4.8528	1.0000

9.2.5　pH 值对镉离子吸附的影响

溶液 pH 值对镉离子在碳纳米管上吸附的影响见图 9-14。尽管我们期望镉离子在碳纳米管表面吸附主要是通过离子交换过程发生，但是事实上 pH 值对静电力有很大的影响。金属离子去除随 pH 值增加而增大可用表面络合理论（SCF）解释为表面活性位上的质子和金属物种的竞争。随着 pH 值的增加，表面正电荷减少，结果导致了吸附剂表面库仑斥力降低。可是如果吸附剂表面是异质结构，有机含氧官能团被认为是镉的主要吸附位。增加 pH 值将导致解离的官能团数量增加。在我们的吸附剂中，是用 pK_a 值表示的各种强度的酸。对于 ADCNTs-ox 在 pH 值小于 3.00 时，去除率几乎为零。之后逐渐增加，在 pH 值大于 8.00 时达到 95% 以上。对于原始样品在低 pH 值吸附可以忽略不计，只有 pH 值大于 8.00 时才迅速增加。而对于 CVDCNTs，尽管氧化样品在低 pH 值的去除率比 ADCNTs-ox 的高，但其去除速率增加的趋势似乎和 ADCNTs-ox 的相似。这可能是由于 CVD-CNTs-ox 表面有更多酸性特征所引起，见电位滴定结果讨论。

氧化前后碳纳米管的 pH_{PZC} 分别为 ADCNTs：7.54、ADCNTs-ox：4.35、CVD-CNTs：6.31 及 CVDCNTs-ox：3.10。而对 ADCNTs、ADCNTs-ox、CVDCNTs 及 CVDCNTs-ox 去除的起始 pH 值分别约为 6.45、2.60、6.20 及 2.30。当溶液 pH 值低于 pH_{PZC}，碳纳米管表面显正电性，反之显负电性。吸附能在溶液的 pH 值小于 pH_{PZC} 下发生，说明除了电性吸附外，还有其他化学特殊作用力存在，两者综合，才能使镉离子去除率的起始 pH 值低于 pH_{PZC}。否则由于碳纳米管表面和金属离子带有同种电性，镉离子去除率的起始 pH 值将高于 pH_{PZC}。对 ADCNTs、ADCNTs-ox、CVDCNTs 及 CVDCNTs-ox，当溶液 pH 值分别为 6.45、2.60、6.20

和2.30时，特殊作用力和电性斥力平衡，表现为开始去除。

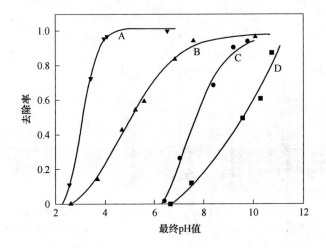

图9-14　溶液 pH 值对镉离子在不同碳纳米管上吸附的影响
A—CVDCNTs-ox；B—ADCNTs-ox；C—CVDCNTs；D—ADCNTs

9.2.6　浓度对镉离子吸附的影响

尽管当 pH > 8.00 时水溶液中镉物种主要以水合阳离子 $Cd(OH)^+$ 形式存在，我们仍然认为吸附主要是归因于电性引力。吸附剂表面解离的酸是镉吸附的新的吸附位。为了定量分析表面酸性的影响，在 pH = 3.50、5.50 和 6.50 下考察浓度对镉吸附的影响。等温线见图9-15。对于氧化前后碳纳米管吸附镉的实验数据进行回归分析，得到 Langmuir 和 Freundlich 的等温吸附式，计算结果见表9-8。对数据进行回归，所得曲线见图9-15。直线形式等温线如图9-16 和图9-17所示。

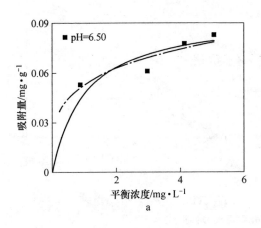

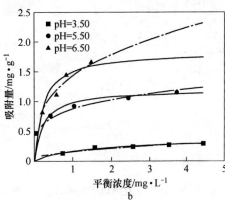

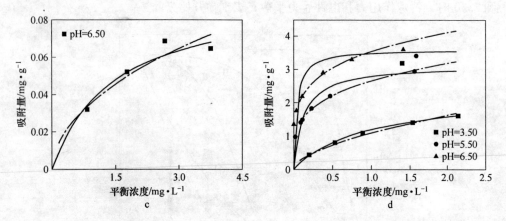

图 9-15 不同 pH 值下镉离子在 ADCNTs(a)、ADCNTs-ox(b)、CVDCNTs(c) 和 CVDCNTs-ox(d)
上的吸附等温线以及 Langmuir 方程(实线)和 Freundlich 方程(点划线)拟合

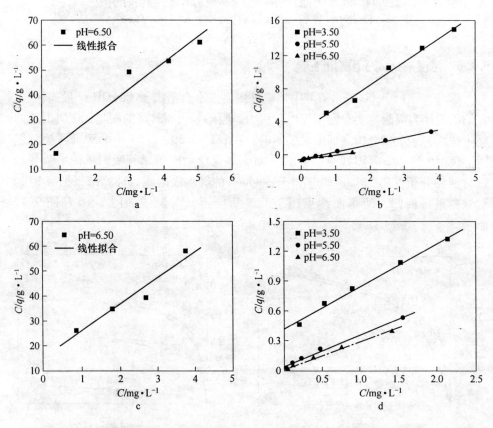

图 9-16 镉离子在 ADCNTs (a)、ADCNTs-ox (b)、CVDCNTs (c) 和 CVDCNTs-ox (d)
上吸附的 Langmuir 等温线线性形式

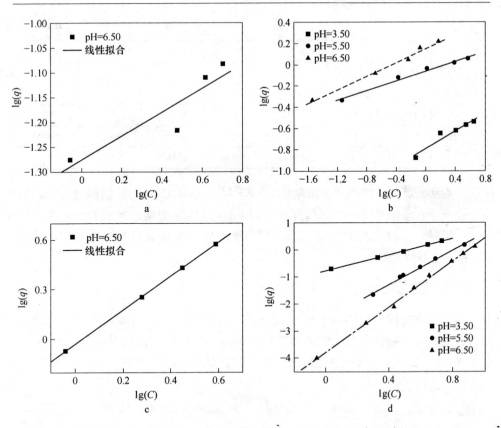

图 9-17 镉离子在 ADCNTs（a）、ADCNTs-ox（b）、CVDCNTs（c）和 CVDCNTs-ox（d）
上吸附的 Freundlich 等温线线性形式

表 9-8 各种 pH 值下碳纳米管吸附镉离子的 Langmuir 和 Freundlich 方程的拟合参数

样　品	pH 值	Langmuir			Freundlich		
		q_m /mg·g^{-1}	K /L·mg^{-1}	r^2	n	K_F	r^2
ADCNTs	3.5	—	—	—	—	—	—
	5.5	—	—	—	—	—	—
	6.5	0.0830	2.6638	0.9581	4.1181	0.0529	0.8367
ADCNTs-ox	3.5	0.3728	0.8228	0.9902	2.3883	0.1649	0.9650
	5.5	1.1861	4.6105	0.9968	4.3983	0.8777	0.9918
	6.5	1.8225	4.6322	0.9651	5.1044	1.4249	0.9931
CVDCNTs	3.5	—	—	—	—	—	—
	5.5	—	—	—	—	—	—
	6.5	0.0952	0.6727	0.9386	1.9673	0.0370	0.9319

样　品	pH 值	Langmuir			Freundlich		
		q_{m} /mg · g^{-1}	K /L · mg^{-1}	r^2	n	K_F	r^2
CVDCNTs-ox	3.5	2.3180	1.0532	0.9942	1.7322	1.0919	0.9961
	5.5	3.1415	7.9779	0.9924	3.8251	2.6588	0.9986
	6.5	3.6160	26.3381	0.9946	4.5467	3.5409	0.9953

由表9-8可知，实验数据可用 Langmuir 和 Freundlich 两种模型同时拟合，说明了镉离子在碳纳米管上吸附的复杂性。n 值随 pH 值的增加表明表面活性位的异质性增强。这和表面酸性官能团的解离度一致。反映到吸附上就是和不同的 pK_a 值表达不同官能团一致。

9.2.7　吸附剂吸附镉离子后的 XPS 分析

为了知道吸附后镉物种在吸附剂上的存在状态，对吸附镉的碳纳米管进行 XPS 表征。表征前，所有的样品都加到 100mg/L 的初始溶液中并保持溶液的 pH 值为 6.50。吸附后，吸附剂经过滤、烘干并压制成片之后检测。碳纳米管的 Cd 3d XPS 谱图见图 9-18。

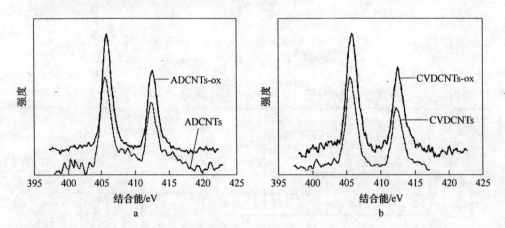

图 9-18　氧化前后碳纳米管的 Cd3d XPS 谱图

由图 9-18 可知，对于所有未氧化碳纳米管谱图有一个主峰 Cd3d 位于 405.6eV，相伴的主峰有 6.8eV 个高偏移的次峰 Cd3d 即位于 412.4eV。镉元素的特征谱图是反常的，即 Cd3d 主峰值是 404.0eV，而 Cd3d 的主峰值是 404.5eV。对于未氧化的碳纳米管，Cd3d 的主峰值是 405.6eV，这表明镉元素不仅和氧键合，也和其他元素键合，其键合值高于 405.6eV。而对所有氧化碳纳米管，Cd3d

峰有 +0.3eV 的偏移。这进一步证明镉在碳纳米管上吸附的复杂性：吸附过程可能卷入镉物种和碳纳米管表面各种官能团以及氯等的结合。这可能就是在前面所提到的化学特殊作用力。

9.2.8 吸附剂表面性质分析

图 9-19 给出了 pH 值为 6.50 时镉离子的吸附量对碳表面 pH 值曲线以及在 pH = 3.50、5.50 及 6.50 下 q_m 和 K_F 及在对应 pH 值下解离的官能团数量的对应关系曲线。即使镉离子在碳纳米管上的吸附量不是很高（ <4mg/g），在不同碳纳米管上的吸附性能不同也很明显。如图 9-19 所示，氧化碳纳米管的吸附量都有明显的提高。由图 9-19a 可知，吸附量的趋势似乎和表面酸量一致。事实上，在图 9-19a 中，pH < 7.00 时的指数关系曲线可以近似的用直线线性来表达。这也说明当 pH > 8.00 时，吸附机理有所变化。

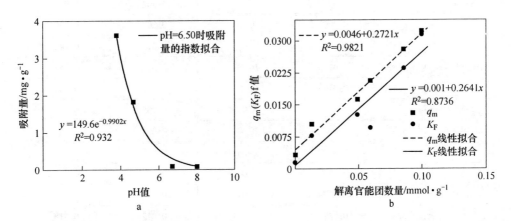

图 9-19 pH 值为 6.50 时镉离子的吸附量对碳表面 pH 值曲线（a）及在 pH = 3.50、5.50、6.50 下 q_m 和 K_F 在对应 pH 值下解离的官能团数量的对应关系曲线（b）

如前文所分析的那样，当 pH > 8.00 时，镉离子将以沉淀形式存在于溶液中。吸附量的增加量也由于吸附剂的不同而变化。假设我们所用吸附剂是非孔结构，表面活性位全部被吸附上的镉所占满，为了进一步分析吸附机理，将由 Langmuir 模型计算所得的吸附能力 q_m 值以及 Freundlich 模型计算得到的 K_F 值对表面酸性官能团数量作图。结果如表 9-9 及图 9-19b 所示。

当 pH < 7.00 时指数曲线的直线线性部分表明镉离子在表面上吸附的结合力是表面化学起主导作用。进一步讲，某种 pH 值下吸附量对在该 pH 下解离的官能团数量有一一对应的关系。如图 9-19b 所示。数据的 Langmuir 模型的相关系数要比 Freundlich 模型的相关系数好。这说明镉离子在碳纳米管表面吸附是单层为主，一个吸附中心（酸官能团）吸附一个镉离子。斜率表明，不是所有的官能

团都是镉的吸附中心。孔隙率的不同以及由此产生的密度的不同似乎会影响去除效率。图 9-19b 的线性拟合表明在碳纳米管表面即使没有酸性官能团存在，镉的吸附量也不为零（截距不为零）。这说明在碳纳米管表面有缺陷存在，且此时微孔，尽管很少，可能会起一定的作用。另一方面，和官能团密度没有直接关系说明空间效应影响吸附量且缺陷的存在、少量的微孔都能或多或少对吸附机理有所影响。比如对于 ADCNTs 及对应的氧化后产物，由于高的酸密度非强酸官能团可能还会妨碍其吸附过程。

表 9-9　在选定 pH 值下吸附剂表面解离的官能团数量及吸附能力的比较

样　品	pH 值	吸附量 /mmol · g^{-1}	官能团数量 /mmol · g^{-1}	表面密度/0.1 nm	
				羧基官能团	酸性官能团
ADCNTs	3.5	—	0	0.002	0.020
	5.5	—	0	0.002	0.020
	6.5	0.0007	0.003	0.002	0.020
ADCNTs-ox	3.5	0.0033	0	0.015	0.042
	5.5	0.0106	0.009	0.015	0.042
	6.5	0.0162	0.035	0.015	0.042
CVDCNTs	3.5		0	0.005	0.017
	5.5	—	0.008	0.005	0.017
	6.5	0.0008	0.032	0.005	0.017
CVDCNTs-ox	3.5	0.0206		0.012	0.018
	5.5	0.0279	0.078	0.012	0.018
	6.5	0.0322	0.121	0.012	0.018

表 9-10 给出了两种碳纳米管的吸附能力和其他碳质吸附剂的吸附能力比较。如果以单位质量为单位进行比较，则本章所用吸附剂的吸附能力是最低的，可是如果以单位比表面积为单位进行比较，氧化后两种碳纳米管的吸附能力却是最大的。这可能是由于碳纳米管表面的官能团对镉物种有很高的吸附效率所致。对于不同形态的碳纳米管对重金属离子的吸附性能研究见 Li 等的报道。尽管作者提到重金属离子的吸附能力和表面的官能团数量有直接关系，但是和这些官能团数量的定量关系却没有进一步讨论。

由于所选碳纳米管为非空结构，单位面积上的官能团结构对吸附起主要作用。以单位面积为单位进行比较其吸附量大，说明单位面积上的官能团数量相对要多，这可能是碳纳米管区别于活性炭等宏观炭材料的主要特点。碳纳米管石墨化表面不同于活性炭的大灰分的表面结构，浓硝酸氧化后不会使其结构破坏。这也是碳纳米管不同于活性炭等的特点。另一方面，寻求新的氧化剂进行表面化学修饰，使碳纳米管表面加载更多的官能团，使碳纳米管的吸附能力进一步提高。

表 9-10　各种吸附剂的 BET 面积及镉离子在其上的吸附能力比较

吸附剂	$S_{BET}/m^2 \cdot g^{-1}$	吸附能力/mg·g^{-1}	吸附量/mg·m^{-2}
AC F	1000	6.8	0.0068
AC F10	1023	9.5	0.0093
AC F120	632	13.4	0.0212
碳气凝胶	700	15.5	0.0221
AC1	521	19.5	0.0374
AC2	960	38.0	0.0396
AC3	325	2.5	0.0077
AC4	657	11.3	0.0172
ACC	1125	5.3	0.0047
ADCNTs	12	0.1	0.0083
ADCNTs-ox	19	1.8	0.0947
CVDCNTs	66	0.1	0.0015
CVDCNTs-ox	89	3.6	0.0404

9.3　碳纳米管对水溶液中 Fe(Ⅱ)和 Fe(Ⅲ)离子的吸附

碳纳米材料被认为是在环境保护中，尤其是吸附法去除重金属等污染物，最有应用前景的材料之一。碳纳米管经化学修饰后表面引入的丰富的活性中心，可以用来吸附去除铅、镍、镉、铬等重金属离子。

热力学和动力学在环境水化学中是解决吸附平衡问题及表征吸附剂效率的重要工具及指标。通过对碳纳米管吸附重金属离子的热力学行为的研究，可以了解碳纳米管对重金属离子的吸附是否是一个自发过程及吸附过程是吸热过程还是放热过程。通过对碳纳米管吸附重金属离子的动力学行为的研究，可以考察反应速率的影响因素。而反应速率取决于反应物的性质、温度和反应物的浓度等因素。研究者已经对各种吸附剂吸附重金属离子的热力学及动力学进行了大量的研究，如 Li 等发现 Pb^{2+} 在氧化碳纳米管上的吸附是吸热、自发的过程。Pb^{2+}、Cu^{2+} 和 Cd^{2+} 在氧化碳纳米管上的吸附用准二级速率反应模型拟合比一级、二级速率反应模型好。吸附速率的顺序为：$Cd^{2+} > Cu^{2+} > Pb^{2+}$。而最大吸附能力遵从 $Pb^{2+} > Cu^{2+} > Cd^{2+}$ 的顺序。很明显，相同条件下，不同金属离子在碳纳米管上的吸附性能不同。这归结于吸附质自身性质不同。有些离子由于自身原子的结构特点，在水溶液中表现为不同的价态，由于吸附涉及到离子交换，因而电荷数的不同必然会引起吸附能力的不同。对于同价态的不同离子由于其结构不同，在水溶液中粒子的存在方式必然会不同，导致如水合分子数、水合离子半径等方面存在差异。这也是致使离子在吸附剂表面吸附性能存在差异的原因。因而通过研究相同元素，不同价态的 Fe(Ⅱ)和 Fe(Ⅲ)离子吸附性能差异来考察电荷对吸附的影响十分必要。

　　本章以浓硝酸氧化 CVD 法制备的碳纳米管为吸附剂，借以吸附水溶液中的 Fe(Ⅱ)和 Fe(Ⅲ)离子来考察吸附剂表面性质、溶液的 pH 值、浓度、温度以及吸附时间等因素对吸附的影响，揭示不同价态的铁离子在碳纳米管上的吸附行为。

9.3.1　吸附剂的表征分析

　　所用吸附剂为气相沉积法制备的碳纳米管。对氧化前后的碳纳米管进行 TEM 表征、FTIR 表征、氮气吸附的表面物理结构特性、采用 pH 漂移的方法进行零电荷点（pH_{PZC}）表征以及 XPS 表征。

9.3.2　pH 值对 Fe(Ⅱ)和 Fe(Ⅲ)离子吸附的影响

　　图 9-20 给出了 pH 值对铁离子在碳纳米管上吸附的影响曲线。由图 9-20 可知，吸附的起始点都很低，对于 Fe(Ⅱ)离子，在 pH = 3.50 左右去除率达到 85% 左右，并有继续增长的趋势。而对于 Fe(Ⅲ)离子，在 pH = 3.00 左右去除率几乎达到 100%。根据沉淀反应式计算得到 Fe(Ⅱ)和 Fe(Ⅲ)离子沉淀开始到沉淀完全的 pH 值分别为 9.09 ~ 9.45 和 3.02 ~ 3.27，其中 K_{sp} 分别取 8×10^{-15} 和 6.3×10^{-38}，当 pH = 3.00 时沉淀开始发生作用。在相同 pH 值下，Fe(Ⅲ)离子的去除率明显高于 Fe(Ⅱ)离子的去除率。

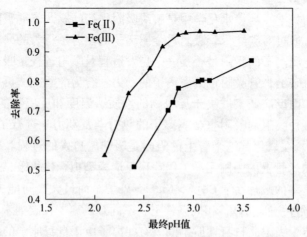

图 9-20　pH 值对铁离子在碳纳米管上吸附的影响

（吸附剂用量 0.2g/100mL）

pH 值是影响 Fe(Ⅱ)和 Fe(Ⅲ)离子在氧化处理碳纳米管上吸附的重要因素之一。pH 值不仅可以影响吸附剂表面性质，也影响到 Fe(Ⅱ)和 Fe(Ⅲ)离子在水溶液中的存在状态。室温下，在低 pH 值氯化亚铁稀溶液中，Fe(Ⅱ)离子和水配位成八面体结构的 $[Fe^{Ⅱ}(H_2O)_6]^{2+}$。受 Cl^- 离子含量和 Fe/Cl 的比率影响，Fe(Ⅱ)离子可能产生六面体结构。亚铁溶液中物种就更复杂，和水及氯配位的八面体结构及和氯配位的四面体结构同时存在。对于 Fe(Ⅲ)离子，在低 pH 值及低的 Fe/Cl 下，尽管用 HCl 溶解，Fe(Ⅲ)离子仍然以 $[Fe^{Ⅲ}(H_2O)_6]^{3+}$ 大量存在。因此实验条件下，Fe(Ⅱ)和 Fe(Ⅲ)离子均以正电荷配位粒子状态存在。

由之前的分析可知，在硝酸氧化处理碳纳米管表面含有诸如 —OH，—COOH，C ＝O 等官能团，它们是正电荷的铁离子或铁的配位状态离子的吸附位。由于吸附过程复杂，在相同条件下仅电荷的不同，致使吸附过程中电性吸附作用凸显，这也是相同条件下，三价铁去除率高于二价铁去除率的原因之一，见图 9-20。有研究者发现，Fe(Ⅱ)和 Fe(Ⅲ)离子最大吸附量分别发生在 pH ＝5.00 和 3.00。氧化碳纳米管的 pH_{PZC} 是 3.10，吸附能在溶液 pH 值低于 pH_{PZC} 下发生，说明专属吸附起作用，而不仅是电性吸附，见前面所述。$pH < pH_{PZC}$ 下，碳纳米管表面显正电性，因此和铁离子之间的作用力是电性相斥。减少溶液的 pH 值可以增加斥力，因此妨碍了溶液中的铁离子在氧化碳纳米管上的吸附。当电性斥力和专属吸附引力达到平衡时，吸附开始发生，表现为吸附从 $pH < pH_{PZC}$ 开始。对于 Fe(Ⅲ)离子，由于其价态比 Fe(Ⅱ)离子高，因此，吸附起始 pH 值要更低些。相同条件下，电性作用明显突出。

9.3.3 时间对 Fe(Ⅱ)和 Fe(Ⅲ)离子吸附的影响

通过氧化处理碳纳米管对 Fe(Ⅱ)和 Fe(Ⅲ)离子的吸附量随时间的变化，一方面可以用来确定吸附平衡的时间，另一方面可以用以表征碳纳米管的吸附速率。用了两个反应模型即准一级和准二级动力学模型来描述吸附动力学行为。对于准二级吸附速率方程，q_e 值可以通过 t/q_t 对 t 作图的斜率计算得到，列于表 9-11 中。一旦 q_e 确定，k_2 就可以通过截距计算得到。

表 9-11 Fe(Ⅱ)和 Fe(Ⅲ)离子在碳纳米管上吸附的两种动力学模型参数
（pH ＝3.00，室温）

样　品	初始浓度 /mg · L^{-1}	准一级			准二级		
		k_1 /min^{-1}	q_e /mg · g^{-1}	r^2	q_e /mg · g^{-1}	k_2 /g · (mg · min)$^{-1}$	r^2
Fe(Ⅱ)	2	0.0965	0.8928	0.8925	0.9041	0.3787	0.9999
	3	0.0781	1.0387	0.6766	1.0427	0.3708	0.9999
	4	0.0493	1.2225	0.5786	1.2245	0.3247	0.9998

样　品	初始浓度 /mg·L⁻¹	准一级			准二级		
		k_1 /min⁻¹	q_e /mg·g⁻¹	r^2	q_c /mg·g⁻¹	k_2 /g·(mg·min)⁻¹	r^2
Fe(Ⅲ)	2	0.1085	1.1560	0.7592	1.1601	0.6059	0.9999
	3	0.0877	1.5853	0.3198	1.5759	0.5957	0.9999
	4	0.0659	2.2366	0.2606	2.1511	0.5355	0.9999

从图 9-22 可以看到，所有的曲线吸附能力在吸附达到平衡前均有快速增长的过程，且吸附在 60min 时就达到了平衡。

对图 9-21 中的实验数据进行处理，得到 $\lg(q_e - q_t)$ 对 t，t/q_t 和 t 的关系图（图 9-22 和图 9-23）。根据直线的斜率和截距计算得到的 k_1 和 k_2 的值列于表 9-11。

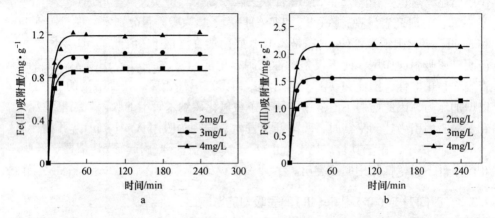

图 9-21　时间对不同浓度下 Fe(Ⅱ)(a) 和 Fe(Ⅲ)(b) 离子在氧化处理碳纳米管上吸附速率的影响
（pH = 3.00，室温）

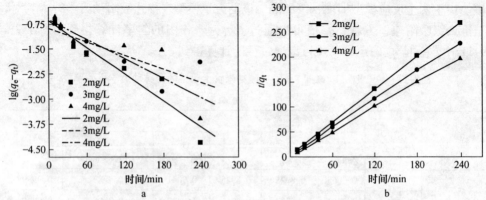

图 9-22　两种动力学方程的准一级 (a) 和准二级 (b) 线性形式对
Fe(Ⅱ) 离子吸附的实验数据拟合

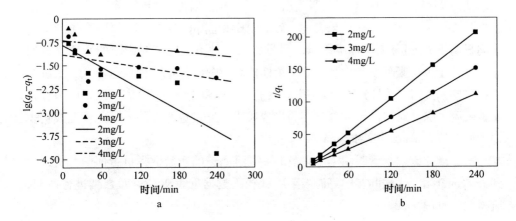

图 9-23　两种动力学方程的准一级(a)和准二级(b)线性形式对
Fe(Ⅲ)离子吸附的实验数据拟合

动力学模型的有效性可以通过相关系数 r^2 来验证。由表 9-11 可以看到，对于准一级吸附动力学模型，其相关系数均低于 0.9，因此，准一级吸附动力学模型不适合表述铁离子在碳纳米管上的吸附。对比来看，准二级吸附动力学模型有更好的相关系数 0.995 以上，它更适合描述铁离子在碳纳米管上的吸附行为。

9.3.4　浓度对 Fe(Ⅱ)和 Fe(Ⅲ)离子吸附的影响

Langmuir 和 Freundlich 吸附模型被用来描绘吸附等温线。图 9-24 是 Fe(Ⅱ)和 Fe(Ⅲ)离子在氧化处理碳纳米管上的吸附等温线及其 Langmuir 及 Freundlich 方程拟合曲线。

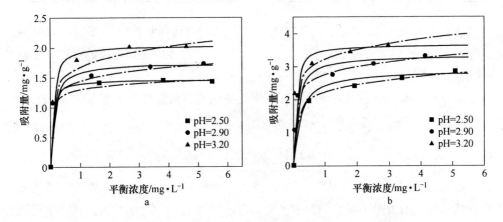

图 9-24　不同 pH 值下 Fe(Ⅱ)离子(a)和 Fe(Ⅲ)离子(b)的吸附等温线以及
Langmuir 方程（实线）和 Freundlich 方程（点划线）拟合

从图 9-24 中可知，对每种吸附质，随着 pH 值增加，相同平衡浓度下，吸附量也随之增大，这与前面结果表述一致。对于相同 pH 值下，Fe(Ⅲ)离子的吸附量明显高于 Fe(Ⅱ)离子的吸附量。可见相同条件下，电荷对吸附的影响十分明显：电荷越大，吸附量越大。对于 Fe(Ⅲ)离子在 pH=3.20 时的等温线，由沉淀方程式知，此时 Fe(Ⅲ)离子没有完全沉淀，仍有部分 Fe(Ⅲ)离子以正电荷存在而被吸附去除。对于已沉淀部分容易形成胶束而通过过滤去除。因此等温线仍表现为同时符合 Langmuir 和 Freundlich 模型。

对于氧化碳纳米管吸附 Fe(Ⅱ)和 Fe(Ⅲ)离子的实验数据进行回归分析，得到 Langmuir 和 Freundlich 的等温吸附式，相关数据见表 9-12。对数据进行回归，所得曲线见图 9-23。

表 9-12　各种 pH 值下碳纳米管吸附铁离子的 Langmuir 和 Freundlich 方程的拟合参数

样　品	pH 值	Langmuir			Freundlich		
		q_m /mg·g^{-1}	K_L /L·mg^{-1}	r^2	n	K_F	r^2
Fe(Ⅱ)	2.50	1.4624	5.9113	0.9998	14.4928	1.2993	0.9510
	2.90	1.7388	9.6655	0.9996	9.5238	1.4434	0.9791
	3.20	2.0392	14.8157	0.9998	7.4294	1.6715	0.9563
Fe(Ⅲ)	2.50	2.8727	7.2983	0.9946	7.4129	2.2305	0.9969
	2.90	3.3322	12.2055	0.9958	8.2988	2.7492	0.9988
	3.20	3.6576	19.2535	0.9983	7.9808	3.2174	0.9991

从表 9-12 中可知，对于氧化碳纳米管，数据对两种吸附模型都有很好的一致性，不同 pH 值下，相关系数均大于 0.95 以上。和吸附能力相关的参数也随着 pH 值的增加而增加。

Langmuir 等温线的本质特征也可以用无量纲的分离因数或平衡参数 R_L 表达。它可以用来预测吸附体系是"适合"还是"不适合"。

9.3.5　温度对 Fe(Ⅱ)和 Fe(Ⅲ)离子吸附的影响

图 9-25 是在 283K，293K 和 303K 条件下，Fe(Ⅱ)和 Fe(Ⅲ)离子在氧化处理碳纳米管上的吸附等温线。吸附平衡后溶液最终的 pH 值为 3.00。从图中可以看出，铁离子的吸附能力随温度的升高而增大，表明吸附是吸热的过程。热力学参数可以通过热力学平衡常数 K_0 随温度的变化关系来计算。

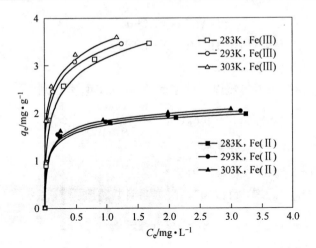

图9-25 不同温度下 Fe(Ⅱ)和 Fe(Ⅲ)离子在氧化处理碳纳米管上吸附等温线

对于吸附反应，K_0 定义如式（9-4）所示：

$$K_0 = \frac{a_s}{a_e} = \frac{v_s}{v_e} \times \frac{C_s}{C_e} \tag{9-4}$$

式中，a_s 是吸附铁离子的活度；a_e 是平衡溶液中铁离子的活度；C_s 是单位质量碳纳米管吸附铁离子的量，mmol/g；C_e 是平衡溶液中铁离子的浓度，mmol/mL；v_s 是吸附铁离子的活度系数；v_e 是溶液中铁离子的活度系数。当溶液中的铁离子浓度减少到0，K_0 就可以通过画 $\ln(C_s/C_e)$ 对 C_s 直线的截距计算得到，见图9-26。

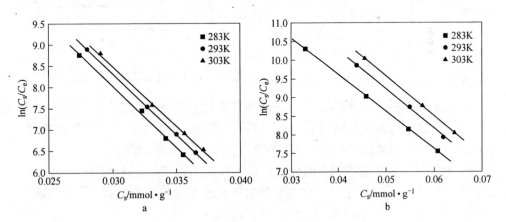

图9-26 不同温度下 $\ln(C_s/C_e)$ 对 C_s 曲线

a—Fe(Ⅱ)离子；b—Fe(Ⅲ)离子

有了热力学平衡常数 K_0，就可以通过式（9-5）计算吸附的标准吉布斯自由能变（$\Delta G^\ominus$）：

$$\Delta G^{\ominus} = -RT\ln K_0 \tag{9-5}$$

式中 R——通用气体常数$[8.314\text{J}/(\text{mol}\cdot\text{K})]$；

T——开尔文温度。

标准热力学焓变$(\Delta G^{\ominus})$可以通过 Van't Hoof 公式计算得到：

$$\ln K_0(T_3) - \ln K_0(T_1) = \frac{-\Delta H^{\ominus}}{R}\left(\frac{1}{T_3} - \frac{1}{T_1}\right) \tag{9-6}$$

式中 T_3, T_1——两个不同温度；

$K_0(T_3)$, $K_0(T_1)$——该温度下的热力学平衡常数。

标准热力学熵变$(\Delta S^{\ominus})$可以通过式(9-7)计算得到：

$$\Delta S^{\ominus} = -\frac{\Delta G^{\ominus} - \Delta H^{\ominus}}{T} \tag{9-7}$$

所有热力学参数列于表 9-13 中。

表 9-13   Fe(Ⅱ)和 Fe(Ⅲ)离子在氧化处理碳纳米管上吸附的各种热力学参数

吸附质	热力学常数	温 度		
		283K	293K	303K
Fe(Ⅱ)	K_0	16.5905	16.8426	17.0638
	$\Delta G^{\ominus}$ ($\times10^3$J/mol)	−6.6123	−6.8826	−7.1502
	$\Delta H^{\ominus}$ ($\times10^3$J/mol)	1.0037	1.0037	1.0037
	$\Delta S^{\ominus}$ ($\times10^3$J/mol)	26.9117	26.9157	26.9106
Fe(Ⅲ)	K_0	13.5987	14.5563	14.9670
	$\Delta G^{\ominus}$ ($\times10^3$J/mol)	−6.1442	−6.5270	−6.8198
	$\Delta H^{\ominus}$ ($\times10^3$J/mol)	3.4210	3.4210	3.4210
	$\Delta S^{\ominus}$ ($\times10^3$J/mol)	33.7993	33.9522	-33.7980

由表 9-13 可知，实验温度下，铁离子在氧化处理碳纳米管上的吸附热力学 $\Delta G^{\ominus}$ 为负，表明吸附过程是一个自发的过程。平均标准热力学熵变 $\Delta H^{\ominus}$ 是正值，表明铁离子在碳纳米管上的吸附是吸热的，温度增加有利于吸附发生。不同温度下碳纳米管对铁离子的吸附等温线也显示随温度的升高，平衡吸附量增加。标准热力学熵变 $\Delta S^{\ominus}$ 为正表明吸附是熵增过程，吸附后体系的混乱度增加。这一过程可能是由于吸附质和吸附剂表面官能团之间的相互作用释放水分子所引起。

9.4   碳纳米管对水溶液中 Ni(Ⅱ),Cu(Ⅱ),Zn(Ⅱ)和 Cd(Ⅱ)离子的吸附

重金属污染是当今社会都关心的环境污染问题之一。以碳纳米管为吸附剂去

除水溶液中铅、镉、铬及锌等离子已经有人研究。Li 等还以浓硝酸氧化的碳纳米管为吸附剂，研究铅、铜和镉离子在其上的竞争吸附规律，发现三种金属竞争吸附能力随溶液的 pH 值和吸附剂用量增加而增加，随溶液的离子强度的增加而减小。吸附能力顺序为 $Pb^{2+} > Cu^{2+} > Cd^{2+}$，这一顺序和离子与表面官能团之间的结合力顺序一致。尽管 Li 等研究了影响竞争吸附的因素，讨论了竞争吸附可能的机理，但是并没有就碳纳米管表面的化学性质及竞争吸附的离子本身的性质以及碳纳米管吸附的固液界面本质加以深入分析。

固液界面间的反应现象已经被很好地研究：表面化学对于水溶液中重金属在碳质吸附剂上的吸附起重要角色。化学氧化可以使吸附剂表面增加丰富官能团，从而增强了吸附剂对极性物种的吸附能力，并且也改变了其对物种的吸附选择性。水溶液中的金属离子对吸附剂表面的不同官能团如羰基、羧基等有不同的结合力。因此引入的吸附机理也不尽相同。离子交换似乎是重金属离子去除过程的主要驱动力。况且，对于外部条件，pH 值、初始浓度、金属离子物种以及吸附剂表面电荷等因素都会影响水溶液中金属物种的去除。水溶液中金属离子的竞争吸附更为复杂，因为即使对于相同的浓度，表面反应的细微不同，都可能导致吸附性质的改变。

本章以浓硝酸氧化 CVD 法制备的碳纳米管为吸附剂，选择镍、铜、锌、镉四种物种的单组分、双组分、三组分和四组分物种作为研究体系，研究四种离子在其上的竞争吸附规律及影响因素。与活性炭相比，本体系所用的吸附剂可以看成是非孔结构，因此吸附不受孔结构吸附剂内的扩散或毛细现象所限制。用于等温线研究的溶液 pH 值不加任何缓冲溶液控制，因为缓冲溶液的物种可能妨碍金属物种的竞争吸附过程。为了更好地阐明所涉及的吸附机理，碳纳米管的表面特性如表面电荷、官能团以及吸附质特性、金属物种以及其物理化学性质将被详细阐述。

9.4.1 吸附剂的表征分析

所用吸附剂为气相沉积法制备的碳纳米管。对氧化前后的碳纳米管进行 TEM 表征、FTIR 表征、氮气吸附的表面物理结构特性、采用 pH 漂移的方法进行零电荷点（pH_{PZC}）表征以及 XPS 表征。

9.4.2 时间对吸附的影响

对于四种金属物种在 pH = 4.50 下，通过实验得到时间对平衡吸附量的曲线，结果见图 9-27。由图可知，尽管吸附量对于不同物种有所不同，但是在前 60min 所有物种都能很快达到平衡，表明吸附没有扩散限制。这主要归功于吸附剂是非孔结构所致。

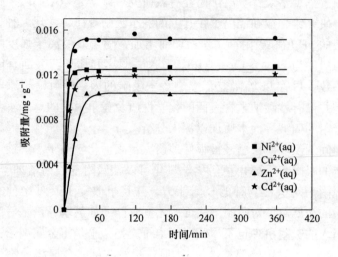

图 9-27 吸附时间对 M^{2+} 吸附量曲线

(pH = 4.50，室温)

9.4.3 单组分吸附体系

9.4.3.1 pH 值对吸附的影响

如前所述，pH 值是金属离子吸附最有影响的参数之一。因为无论是吸附剂表面还是溶液中金属物种的电荷都和 pH 值有一定的关系。

图 9-28 给出了 pH 值对吸附的影响曲线，由图可知对于所有金属离子，几乎在 pH > 6.00 时都被去除。尤其是在碱性区域内，沉淀对去除将起主要作用。值得注意的是，金属物种的去除率都在一个很窄的 pH 值范围内迅速增加。而根据文献报道，在这样的 pH 值下，所有金属物种主要以 M^{2+} 形式存在。考虑到其中的吸附机理可能和离子交换有关，吸附量的迅速增加一定和表面官能团的解析以及吸附剂表面的电性相关。我们假设吸附剂表面官能团主要是羧基，在这样低的 pH 值下，羧基官能团都能被解离，导致其对金属物种的吸附能力的增加。这也和表面络合理论（SCF）一致。表面络合理论解释金属离子去除随 pH 值增加而增大归因于表面活性位上质子和金属物种的竞争。随着 pH 值的增加，表面正电荷减少，结果导致了吸附剂表面库仑斥力降低。

另一个和图 9-28 的吸附趋势相关的参数是氧化碳纳米管的 pH_{PZC} 值。对于所有金属物种，吸附起始 pH 值都小于 pH_{PZC}。当 pH 值小于 pH_{PZC} 时，吸附剂表面带正电荷，和金属离子之间存在着斥力。根据前面所述，此时一定存在某种化学特殊作用力，表现为引力。当电性斥力和引力相同时，表现为吸附量为零，吸附从 pH < 3.10 开始。

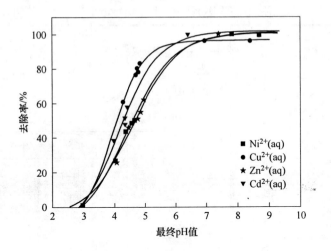

图 9-28 pH 值对吸附的影响

9.4.3.2 浓度对吸附的影响

根据沉淀反应式计算得到镍、铜、锌和镉离子沉淀开始到沉淀完全的 pH 值分别为 8.95 ~ 9.15、6.95 ~ 7.15、8.13 ~ 8.33 及 9.34 ~ 9.54，其中 K_{sp} 分别取 2×10^{-15}、2×10^{-19}、4.5×10^{-17} 和 1.2×10^{-14}。由此所有浓度对吸附的影响曲线均控制在 pH 值低于沉淀发生的 pH 值，避免由于沉淀而影响竞争吸附。

镍、铜、锌、镉离子在氧化碳纳米管上的吸附等温线见图 9-28。等温线形状表明是 Langmuir 吸附机理，实验数据符合 Langmuir 等式：

$$q_i = \frac{q_{m,i} K_{L,i} C_i}{1 + K_{L,i} C_i} \tag{9-8}$$

式中　C_i——平衡浓度，mmol/L；

　　　q_i——吸附量；

　　$q_{m,i}$——最大吸附量，mmol/L；

　　$K_{L,i}$——吸附常数，L/mmol；

　　　i——金属物种，即镍、铜、锌、镉离子。

由式（9-8）所得的参数列于表 9-14。很明显对于所有金属物种，所有物种的实验数据均符合 Langmuir 模型，其相关系数均大于 0.995。高的相关系数表明一个吸附剂表面中心的活性位对应一个金属物种。

由图 9-29 所示，相同平衡浓度下，吸附剂对金属物种的吸附量遵从如下顺序：$Cu^{2+} > Ni^{2+} > Cd^{2+} > Zn^{2+}$。吸附能力的不同表明吸附剂表面对铜、镍、镉、锌离子有不同的亲和力。吸附量小，说明和小的比表面积及有限的吸附中心数量

表 9-14　不同吸附质在 CVDCNTs-ox 上的 Langmuir 吸附等温线相关参数

样品（元素摩尔比）	Langmuir		
	$q_m/mg \cdot g^{-1}$	$K_L/L \cdot mg^{-1}$	r^2
Ni	0.0311	1027	0.9951
Cu	0.0404	885	0.9968
Zn	0.0152	825	0.9996
Cd	0.0224	1180	0.9957
Cu（Ni + Cu, Ni : Cu = 0.5）	0.0195	301	0.9982
Cu（Ni + Cu, Ni : Cu = 1）	0.0160	459	0.9996
Cu（Ni + Cu, Ni : Cu = 2）	0.0128	586	0.9996
total（Ni + Cu, Ni : Cu = 0.5）	0.0186	1100	0.9997
total（Ni + Cu, Ni : Cu = 1）	0.0173	422	0.9999
total（Ni + Cu, Ni : Cu = 2）	0.0170	155	0.9999
Cu（Zn + Cu, Zn : Cu = 0.5）	0.0197	611	0.9999
Cu（Zn + Cu, Zn : Cu = 1）	0.0191	479	0.9997
Cu（Zn + Cu, Zn : Cu = 2）	0.0176	355	0.9997
total（Zn + Cu, Zn : Cu = 0.5）	0.0206	471	0.9999
total（Zn + Cu, Zn : Cu = 1）	0.0199	362	0.9995
total（Zn + Cu, Zn : Cu = 2）	0.0187	254	0.9989
Cu（Cd + Cu, Cd : Cu = 0.5）	0.0194	855	0.9999
Cu（Cd + Cu, Cd : Cu = 1）	0.0188	742	0.9999
Cu（Cd + Cu, Cd : Cu = 2）	0.0172	666	0.9993
total（Cd + Cu, Cd : Cu = 0.5）	0.0200	878	1.0000
total（Cd + Cu, Cd : Cu = 1）	0.0211	579	1.0000
total（Cd + Cu, Cd : Cu = 2）	0.0214	550	0.9998
Cu（Ni + Cu + Zn）	0.0156	707	0.9973
total（Ni + Cu + Zn）	0.0197	185	0.9998
Cu（Ni + Cu + Cd）	0.0165	349	0.9989

续表 9-14

样品（元素摩尔比）	Langmuir		
	$q_m/\text{mg} \cdot \text{g}^{-1}$	$K_L/\text{L} \cdot \text{mg}^{-1}$	r^2
total（Ni + Cu + Cd）	0.0195	198	0.9998
Cu（Zn + Cu + Cd）	0.0181	236	0.9964
total（Zn + Cu + Cd）	0.0215	94	0.9895
Cu（Ni + Cu + Zn + Cd）	0.0126	683	0.9982
total（Ni + Cu + Zn + Cd）	0.0157	919	0.9996

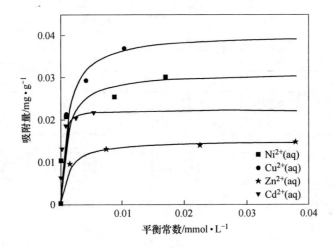

图 9-29　所有金属离子在氧化碳纳米管上的吸附等温线（最终 pH 值 = 4.50,
吸附剂用量：0.15g/100mL。实线代表 Langmuir 等式拟合曲线）

相关。所有的金属离子都是二价的，其吸附能力不同，表明其与吸附剂表面的吸附中心作用力不同，这和水溶液中物种的离子特性密切相关。物种的特性可能影响表面键合能，甚至影响吸附反应。另一个影响因素是表面中心的活性，它可能和吸附物种的尺寸及其有效电荷有关。根据 Park 和 Michael，重金属离子的吸附和吸附质的离子半径有关。离子半径越大，则由于空间效应，吸附将快速达到饱和。对于我们的吸附质，离子半径的顺序是 $Cd^{2+}(0.097nm) > Zn^{2+}(0.074nm) > Cu^{2+}(0.072nm) > Ni^{2+}(0.069nm)$。见表 9-15，很明显这个顺序不符合我们的实验结果。另一方面，和活性炭比，碳纳米管的 BET 比表面积非常小，然而其表面官能团的数量根据表面 pH 值判断应该很丰富。众所周知，表面物理吸附（和比表面积有关）、离子交换（和表面官能团相关）和氧化还原反应（和官能团相关）都和水溶液中重金属离子吸附有关。在我们的实验中，主要由后两者起作用。可以看出，相同平衡浓度下的吸附量顺序和基于标准电极电势的离子氧化能力的顺序一致，见表9-15，实际上以 mmol/g 为单位的吸附量对标准电极电势 E^0 的对应关系为线性关系。见图9-30。根据文献报道，其他可能和吸附相关的数据如电离能等一并列于表9-15中，分析可知，铜的高吸附能力很可能是由于碳质材料表面的高还原性所致。碳质材料表面附近的铜在离子交换作用后被还原，同时留下离子交换位给其他离子吸附。随着标准电极电势的减少，吸附的氧化还原反应机理的贡献也相应地减少，基于官能团的电性吸附作用凸显出来，官能团成为新的吸附位。

表 9-15　金属离子特性

金属	标准电势 E^0 /V	离子半径 /nm	电负性	离子能 /eV	极化率 /$10^{24}cm^3$	N	Ru	N/Ru
Ni	−0.2570	0.069	1.91	18.168	6.80	6.6	2.06	3.20
Cu	0.3419	0.072	1.90	20.292	6.10	6.0	2.07	2.90
Zn	−0.7618	0.074	1.65	17.964	7.10	6.0	2.17	2.76
Cd	−0.4030	0.097	1.69	16.908	7.20	6.0	2.28	2.63

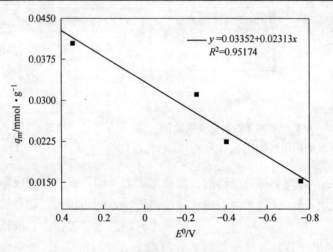

图 9-30　pH = 4.50 时所研究金属离子的最大吸附量与
标准电极电势的对应关系曲线

9.4.4　双组分吸附体系

　　双组分水溶液中金属物种的竞争吸附实验在不同的初始浓度摩尔比（0.5，1.0 和 2.0）下进行。分组如下：$Ni^{2+}(aq)/Cu^{2+}(aq)$、$Ni^{2+}(aq)/Zn^{2+}(aq)$、

$Ni^{2+}(aq)/Cd^{2+}(aq)$、$Cu^{2+}(aq)/Zn^{2+}(aq)$、$Cu^{2+}(aq)/Cd^{2+}(aq)$ 和 $Zn^{2+}(aq)/Cd^{2+}(aq)$。图 9-31a,图 9-31b 给出了 $Ni^{2+}(aq)/Cu^{2+}(aq)$ 体系中金属离子竞争吸附等温线。图中的横坐标为金属离子的平衡浓度。作为对比研究,吸附平衡后两种吸附质在溶液中的总离子对总吸附量的吸附等温线在图 9-31c 中给出。

从数据分析,铜离子的吸附量随着溶液中铜离子的平衡浓度增加而增加。而对于镍,其吸附量达到最大值,然后随着平衡浓度的增加,其吸附量值反而下降。Xiao 等解释这一行为是因为铜离子和镍离子之间的竞争。由于镍离子被认为是更弱的物种,当浓度增加时,镍离子被铜离子所置换。不同的研究者对竞争吸附的机理有不同的看法。Gabaldon 等发现,在多组分吸附中,各种金属离子占据吸附剂表面的特性吸附位,这将减少目标离子吸附的效率。Ucer 等提出吸附质的电负性在竞争吸附中的重要作用。另一方面,Anen 和 Brown 解释多组分体系竞争吸附涉及离子半径电负性和离子化能等因素,是一种或几种因素共同起作用的结果。基于本章的实验结果,我们认为这一结果主要和这些离子的离子交换电化学特性相关。氧化碳纳米管表面具有一维形态结构、小的比表面积、不大的孔容以及丰富的表面官能团。实验条件下,吸附剂表面的活性位可能对高标准电极电势的铜离子有更强的吸附能力。还有一点值得注意,所用溶液是从 1000mg/L 的浓溶液中稀释而得,为了防止水解,将一定量的氢离子引入溶液中,这些氢离子可能参与双组分体系吸附。即使镍被还原,氢离子也可能把它再氧化,这将导致一些镍离子再次返回溶液中。另一方面,即使铜离子被还原为零价,也不能再次被氢离子所影响。这一氧化还原反应可能在吸附中起主要作用。

事实上,金属离子若被还原,首先要由静电力被吸附到碳纳米管表面,之后才能发生氧化还原作用。碳纳米管表面的含氧官能团在静电吸附过程中起主要作用,是吸附的活性位。对于双组分,总离子的吸附等温线也符合 Langmuir 模型,其相关系数均大于 0.995 以上,见表 9-14。这一特性在其他有铜存在的二元体系中也存在。例如 $Cu^{2+}(aq)/Zn^{2+}(aq)$、$Cu^{2+}(aq)/Cd^{2+}(aq)$,见图 9-32、图 9-33。其中铜离子也是最强的吸附物种。而对于不含铜的二元体系,如 $Ni^{2+}(aq)/Zn^{2+}(aq)$、$Ni^{2+}(aq)/Cd^{2+}(aq)$ 和 $Zn^{2+}(aq)/Cd^{2+}(aq)$,所有物种的等温线都出现了最大值,如图 9-34 ~ 图 9-36 所示。由误差分析可知,峰值确实存在。从图 9-33 可以看出,镍的吸附量比锌高。对于没有铜的体系,吸附机理和上述机理相同,因为所有这些金属都有负的标准电极电势,即使被还原,又都能再次被氢离子氧化。这一结果和文献中的结果不同。

综合所有二元吸附体系中的吸附剂对金属离子吸附能力,相同平衡浓度下吸附量顺序为:$Cu^{2+}(aq) > Ni^{2+}(aq) > Cd^{2+}(aq) > Zn^{2+}(aq)$,和单组分体系中的顺序一致。

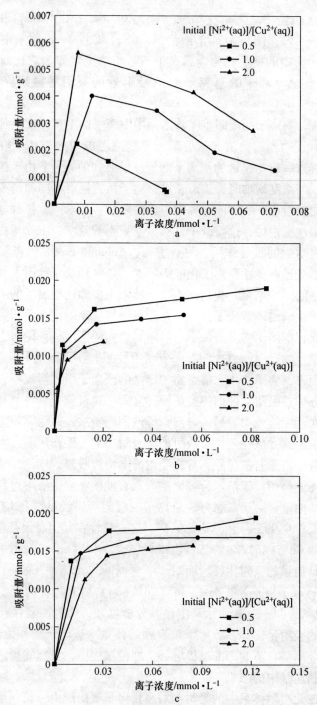

图 9-31　不同初始浓度比率下二元体系 $Ni^{2+}(aq)/Cu^{2+}(aq)$ 在氧化碳纳米管上的吸附等温线

（最终 pH = 4.50）

a—$Ni^{2+}(aq)$；b—$Cu^{2+}(aq)$；c—$Ni^{2+}(aq)/Cu^{2+}(aq)$

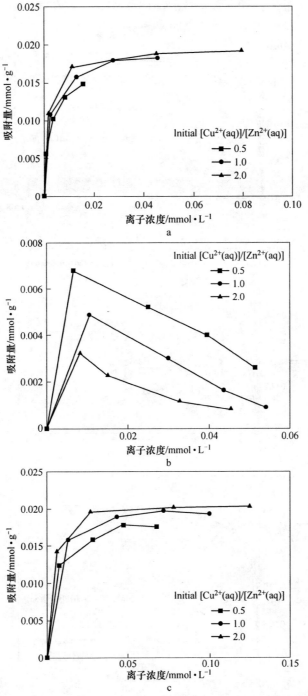

图 9-32 二元体系 Cu^{2+}(aq)/Zn^{2+}(aq)在 CVDCNTs-ox 上的吸附等温线
(最终 pH = 4.50)

a—Cu^{2+}(aq); b—Zn^{2+}(aq); c—Cu^{2+}(aq)/Zn^{2+}(aq)

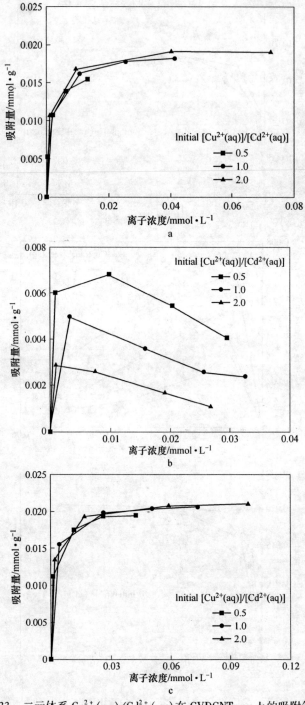

图 9-33　二元体系 $Cu^{2+}(aq)/Cd^{2+}(aq)$ 在 CVDCNTs-ox 上的吸附等温线

（最终 pH = 4.50）

a—$Cu^{2+}(aq)$；b—$Cd^{2+}(aq)$；c—$Cu^{2+}(aq)/Cd^{2+}(aq)$

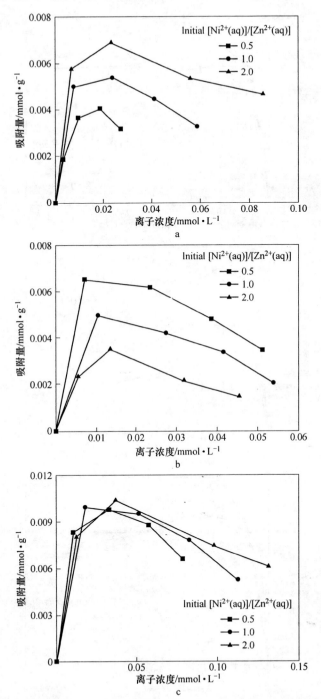

图 9-34 不同初始浓度比率下二元体系 Ni^{2+}(aq)/Zn^{2+}(aq)在氧化碳纳米管上的吸附等温线
（最终 pH = 4.50）
a—Ni^{2+}(aq); b—Zn^{2+}(aq); c—Ni^{2+}(aq)/Zn^{2+}(aq)

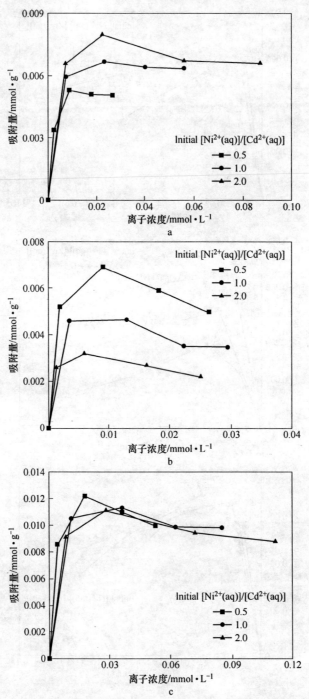

图 9-35　二元体系 $Ni^{2+}(aq)/Cd^{2+}(aq)$ 在 CVDCNTs-ox 上的吸附等温线

（最终 pH = 4.50）

a—$Ni^{2+}(aq)$；b—$Cd^{2+}(aq)$；c—$Ni^{2+}(aq)/Cd^{2+}(aq)$

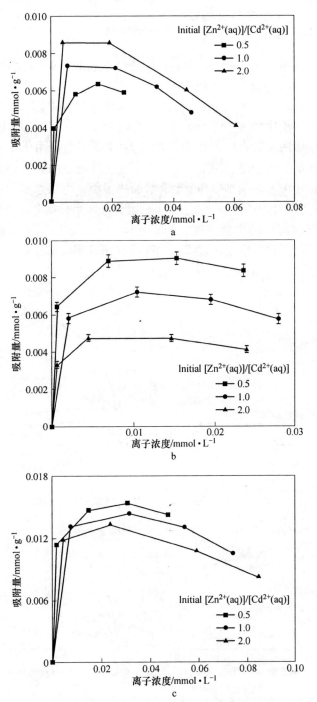

图 9-36　二元体系 $Zn^{2+}(aq)/Cd^{2+}(aq)$ 在 CVDCNTs-ox 上的吸附等温线

（最终 pH = 4.50）

a—$Zn^{2+}(aq)$; b—$Cd^{2+}(aq)$; c—$Zn^{2+}(aq)/Cd^{2+}(aq)$

9.4.5　三组分和四组分吸附体系

三组分水溶液中金属物种的竞争吸附实验分组如下：Ni^{2+} (aq)，Cu^{2+} (aq)和Zn^{2+} (aq)；Ni^{2+} (aq)，Cu^{2+} (aq)和Cd^{2+} (aq)；Ni^{2+} (aq)，Zn^{2+} (aq)和Cd^{2+} (aq)；Cu^{2+} (aq)，Zn^{2+} (aq)和Cd^{2+} (aq)。每组的摩尔比率均为 1∶1∶1（摩尔比）。而对于四组分水溶液中物种 Ni^{2+} (aq)，Cu^{2+} (aq)，Zn^{2+} (aq)，Cd^{2+} (aq)在氧化碳纳米管上的竞争吸附实验在摩尔比为 1∶1∶1∶1 下进行。由于组分的增加，相应的溶液中引入的氢离子略有增加，致使溶液的 pH 值也略有减小，对于每种组分的等温线，由于浓度的增加致使 pH 值增加的很小，可以忽略不计，故以有效 pH 值表示。图 9-36 和图 9-37 分别给出了三组分和四组分混合体系中的吸附等温线，横坐标为金属离子的平衡浓度。和二元体系相同，铜离子的实验数据符合 Langmiur 模型，而其他等温线出现峰值。Li 等在研究铅、铜和镉离子在碳纳米管上的吸附过程中也得到类似的结果。在他们的等温线中，镉的吸附等温线出现峰

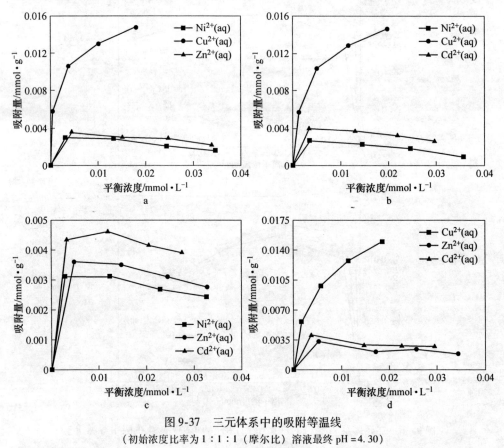

图 9-37　三元体系中的吸附等温线

（初始浓度比率为 1∶1∶1（摩尔比）溶液最终 pH = 4.30）

a—Ni^{2+} (aq) + Cu^{2+} (aq) + Zn^{2+} (aq)；b—Ni^{2+} (aq) + Cu^{2+} (aq) + Cd^{2+} (aq)；

c—Ni^{2+} (aq) + Zn^{2+} (aq) + Cd^{2+} (aq)；d—Cu^{2+} (aq) + Zn^{2+} (aq) + Cd^{2+} (aq)

值,而铜和铅的等温线符合 Langmuir 模型。尽管铅的标准电极电势是负值
(-0.13V),它也比本章所用的镉或其他金属的要高,因此氢离子的影响很小。
Li 等用硝酸来调节竞争吸附的 pH 值,氢就来自于此。在参考文献中,等温线所
用浓度数据单位是 mg/L,文中是基于此单位进行的比较,如果以单位摩尔浓度
比较,则会不同。这也在不同程度上能影响吸附剂和离子间的作用力。Li 等把这
种多组分体系中的特殊行为归因于金属和碳纳米管表面吸附位的作用力不同。

如图 9-37 和图 9-38 所示,相同平衡浓度下铜的吸附量要比其他离子的吸附
量要高。除了铜离子外,我们仍能从三元体系和四元体系的吸附等温线峰值来判
断吸附量的顺序如下:$Cd^{2+}(aq) > Zn^{2+}(aq) > Ni^{2+}(aq)$。很明显这一顺序和单
组分及双组分中的顺序不同。三元体系和四元体系中,电负性和离子化能似乎没
有直接影响竞争吸附。这一特殊行为可能和金属离子自身性质相关:金属离子的
极化率越大并且 N/R_H 值越小,则离子和吸附剂表面上的官能团间的结合力越
大,因此通过离子交换过程吸附的吸附量也就越大。这里,N 是水合离子中水分
子的数量,R_H 是水合离子半径。这种情况下,电化学电势及氧化还原反应所主
导的吸附就可忽略不计。对于我们的研究体系,尽管金属离子吸附在官能团上,
但紧接着大部分金属离子在碳纳米管表面被还原而远离官能团结构,留出吸附位
给其他吸附质。除了氢离子,还有不同电极电势的其他金属离子存在,因此各种
氧化/还原过程就可能发生。铜在这一过程中不会受影响。其结果表现为在复杂
吸附体系中铜离子的吸附量比其他金属离子的吸附量高。

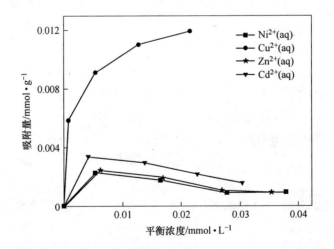

图 9-38 四元体系中的吸附等温线

($Ni^{2+}(aq) + Cu^{2+}(aq) + Zn^{2+}(aq) + Cd^{2+}(aq)$初始浓度比率为摩尔比) 溶液最终 pH=4.00)

总之,水溶液中多组分吸附十分复杂,任何能影响到吸附剂和吸附质之间结
合力的因素都会影响到吸附效果。对于每种体系,总离子的吸附等温线一并给

出，见图9-39和图9-40，图中的横坐标为吸附平衡时总离子浓度。对于含铜组分，所有总离子的等温线数据均符合Langmuir模型，而不含铜的组分，总离子的等温线数据出现峰值。

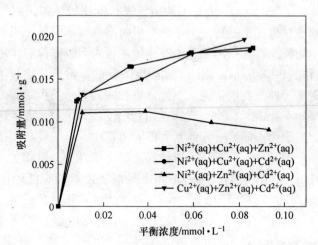

图9-39 三元体系中总离子在CVDCNTs-ox上的吸附等温线
（最终 pH=4.30）

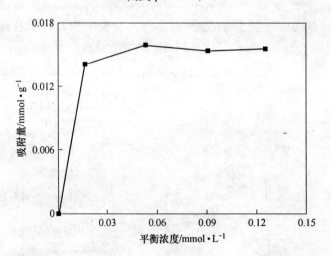

图9-40 四元体系中总离子在CVDCNTs-ox上的吸附等温线
（最终 pH=4.00）

9.5 煤基微米碳纤维对水溶液中镉离子的吸附

碳纤维是另一种重要的碳质材料。其中气相生长碳纤维由于其独特的性能，引起众多科学家的兴趣。气相生长碳纤维是低分子气态烃类在高温下与过渡金属（铁，钴，镍或它们的合金）接触时通过特殊的催化作用从气相直接生成的一种微米级的碳纤维。气相生长碳纤维经石墨化处理，拉伸强度和拉伸模量比聚丙烯腈基石墨纤维高。延伸性、电阻率、耐蚀性、抗氧化性均比有机纤维前驱体法产品性能优越，有着广泛的应用前景，备受世人关注。但其在环境保护中的应用至今还没有人研究。最近，Li 等在研究煤基炭微米树的制备过程中，发现一些外形新颖的微米炭，并预言该材料在吸附方面具有优异的性能。这些微米炭都是由微米级的纤维构成，直径小于 $1\mu m$，表面光滑。

前面部分对比研究了镉离子在不同吸附剂上的吸附及相同物种、不同电荷的铁离子在碳纳米管上的吸附及镍、铜、锌及镉四种离子在碳纳米管上的竞争吸附规律。本章从改变吸附剂的结构入手，以煤基微米碳纤维为吸附剂，以镉为目标去除物，研究其在煤基微米碳纤维上吸附性能。借以考察煤基微米碳纤维在吸附领域的应用前景。同时和碳纳米管对比，将其作为改变表面结构的对应吸附剂，来研究结构变化对吸附的影响。

9.5.1 吸附剂的表征分析

对煤基微米碳纤维进行 SEM 表征，如图 9-41 所示。由图中可以看出，煤基微米碳纤维的平均直径约 $0.4\sim0.6\mu m$，长度数十微米，由于制备过程形成的缺陷致使其为弯曲状。

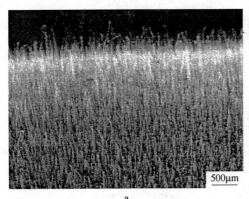
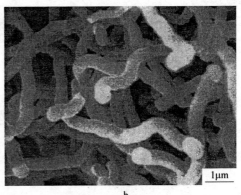

图 9-41　煤基微米碳纤维的 SEM 照片（a）和放大后的煤基微米碳纤维 SEM 照片（b）

氮气吸附仪进行孔结构分析可知，氧化前后的比表面积分别为 $48m^2/g$ 及 $99m^2/g$。氧化后比表面积明显增加。制备过程形成的缺陷致使煤基微米碳纤维形成弯曲状结构，而氧化处理导致了缺陷的增多，致使表面积增加近一倍。

图 9-42 给出了氧化前后两种煤基微米碳纤维的孔尺寸分布。由图可知，对于未氧化的煤基微米碳纤维，存在微孔结构。氧化后微孔消失，中孔增加。

氧化前后的煤基微米碳纤维 FTIR 表征的结果如图 9-43 所示。对于原始煤基微米碳纤维，在 1080cm⁻¹ 出现的强峰归属于表面的 C—O 官能团的伸缩震动。1730cm⁻¹ 归属于—CO—的伸缩震动。1390cm⁻¹ 尽管很弱，但和 >3000cm⁻¹ 的强宽谱带一起都归属于表面羟基官能团的存在。原始煤基微米碳纤维表面官能团的存在可能是因为和空气中氧等发生弱氧化的结果。对于氧化后的煤基微米碳纤维，所有的峰强都明显增加。很明显经过浓硝酸氧化处理后，煤基微米碳纤维表面的官能团比原始煤基微米碳纤维增加了很多。

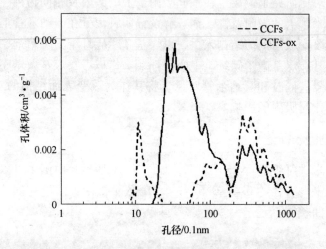

图 9-42　氧化前后煤基微米碳纤维的孔径尺寸分布图

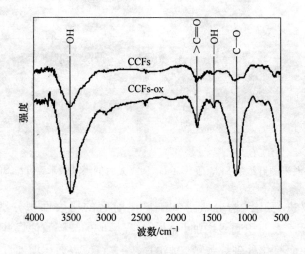

图 9-43　煤基微米碳纤维的傅里叶变换红外谱图

　　图 9-44 所示为碳纤维横断面结构。由图可知，和碳纳米管相比，煤基微米碳纤维的表面结构为非石墨层片结构，这就为氧化提供了更多的活性位，表现为

经浓硝酸氧化后表面加载了更多的活性官能团，在图9-43中表现为峰强明显增加，其结果是致使吸附剂的 pH_{PZC} 值下降。

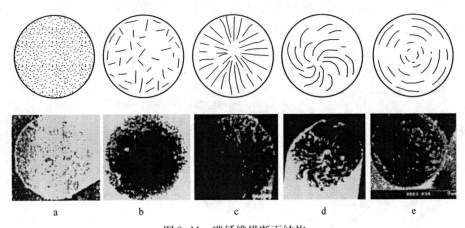

图9-44 碳纤维横断面结构

a—非晶态结构；b—无规则结构；c—辐射状结构；d—皱褶形结构；e—洋葱形结构

9.5.2 时间对吸附的影响

对于镉离子在 pH = 6.50 下，通过实验得到时间对平衡吸附量的曲线，结果见图9-45。

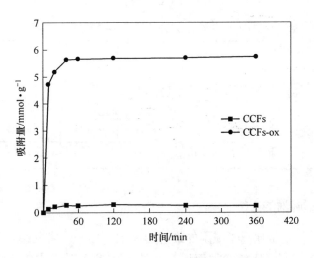

图9-45 吸附时间对镉离子吸附量曲线

(pH = 6.50，室温)

由图9-45可知，在前10min时，氧化煤基微米碳纤维对镉的吸附速率迅速增加，随后吸附速率变慢，在60min时达到平衡。很明显吸附没有涉及扩散机制，这可由图9-42中的微孔消失来进一步证明。

对图中的实验数据进行处理，得出 $\lg(q_e-q_t)$ 对 t，t/q_t，t 的关系图（图9-46），根据直线的斜率和截距计算得到 k_1 和 k_2 的值列于表9-16。从表中可以看出，准二级速率方程的相关系数 r^2 比一级速率方程的相关系数更接近1。因此镉离子在煤基微米碳纤维上的吸附动力学遵从准二级速率方程。这也是金属离子在炭素材料上吸附的一般动力学吸附规律。

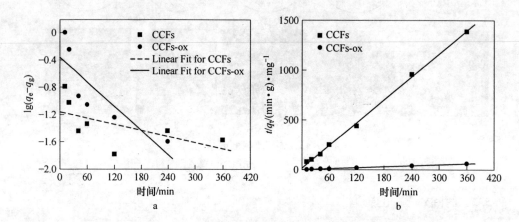

图9-46　两种动力学方程的准一级（a）和准二级（b）线性形式对煤基微米碳纤维吸附镉的实验数据拟合

表9-16　煤基微米碳纤维吸附镉离子的两种动力学模型参数 （pH = 6.50，室温）

样　品	初始 Cd（Ⅱ）浓度 /mg·L^{-1}	准一级			准二级		
		q_e /mg·g^{-1}	k_1 /min^{-1}	r^2	q_e /mg·g^{-1}	k_2 /g·(mg·min)$^{-1}$	r^2
CCFs	3	0.2869	0.0141	0.3362	0.2634	0.6286	0.9983
CCFs-ox	3	5.7406	0.1931	0.7210	5.7670	5.7670	1.0000

9.5.3　pH 值对吸附的影响

溶液的 pH 值是金属离子吸附的最有影响因素之一。实验结果表明，金属离子的去除率随溶液的 pH 值增加而增大，见图9-47。对于未氧化煤基微米碳纤维，当 pH > 6.00 时才能去除，在 pH > 9.00 左右时，其去除率才接近1。而对于氧化处理煤基微米碳纤维，当 pH < 2.00 时，镉离子就有去除，且去除率随 pH 值增大而增大，在 pH = 7.00 左右接近1。

由前几章分析可知，氧化处理很大程度地增加了氧的含量和总的酸性位，增

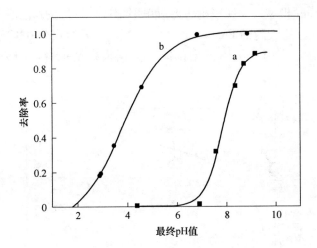

图 9-47　溶液 pH 值对镉离子在氧化前（a）和氧化后（b）煤基
微米碳纤维上吸附的影响

加了羧酸等官能团。这些官能团引起了吸附剂的 pH_{PZC} 减小并大大地增加了总的负表面电荷。对于镉离子的吸附，氧化前后煤基微米碳纤维的 pH_{PZC} 分别为 6.76 和 2.83。而去除的起始 pH 值分别为 5.60 和 1.85。和前面的分析一样，当溶液 pH 值低于 pH_{PZC}，吸附剂表面显正电性，反之显负电性。吸附能在溶液的 pH 值小于 pH_{PZC} 下发生，说明除了电性吸附外，还有其他化学特殊作用力存在，两者综合，才能使镉的去除率的起始 pH 值低于 pH_{PZC}。否则，由于吸附剂和金属离子带有同种电性，镉的去除率的起始 pH 值将高于 pH_{PZC}。对于氧化前后煤基微米碳纤维，当溶液 pH 值分别为 5.60 和 1.85 时，特殊作用力和电性斥力平衡，表现为开始有镉去除。

9.5.4　浓度对吸附的影响

　　吸附过程达到平衡时，溶液中的平衡浓度 C 与吸附剂表面上吸附量 q 的关系在恒定温度下可以用吸附等温线来表达。通常用来描述水溶液中吸附过程的吸附等温线包括：Langmuir 方程和 Freundlich 方程，具体公式推导和描述如前面所述。

　　图 9-48 给出了氧化过程对镉离子在煤基微米碳纤维上吸附的影响。图 9-48 中曲线 a 表明未氧化煤基微米碳纤维对镉离子的吸附能力很弱。这和图 9-47 中曲线 a 一致。氧化后，煤基微米碳纤维吸附能力明显增加，平衡浓度为 2.0mg/L 时，吸附能力达到了 5.7mg/g。和氧化前相比，氧化后其吸附能力提高了 26 倍，见图 9-48。和氧化处理后的深圳气相沉积碳纳米管比，其吸附能力提高了近 2 倍，数据见表 9-17。对于未氧化煤基微米碳纤维，由相关系数判断，等温吸附

数据符合 Langmuir 模型，表明吸附主要以单层物理吸附为主，范德华力起决定性作用。因此对于多层吸附的 Freundlich 模型，其相关系数仅为 0.1931。而对于氧化煤基微米碳纤维，两种吸附模型都能对数据很好地拟合。相关系数在 0.95以上。

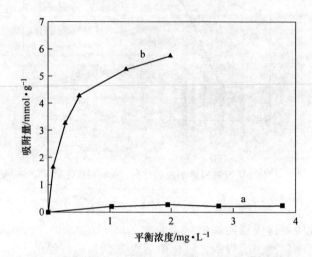

图 9-48   镉离子在氧化前后煤基微米碳纤维上的吸附等温线

(pH = 5.50)

a—CCFs；b—CCFs-ox

表 9-17   氧化前后煤基微米碳纤维吸附镉的 Langmuir 和

Freundlich 方程拟合参数 (pH = 5.50)

样　品	Langmuir			Freundlich		
	q_e /mg · g^{-1}	K_L /L · mg^{-1}	r^2	n	K_F	r^2
CCFs	0.2432	12.9994	0.9650	9.12	0.2142	0.1931
CCFs-ox	6.4350	3.8341	0.9994	2.59	4.8575	0.9757

众所周知，炭素材料的吸附能力很大程度上取决于表面的官能团结构，由前面可知，氧化处理使煤基微米碳纤维表面进入了丰富的官能团如羟基（—OH）、羧基（—COOH）以及羰基（>C＝O）等。正是这些活性官能团对镉离子在其上的吸附起主要贡献。而对于未氧化的煤基微米碳纤维，少量的微孔及比表面积则可能是主要的吸附位，表现为实验数据符合单层物理吸附的 Langmuir模型。

鉴于图 9-47 和图 9-48，对于未氧化煤基微米碳纤维，吸附的起始 pH 值很高，且吸附量低，因此我们仅考察镉离子在氧化煤基微米碳纤维上的吸附。所得吸附等温线如图 9-49 所示。由图可知，对于 pH = 4.50 和 pH = 5.50，吸附趋势是随着平衡浓度的增加，吸附量也相应增加。曲线上凸；对氧化前后煤基微米碳纤维吸附镉离子的实验数据进行回归分析，得到 Langmuir 和 Freundlich 的吸附等温式，相关数据见表 9-18。吸附等温线的直线型如图 9-50 所示。而对于 pH = 9.50，虽然吸附量也随着平衡浓度的增加而增加，但曲线下凸。这可能是因为此时溶液中的镉离子主要以沉淀形式存在，沉淀和吸附共同作用，使吸附量迅速增加。

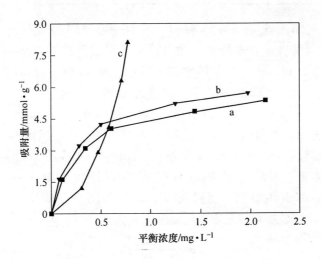

图 9-49　不同 pH 值下镉离子在氧化煤基微米碳纤维上的吸附等温线

a—pH = 4.50；b—pH = 5.50；c—pH = 9.50

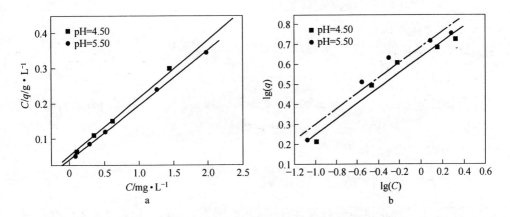

图 9-50　镉离子在氧化煤基微米纤维上吸附的 Langmuir 型（a）和

Freundlich 型（b）等温线直线拟合

表 9-18　各种 pH 值下煤基微米碳纤维吸附镉离子的 Langmuir 和
Freundlich 方程拟合参数

pH 值	Langmuir			Freundlich		
	q_e /mg·g^{-1}	K_L /L·mg^{-1}	r^2	n	K_F	r^2
4. 5	6. 0412	3. 2662	0. 9984	2. 58	4. 3242	0. 9773
5. 5	6. 4350	3. 8341	0. 9994	2. 59	4. 8575	0. 9757
9. 5	- 3. 3024	- 0. 9242	0. 9502	0. 51	12. 3410	0. 9986

从表 9-18 可知，当 pH = 4. 50 和 pH = 5. 50 时，对于氧化煤基微米碳纤维，数据对两种吸附模型都有很好的一致性，相关系数范围在 0. 9984 ~ 0. 9994 和 0. 9757 ~ 0. 9773 之间。和吸附能力相关的参数 q_m 和 K_F 也随着 pH 值的增加而增加。根据沉淀反应式计算得到镉离子沉淀开始到沉淀完全的 pH 值为 9. 32 ~ 9. 54，其中 K_{sp} 取 1. 2 × 10^{-14}。由此可知，对于 pH = 4. 50 和 pH = 5. 50；吸附没有受到沉淀的影响。当 pH = 9. 50 时，由于吸附和沉淀同时起作用，数据不符合 Langmuir 吸附模型，而对于 Freundlich 模型，即使数据相关系数很高，达 0. 99 以上，和吸附能力相关的 K_F 值也明显增强，但是和吸附强度相关的参数 n 值小于 1，很明显 Freundlich 模型也不能用来描述 pH = 9. 50 时的吸附等温线。实际上 pH = 9. 50 时，实验数据可以用表面沉淀模型来描述（式(9-9)）:

$$q = \frac{q_m KC}{1 - KC} \qquad (9-9)$$

式中　C——吸附质的平衡浓度，mg/L;

　　　q——吸附质的吸附量，mg/g;

　　　q_m——和吸附能力相关的常数;

　　　K——浓度系数常数。

在 C/q 与 C 坐标系中，等温线可以转化为直线形式：

$$\frac{C}{q} = \frac{1}{q_m K} - \frac{1}{q_m} C \qquad (9-10)$$

对 pH = 9. 50 的吸附等温线数据进行拟合，得到 q_m 及 K 值分别为 3. 2154mg/g 和 0. 9306L/mg。直线形式的线性相关系数 r^2 为 0. 9705。这也进一步证明了 pH = 9. 50 时，沉淀起作用。

9.5.5　煤基微米碳纤维的吸附能力比较

吸附剂的表面积也是影响表面物理吸附的因素。本章所用煤基微米碳纤维的比表面积仅为 99m^2/g。和文献中所用吸附剂的比表面积比很小，如甘蔗飞灰的比表面积为 169m^2/g，碳纳米管的比表面积为 154m^2/g，丹宁酸固定的活性炭的

比表面积是 $325m^2/g$。而氧化后微米碳纤维在平衡浓度为 $2mg/L$ 时的吸附量为 $5.7mg/g$，明显比同平衡浓度下上述吸附剂的吸附能力高（分别是 $3.0mg/g$，$1.2mg/g$，小于 $2.46mg/g$）。如果以单位比表面积为基准比较，此平衡浓度下，微米碳纤维的吸附能力为 $0.058mg/m^2$，也明显比上述吸附剂的高（分别为 $0.0195mg/m^2$，$0.007mg/m^2$，小于 $0.008mg/m^2$）。

综上可知，煤基微米碳纤维对水溶液中的镉离子有很好的去除能力，有望作为新的吸附剂应用于水处理中。除了比表面积、官能团、溶液的 pH 值及初始浓度、时间等因素，仍有很多其他因素会影响到吸附过程，需要进一步详细的研究。

10 改性纳米碳纤维材料脱除气态汞的应用

10.1 实验方法及表征

10.1.1 原料和仪器设备

10.1.1.1 实验原料和药品

实验原料、规格及生产厂家见表10-1。

表10-1 原料、规格及生产厂家

原 料	规 格	生 产 厂 家
普通椰壳活性炭	20~40目	承德华净活性炭有限公司
普通煤质活性炭	20~40目	承德华净活性炭有限公司
杏壳活性炭	20~40目	虹亚活性炭厂
光华-8活性炭	20~40目	北京光华晶科活性炭有限公司
SA分子筛	粉末	上海环球分子筛有限公司
MCM-41	粉末	天津凯美斯特科技发展有限公司
活性碳纤维	黏胶基	鞍山活性碳纤维厂
硅藻土	粉末	国药集团化学试剂有限公司
过氧化氢	30%	国药集团化学试剂有限公司
硝酸	65%~68%	大连市华中试剂厂
硫酸	96%~98%	丹东市龙海试剂厂
硝酸银	分析纯	北京化工厂
硝酸锰	分析纯	国药集团化学试剂有限公司
高锰酸钾	分析纯	天津市天河化学试剂厂
氯化铁	分析纯	天津市科密欧化学试剂开发中心
氯化铜	分析纯	湖州化学试剂厂
氯化铬	分析纯	国药集团化学试剂有限公司
氯化钴	分析纯	天津市科密欧化学试剂开发中心
去离子水	分析纯	大连理工大学化工学院
N_2	≥99.99%	光明化工研究设计院
CO_2	≥99.99%	光明化工研究设计院

10.1.1.2 实验主要仪器

实验主要仪器、规格、生产厂家见表10-2。

表 10-2 仪器、规格、生产厂家

仪 器	规 格	生 产 厂 家
恒温槽	501 型	上海实验仪器厂有限公司
马弗炉	SX2-4-10	山东龙口先科仪器公司
电子天平	BS 224S	德国赛多利斯（Sartorius）
粉末压片机	76YU-24B	天津市科器高新技术公司
电热恒温干燥箱	202-2AB 型	天津泰斯特仪器有限公司
程序温度控制仪器	KSL-60-11 型	山东龙口先科仪器公司
集热式恒温加热磁力搅拌器	DF-101S	巩义市予华仪器有限公司

10.1.2 实验装置

本书采用固定床动态吸附实验评价吸附剂对元素汞的吸附性能，实验装置如图 10-1 所示。

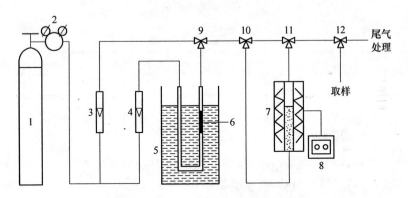

图 10-1 常压固定床吸附反应装置示意图

1—氮气；2—减压阀；3，4—转子流量计；5—数控恒温槽；6—汞渗透管；
7—吸附柱；8—温控仪；9～12—三通阀

如图 10-1 所示，考虑到烟气中的绝大部分为 N_2，因而将模拟烟气简化为 N_2 和 Hg^0 混合气体组成。汞蒸气由 501 型超级恒温槽恒温加热汞渗透管提供。汞渗透管置于 U 形管中放置于恒温水槽中，产生汞蒸汽，由高纯 N_2 带出进入汞吸附反应器。N_2 分两路，一路做平衡气，一路作汞蒸汽载气。出口处经过三通阀，一路通过取样管，可以随时取样测量混合气中汞含量，一路流向尾气吸收瓶，防止废气排入大气中。

10.1.2.1　汞源

主要由501型数控超级恒温槽、汞渗透管和U形玻璃管三部分组成。汞蒸汽主要由汞渗透管（由美国 VICI Metronics 公司生产）提供，汞渗透管如图10-2所示，规格如表10-3所示。

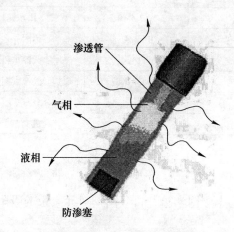

渗透管

气相

液相

防渗塞

图 10-2　汞渗透管简图

表 10-3　汞渗透管规格

类　型	有效长度/cm	总长/cm	直径/cm	操作温度/℃	渗透率/ng·min^{-1}
HE-SR	1.6	4	0.98	50	26

10.1.2.2　连接管路

由于 Hg^0 极易吸附在器壁上，特别是汞与金属反应生成汞齐合金，所以汞蒸气通过的所有连接管路均用石英玻璃制作。

10.1.2.3　吸附反应器

吸附柱也由石英玻璃制作，在吸附柱的外表面包裹上电加热带，并在电加热带中插入热电偶，电加热带和热电偶分别连接温控仪，利用温控仪提供吸附反应所需要的温度。

10.1.2.4　尾气吸收部分

反应后的尾气用装有 10% H_2SO_4-4% $KMnO_4$ 吸收液的吸收瓶吸收后排入通风柜上部的排风管道内，防止在试验中未被吸附的汞直接排入大气。

10.1.2.5 汞蒸汽检测部分

汞的检测采用中国地质科学院地球物理地球化学勘查研究所仪器研制中心研发而成的 XG-7Z 塞曼测汞仪。该仪器是根据基态汞原子对汞灯的特征谱线选择性吸收的冷蒸气原子吸收原理工作，利用横向塞满效应，以汞灯辐射产生的 π 和 σ 两个谱线作为分析和参考的波长，应用光的偏振与检测技术将它们在时间域上分开，给出与样品汞量相应的吸光度峰值及积分值。

XG-7Z 塞曼测汞仪质对元素汞进行测量，性能参数如下：

测定原理：原子吸收；

测定范围：0.01 ~ 1000ng Hg；

检出限：≤0.007ng Hg；

精密度：以相对标准偏差 RSD 表示，RSD ≤ 5%；

仪器工作环境：工作室内应有 1kW 以上 220 ±10%、50Hz 交流电。

10.1.3 实验步骤

实验在如图 10-1 所示的装置中进行，汞渗透管被置于 U 形管中，用恒温水槽加热到一定温度，汞蒸气便以一定渗透率从渗透管中渗透，被恒定流量的载气（高纯 N_2，200mL/min）携带出来进入反应器，与其中的吸附剂进行吸附。反应器出来的气体每隔一段时间用取样管进行吸收取样。开始吸附前，气流要先稳定约 2h，同时要不断补充水浴槽中的水，使水深基本保持不变，以此保证 U 形管加热面积不变，从而使汞初始浓度保持稳定。吸附温度由 XMT 数显调节仪控制。具体实验操作如下：

（1）连接管路并进行气密性检查，U 形管两端口应用凡士林密封。

（2）关闭流量计 4 的阀门，打开流量计 3，以一定流量吹扫整个管路。

（3）吹扫完后将一定量的吸附剂装入吸附柱，重新连好管路。

（4）关闭流量计 3，调节流量计 4 流量至 200mL/min，并设定水浴温度进行加热。

（5）开启测汞仪电源开关，电源指示灯亮。当恒温槽水浴温度达到设定所需温度时，开始取样测试初始浓度，初始浓度稳定时进行吸附试验。

（6）取样监测吸附柱出口浓度随吸附反应时间的变化，记录实验数据。

10.1.4 吸附剂的制备

10.1.4.1 吸附剂的筛选

选定实验室里的活性炭、活性碳纤维、分子筛、矿物类吸附剂（硅藻土等）作为吸附材料，采用塞曼测汞仪测定通过吸附柱后汞蒸气的浓度，比较各吸附剂对元素汞的吸附性能。

10.1.4.2　活性碳纤维的预处理

（1）水洗。取 0.5g 活性碳纤维放入烧杯中，倒入一定量的去离子水反复冲洗，待多次冲洗后活性碳纤维表面的灰分基本洗去，在 110℃干燥箱中干燥 3h。

（2）加热。分别各取活性碳纤维 0.5g 放入烧杯中，放入干燥箱中于 110℃下分别加热 1h、6h、12h，放入干燥皿中备用。

10.1.4.3　改性活性碳纤维的制备

（1）氧化改性活性碳纤维的制备。将活性碳纤维以 1g/40mL 的比例，分别放入质量分数 30% 的双氧水及浓 HNO_3 溶液中，常温下搅拌约 30min，用去离子水多次冲洗，最后 110℃下干燥得到的氧化改性活性碳纤维。

（2）银改性活性碳纤维的制备。配制 0.001mol/L、0.006mol/L、0.0018mol/L $AgNO_3$ 溶液中，向三种不同浓度的 $AgNO_3$ 溶液中各加入活性碳纤维 0.5g，常温下搅拌约 30min，室温下浸渍 24h，最后 110℃下干燥得到的银改性活性碳纤维。

（3）锰改性活性碳纤维的制备。向浓 HNO_3 和 $Mn(NO_3)_2$ 的混合溶液中加入活性碳纤维 0.5g，室温下浸渍 24h，干燥后得到 $Mn(NO_3)_2$ 浸渍活性碳纤维；向浓 H_2SO_4 和 $KMnO_4$ 溶液中加入活性碳纤维 0.5g，室温下浸渍 24h，干燥后得到 $KMnO_4$ 浸渍活性碳纤维；向浓硝酸和 $Mn(NO_3)_2$ 的混合溶液中加入 $KMnO_4$ 固体和活性碳纤维 0.5g，室温下浸渍 24h，干燥后得到活性 MnO_2 浸渍活性碳纤维。

（4）氯改性活性碳纤维的制备。配制 $CoCl_2$、$CrCl_2$、$CuCl_2$、$FeCl_3$ 溶液，将活性碳纤维浸渍到一定量的（氯化物质量占 ACF 质量分数分别为 10%、20%、30%、35%、40%）的配好的溶液中，搅拌 30min，室温下浸渍 24h，最后 110℃下干燥得到的氯改性活性碳纤维。

10.1.5　穿透曲线及吸附量

穿透曲线是指一个最初干净的床（即无吸附物）对一恒定（即与时间无关）组成流出物应答的特征曲线。当被吸附组分在出口的气流中被检测到时，称之为穿透，从吸附开始到穿透时所需要的时间，称为穿透时间。

某时刻 t 单位吸附量（$\mu g(Hg)/g$ 吸附剂）的计算：从吸附开始到 t 时刻为止，吸附剂所吸附汞的总量，可用式（10-1）表达：

$$W = \frac{\left[\int_0^t \left(1 - \frac{C}{C_0} \right) \right] C_0 q}{m} q \qquad (10\text{-}1)$$

式中　　W——t 时刻的吸附量，$\mu g/g$；

　　　　t——时间，min；

　　　C_0——汞源初始浓度，$\mu g/m^3$；

　　　C——t 时刻汞出口浓度，$\mu g/m^3$；

　　　q——原料气的流量，mL/min；

　　　m——吸附剂用量，g。

10.1.6　吸附剂的表征

10.1.6.1　BET 分析

FINESORB-3010 型程序升温化学吸附仪（泛泰仪器公司），以高纯 N_2 为载气，在 77K 下测定吸附剂的比表面积和孔径分布。

10.1.6.2　XRD 分析

在日本 Rigaku 公司 D/max-2400 型 X 射线粉末衍射仪上进行，扫描衍射角的范围在 $2\theta = 0.6° \sim 80°$，扫描速度为 $100/min$，扫描步幅是 $0.02°$。

10.1.6.3　Boehm 滴定

Boehm 滴定：Boehm 滴定法是由 BoehmHP 提出的对活性炭含氧官能团的分析方法。可以根据不同强度的碱与不同的表面含氧官能团反应来进行定性与定量分析，从而由消耗碱的量可以计算出相应含氧官能团的含量。

10.1.6.4　傅里叶红外分析

FTIR 在德国 BRUKER 公司的 EQUINOX55 红外气相傅里叶变换仪上进行。检测时将样品和 KBr 混合均匀，研细后压片，采用透射的方式测试样品，扫描的波长范围在 $500 \sim 4000cm^{-1}$。

10.1.6.5　XRF 分析

X 射线荧光分析：X 射线荧光光谱仪的型号为 SRS3400X，可以对周期表硼以后的元素的各种物态进行半定量及定量测定，其精度高，分析样品的浓度可从 $\times 10^{-6}$ 级到 100%。

10.2　活性碳纤维脱除气态汞的研究

10.2.1　吸附剂的筛选

为了选择适合于脱除模拟烟气中微量汞的吸附剂，本实验选定活性炭、活性碳纤维、沸石分子筛、矿物类物质作为吸附剂，考查其对汞吸附性能的影响，如图 10-3 所示。

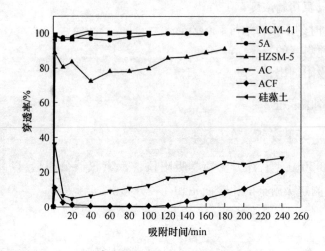

图 10-3　不同种类吸附剂对汞的吸附穿透曲线

图 10-3 反映了常温下不同吸附剂种类对汞吸附穿透曲线。从图中可以看出，刚开始时出口处 Hg^0 浓度有个逐渐降低的过程，Eswaran 和 Tian 等的研究中也发现类似的现象，认为是扩散阻力的影响，在实验初期汞分子进入活性碳纤维孔道，由于分子扩散作用，部分汞分子被载气带出，随着汞分子在孔道内不断填充凝聚，汞在孔道内受到的阻力增强，扩散作用影响减小，汞分子基本被吸附。由图可知，在常温常压下，MCM-41、5A、HZSM-5 分子筛、硅藻土对汞的吸附性能很差，MCM-41、5A 分子筛、硅藻土等基本对汞没有吸附性，活性碳纤维均对汞有较好的吸附能力，4h 后穿透率还维持在 0.2 左右，而活性碳纤维对汞的吸附性能最佳。

沸石分子筛是具有较强的极性，更易吸附极性分子，汞以金属键结合，为非极性键，因此分子筛对元素汞的吸附很弱。活性碳纤维和活性炭都属于多孔性的碳素材料，是表面含有含氧官能团和含氮官能团的非极性吸附剂。活性碳纤维的孔径分布均匀，微孔丰富且直接暴露在纤维表面，比表面积一般都在 $1000m^2/g$，比活性炭和分子筛大，对元素汞更具吸附优势。研究认为，活性碳纤维表面含氧官能团（C＝O）对 Hg^0 吸附有利，由于 C＝O 基团具有较强的氧化性，可以将元素汞氧化成低挥发性的汞的高价态化合物而被脱除。含氮官能团的阳离子能直接接受来自汞原子的电子而形成离子偶极键，使元素汞活化并连接在一起，在吸附活性位上容易与 C＝O 官能团生成氧化汞。

关于活性炭和活性碳纤维的对比，在上述实验的基础上，本实验进一步比较了活性碳纤维和实验室常见的几种活性炭对汞吸附性能的影响，如图 10-4 所示。

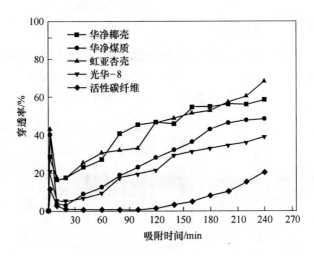

图 10-4　不同吸附剂种类对汞的吸附穿透曲线

图 10-4 为活性炭和活性碳纤维对汞的吸附穿透曲线。由图 10-4 可知，几种活性炭对汞的吸附穿透率均大于活性碳纤维，活性炭对汞的吸附性能比活性碳纤维差。几种活性炭对汞的吸附性能相差甚远，说明活性炭的制备原料的选择，活性炭制备的工艺参数，活性炭的表面性质等都是影响其吸附性能的重要因素。

活性炭和活性碳纤维相比，活性碳纤维的 BET 表面积大，具有独特的孔隙结构和丰富的微孔，且这些独特的孔隙结构和丰富的微孔直接分布在活性碳纤维的表面，汞蒸气比较容易直接的扩散到这些微孔中，使得大量的微孔能够得到充分的利用，有效吸附孔数目较多，因此，活性碳纤维比活性炭具有更好的吸汞性能。表 10-4 列出了文献中活性炭和活性碳纤维的物理化学特性，由表中数据可以看出活性碳纤维的表面积和孔容都大于活性炭，其 O/C、N/C 比也高于活性炭，这些都能影响其对汞的吸附性能。

表 10-4　活性炭和活性碳纤维的物理化学性能参数

项 目	BET 表面积 /m² · g⁻¹	孔容 /cm³ · g⁻¹	平均孔径 /nm	原 子 比	
				O/C	N/C
AC	150	—	—	0.02	0.01
GAC	770	0.44	1.74	—	—
ACF	1619	0.79	1.42	0.14	0.02

因此本书将以活性碳纤维作为吸附剂来脱除模拟烟气中的汞，并对活性碳纤维进行评价，找出一种最佳的催化工艺和运行操作参数。

10.2.2　活性碳纤维的表征

本实验均采用活性碳纤维进行吸附实验或者以它为本体进行浸渍改性而进行的实验研究，故对所选活性碳纤维进行了表征，其孔径分布图如图 10-5 所示，其红外光谱如图 10-6 所示，XRD 谱图如图 10-7 所示。

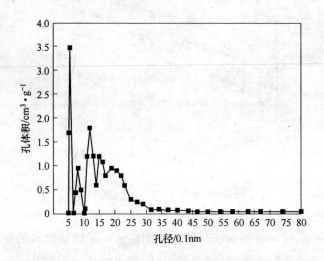

图 10-5　活性碳纤维的孔径分布

图 10-5 为活性碳纤维的孔径分布图。从图中可以看出，活性碳纤维的孔径分布很窄，而且绝大部分孔道都是微孔，微孔孔径较均匀，有效吸附孔的数目很多，是超微粒子、表面、不规则结构以及狭小空间的组合。超微粒子杂乱无章的排列构筑成活性碳纤维丰富的微孔，形成丰富的纳米孔空间，为吸附作用提供巨大的比表面积。活性炭丰富的微孔对吸附小分子更有利。

图 10-6 为活性碳纤维的红外谱图。从图中可以看出，活性碳纤维在 $3400cm^{-1}$ 附近的峰属于 O—H 的伸缩振动，在 $2900cm^{-1}$ 附近的峰属于 C—H 的伸缩振动，在 $1630cm^{-1}$ 附近的峰属于 C=O 的伸缩振动，在 $1400cm^{-1}$ 附近的峰属于 O—H 的变形振动，在 $1380cm^{-1}$ 附近的峰属于—N=C=O 的对称伸缩振动，在 $1070cm^{-1}$ 附近的峰属于 C—O 的伸缩振动，说明活性碳纤维所含的 C、H、O、N 通过化学键相连接，形成了多种含氧官能团和含氮官能团。

图 10-7 为活性碳纤维的 XRD 谱图，从图中可以看出，活性碳纤维在小角领域有相当强的衍射峰，这说明其中存在着大数目较多的微孔，在大角领域没有出现衍射峰，这说明活性碳纤维本质上属于非晶态的无定型碳结构。这些分析结果表明，活性碳纤维的碳原子以乱层堆叠的类石墨微晶片层形式存在，微晶片层在三维空间的有序性较差，平均尺寸非常小。

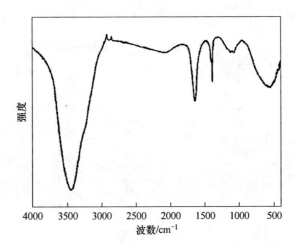

图 10-6 活性碳纤维的红外谱图

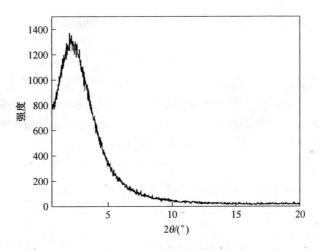

图 10-7 活性碳纤维的 XRD 谱图

10.2.3 工艺条件对吸附性能的影响

10.2.3.1 汞进气流量对吸附性能的影响

调节载气入口流量，分别测定载气流速为 200mL/min，250mL/min，300mL/min 和 350mL/min 时汞的吸附穿透曲线，考察不同载气流速对活性碳纤维吸附汞的影响。实验结果如图 10-8 所示。

从图中曲线可知，穿透时间随着汞进气流量的增加而减少。当流体流速为 200mL/min 时，穿透时间较长，需要 130min，发生穿透后，活性碳纤维对元素汞的吸附性能下降较慢。当载气流量为 350mL/min 时，需要 70min 就已经发生了穿透。

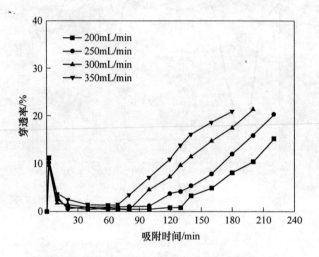

图 10-8　不同进气流量对汞的吸附穿透曲线

由此可见，载气流量越大，越容易发生穿透。载气流量增大会缩短汞蒸气在床层的停留时间，停留时间减少则会缩短汞蒸气与活性碳纤维的接触时间，进而影响到汞蒸气在活性碳纤维孔道中的内扩散，汞蒸气在较短的时间内不能到达活性碳纤维的微孔深处，从而表现出较早的饱和从活性碳纤维孔道中被载气带出。

图 10-9 反映了载气流量对汞的吸附量的影响。从图中可以看出，活性碳纤维对汞的吸附量随载气流量的增大而减小。在单位时间内通过活性碳纤维层的汞的体积随着载气流量的增大而增加，这样可以缩短汞在活性碳纤维床层的停留时

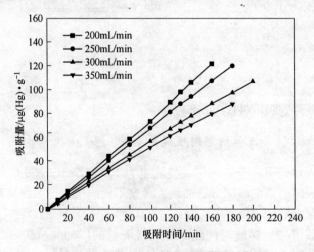

图 10-9　不同进气流量对汞吸附量的影响

间，使汞传质效率下降，活性碳纤维快速达到吸附平衡。由此可见，减小载气流量有利于活性碳纤维对元素汞的吸附。

10.2.3.2 吸附温度对吸附性能的影响

实验过程中改变反应温度，实际烟气温度约为140℃，本试验在20℃和140℃之间选取几个点进行研究，考察吸附温度为20℃、40℃、70℃、100℃时汞的吸附穿透曲线，评价吸附温度对活性碳纤维吸附脱除汞的影响。

图10-10为吸附温度对汞的吸附穿透曲线。从图中曲线可知，吸附温度对活性碳纤维脱汞吸附性能的影响较大，穿透时间随着反应温度的升高而缩短，穿透率大大增加，吸附能力大大减弱。当吸附温度为20℃时，需要120min才发生穿透，活性碳纤维对汞的吸附能力下降较慢。当温度为100℃时，吸附过程刚开始时出口穿透率就已将达到90%，而且达到最高浓度只需要60min。

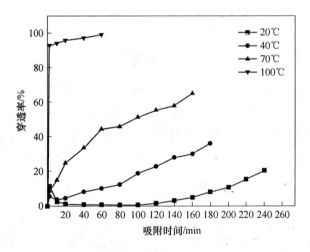

图10-10 反应温度对汞的吸附穿透曲线

温度是影响物理吸附和化学吸附很重要的因素。低温时，发生的主要是物理吸附，化学吸附速率很慢，具有足够能量的吸附汞活性位的数目较少。汞在活性碳纤维表面上的吸附首先发生的是物理吸附，物理吸附是随着温度的升高，吸附能力是下降的，活性碳纤维表面吸附 Hg^0 的活性区域在较高温度时减损和钝化也会导致其吸附能力的下降，这种表现可以认为是由物理吸附的机理来决定的。

图10-11反映了吸附温度对汞吸附量的影响。从图中可以看出，活性碳纤维对汞的吸附量随吸附温度的增加而降低。根据 Lennard-Jones 模型理论，在低温时，发生的主要是物理吸附，物理吸附是具有可逆性的，在这种动态平衡中，温度较高阻碍吸附的进行，对脱附反而更加有利。因此活性碳纤维对汞的吸附量随温度的升高而下降。

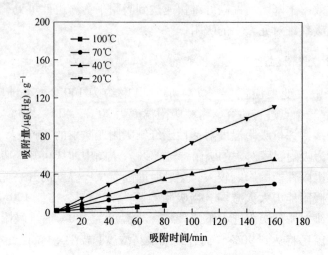

图 10-11　反应温度对汞吸附量的影响

10.2.3.3　汞进气浓度对吸附性能的影响

汞的进气浓度随着水浴温度的升高而增大，调节水浴温度，当水浴温度为 50℃、60℃、70℃时，进气汞浓度分别为 24.5μg/m³、53.1μg/m³、73.3μg/m³，汞进气浓度变化对汞吸附性能的影响见图 10-12。

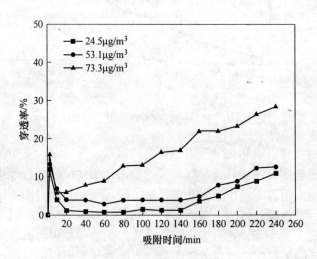

图 10-12　不同进气浓度对汞的吸附穿透曲线

图 10-12 为不同汞进气浓度对汞的吸附穿透曲线。由图可知，汞进气浓度影响活性碳纤维对元素汞的吸附性能，随着汞进气浓度的升高，活性碳纤维对汞的吸附能力有所下降，穿透率增加。汞进气浓度越低，吸附的效果越好，但相对于

吸附量而言，汞进气浓度高则吸附量大，如图 10-13 所示。汞浓度的增大在一定程度上对吸附过程中的推动力有所提高，导致吸附速率的提升，吸附量也随之增加。

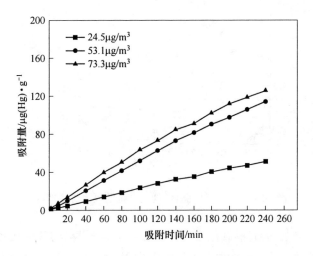

图 10-13　进气浓度对汞吸附量的影响

10.2.4　预处理对活性碳纤维吸附性能的影响

活性碳纤维在长期的储存、运输过程中比较容易吸附空气中的挥发性物质，使其吸附性能会大大减弱甚至会失效，因此有必要在活性碳纤维使用前对其进行预处理。王军辉研究热处理对活性炭吸附汞性能的影响，发现热处理的活性碳吸附汞的能力下降。熊银伍研究水蒸气存在时，活性焦脱汞效率的影响，发现明水蒸气对活性焦脱汞有阻碍作用，主要是由于水蒸气吸附在活性焦的表面，覆盖了部分吸附汞的活性位；另外，水蒸气以氢键的形式和焦表面的 C＝O 结合，从而降低脱汞效率。

10.2.4.1　水处理对吸附性能的影响

为了考察活性碳纤维中水分的存在对汞吸附性能的影响，对活性碳纤维进行了水洗预处理，其对汞吸附性能的影响见图 10-14。

图 10-14 反映了水洗对活性碳纤维吸附元素汞性能的影响。由图可知，水洗处理的活性碳纤维对元素汞的吸附性能优于未处理的活性碳纤维。活性碳纤维在长期放置过程中比较容易吸附空气中的挥发性物质，进而影响其吸附性能，使其吸附能力降低，另外活性碳纤维表面存在的灰分也会降低活性碳纤维的吸附能力。根据 Zawadzki 的理论，在有水的条件下，H_2O 分子被活性碳纤维表面存在的

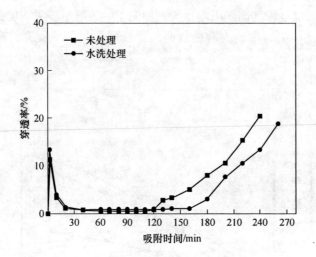

图 10-14　水洗处理对活性碳纤维的吸附穿透曲线

吡喃酮官能团和离域 π 电子氧化成 H_2O_2，而 H_2O_2 本身具有很强的氧化性，能够将元素汞氧化成高价态汞，更容易被吸附脱除。Y. H. Li 等认为活性碳纤维表面的水分能够影响活性碳纤维对汞的脱除，水能够与活性碳纤维表面的碳氧官能团发生相互作用形成吸附元素汞新的活性位，增加吸附活化中心，从而有利于汞的吸附。

10.2.4.2　热处理对吸附性能的影响

对活性碳纤维在 110℃ 进行加热 1h、6h、12h 处理。图 10-15 反映了热处理活性碳纤维对汞吸附性能的影响。

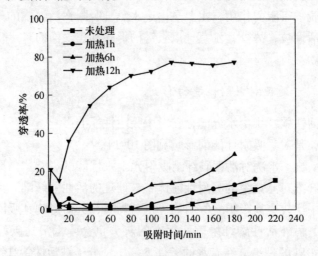

图 10-15　加热处理活性碳纤维对汞吸附性能的影响

由图可知，活性碳纤维经热处理后，对元素态汞的吸附能力明显减弱，吸附效率有所下降。活性碳纤维表面有许多含氧官能团，这些都是活性碳纤维吸附汞的活性位，对活性碳纤维进行加热处理之后，活性碳纤维表面的含氧官能团发生部分分解，从而导致活性碳纤维吸附汞的活性位减少；另一方面，加热处理后，活性碳纤维的表面性质发生改变，比表面积减小；文献中指出高温热处理使活性碳纤维比表面积下降，活性碳纤维的含碳量提高，含氧量降低，热处理前后含氧官能团减少。因此热处理后活性碳纤维的对汞的吸附能力降低，主要是由于比表面积的减小和含氧官能团的减少。

10.3 改性活性碳纤维吸附脱除气态汞的研究

活性碳纤维（ACF）具有独特的表面结构和表面化学特性，在碳固体表面存在不饱和性的表面原子，它们以不同的形式结合其他原子和基团，构成其独特的表面化学结构。微晶炭在比燃烧温度低的条件下与氧反应生成表面氧化物，主要有羧基、酚羟基、酯基等含氧官能团，此外还有含 S、N、卤素等官能团，活性碳纤维表面的官能团对其吸附特性有着很大的影响。对活性碳纤维进行化学改性处理，不仅可以改变活性碳纤维的表面结构，也可以改变活性碳纤维的表面特性，进而改变活性碳纤维对元素汞的吸附性能。

本章主要采用湿氧化改性、载银处理、锰处理、载氯处理等改性方法对活性碳纤维进行浸渍改性，然后评价各种改性活性碳纤维对汞的吸附性能。氧化处理可以改变活性碳纤维的孔隙结构。比表面积，可以增加活性碳纤维的表面极性，活化活性碳纤维，增加吸附量。载银主要是由于银与汞有很强的亲和力，易和汞形成银汞齐，银的载入可以促进活性碳纤维的活性，增强活性碳纤维对汞蒸气的吸附能力。活性 MnO_2 对汞蒸气有极强的吸附能力，选用活性二氧化锰对活性碳纤维进行改性。$KMnO_4$ 具有极强的氧化性，对汞蒸气也有极强的氧化能力，选用 $KMnO_4$ 对活性碳纤维进行改性。$Mn(NO_3)_2$ 是活性二氧化锰合成的原料之一，也选用 $Mn(NO_3)_2$ 对活性碳纤维进行浸渍改性。载氯主要是考虑到氯离子能与汞结合生成汞的氯化物和多氯化物。

10.3.1 湿氧化改性活性碳纤维对汞吸附性能的影响

图 10-16 为湿氧化改性活性碳纤维对汞的吸附穿透曲线。活性碳纤维经氧化改性后对汞的吸附能力大大提高，穿透时间明显增加，且 H_2O_2 改性后的活性碳纤维的穿透时间要长于浓 HNO_3 改性的活性碳纤维。

图 10-17 为湿氧化改性活性碳纤维对汞的穿透吸附量。从图中可知，活性碳纤维经湿氧化处理后，对汞的穿透吸附量有所增加，且 H_2O_2 改性后的活性碳纤维对汞的穿透吸附量要比浓 HNO_3 改性的活性碳纤维的穿透吸附量多。

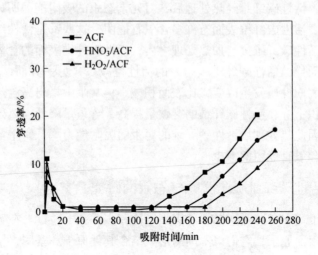

图 10-16　湿氧化改性 ACF 对汞的吸附穿透曲线

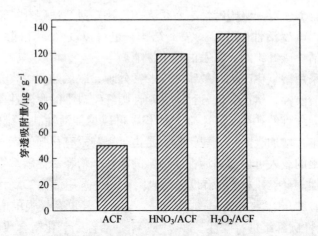

图 10-17　湿氧化改性 ACF 对汞的吸附量的影响

　　H_2O_2 溶液对活性碳纤维孔隙内杂质具有洗涤和活化作用，经 H_2O_2 氧化处理的活性碳纤维其 BET 比表面积有所增加，而浓 HNO_3 由于其强氧化作用会造成活性碳纤维表面孔壁的塌陷，导致其比表面积降低，详见表 10-5。

表 10-5　ACF 的 BET 比表面积

样　　品	比表面积/$m^2 \cdot g^{-1}$
ACF	733.32
H_2O_2/ACF	789.46
HNO_3/ACF	630.30

HNO$_3$/ACF 的比表面积比活性碳纤维减少了近 100m^2/g，H$_2$O$_2$/ACF 的比表面积比未改性活性碳纤维增加了 56m^2/g，但浓硝酸和过氧化氢改性的活性碳纤维对汞的吸附性能都要比未改性的活性碳纤维性能好。可见，浓硝酸和过氧化氢改性的活性碳纤维对汞的吸附性能除了与和活性碳纤维的比表面积相关外，还与活性碳纤维的表面性质有很大的关联。

研究表明活性碳纤维表面具有各类含氧官能团，主要有代表性的是羰基、羧基、酚羟基和内酯基，而其中的酯、羰基官能团是可以还原的官能团。Y. H. Li 等指出，活性炭表面含氧官能团中主要是酯基和碳基对元素汞的吸附有利；由于酯基和羰基具有较强的氧化性，可以作为氧化汞的吸附活化中心，使 Hg^0 氧化，在反应位上生成氧化汞。

表 10-6 为 Boehm 滴定得到的活性碳纤维表面官能团的数量。由表 10-6 可知，活性碳纤维经氧化剂处理后，含氧官能团的数量有所变化，内酯基和羰基的量都有所增加，羟基有不同程度的减少。H$_2$O$_2$ 处理的活性碳纤维羧基有所增加，HNO$_3$ 处理的活性碳纤维表面羧基有所减少，但含氧官能团总量还是有所增多，这与文献结果一致。含氧官能团的增多增加了活性碳纤维表面的吸附活性位，将有利于汞的吸附，故氧化改性后的活性碳纤维对汞的吸附性能有所提高。虽然活性碳纤维经浓 HNO$_3$ 改性后其比表面积有所下降，但其对汞的吸附效果仍好于未改性活性碳纤维，可见此时含氧官能团对汞的吸附起主要作用。

表 10-6 氧化法改性 ACF 的表面官能团的变化

样 品	C=O	OH	COOR	COOH	总酸消耗/nmol·g^{-1}
ACF	0.58	0.88	0.94	0.90	3.30
H$_2$O$_2$/ACF	0.60	0.68	1.10	1.30	3.68
HNO$_3$/ACF	0.90	0.72	1.20	0.72	3.54

10.3.2 载银活性碳纤维对汞吸附性能的影响

韩月香等对载银活性碳吸附汞蒸气的机理进行了探讨，认为载银活性碳对汞的吸附是缘于银与汞之间存在很强的亲和力生成银汞齐，汞在活性碳上的吸附具有很强的选择性，只吸附在含银活性位上，无氧化汞生成。因与载银活性碳汞吸附机理相同，载银活性碳纤维吸附汞亦生成银汞齐，载银活性碳纤维对汞吸附性能的影响如图 10-18 所示。

图 10-18 为不同浓度硝酸银改性活性碳纤维对汞的吸附穿透曲线。由图中我们可以看出，与未改性活性碳纤维相比，载银后活性碳纤维对汞吸附性能显著提高，穿透时间有所加，并且随着硝酸银浓度的增大而增大。不同浓度硝酸银改性活性碳纤维对汞的穿透吸附量如图 10-19 所示，载银活性碳纤维对汞的吸附穿透

量随着硝酸银浓度的增大而增加。

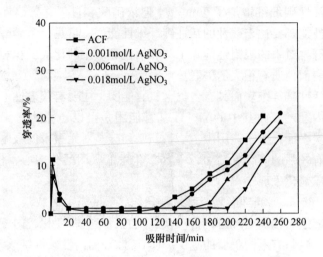

图 10-18　不同浓度硝酸银改性的 ACF 对汞的吸附穿透曲线

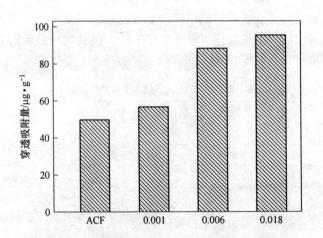

图 10-19　银改性的 ACF 对汞吸附量的影响

　　银与汞有很强的亲和力，易和汞形成银汞齐，银的载入可以促进活性碳纤维的活性，增强活性碳纤维对汞蒸气的吸附能力；同时由于负载于活性碳纤维表面的银也处于未平衡的力场中，它能捕获流经该表面的汞蒸气分子，形成多分子吸附层。

　　表 10-7 为采用 X 射线荧光光谱仪（XRF）对活性碳纤维样品测得的含银量。结果表明，在活性碳纤维表面，硝酸银中的银离子被还原成单质银，且银含量随着硝酸银浓度的增大而增加。活性碳纤维的氧化还原过程，实际上是纤维内部和表面之间的电子传递过程。纤维表面某一位置的还原性基团因氧化而失去电子，

银离子得到电子被还原为金属银结晶析出。在硝酸银浓度较低的情况下，单位面积上的银数量较少，银离子首先与活性碳纤维表面上活泼程度高的活性点发生氧化还原反应而被还原为金属银并吸附在该点上，此时活性碳纤维的导电性能得到改善，可催化溶液中的银离子在这一点上继续发生还原，银晶体不断生长增大；在硝酸银浓度高情况下，由于质量效应，会有更多的银离子克服氧化还原反应能垒，即使在纤维表面上不太活跃的点，也可发生氧化还原反应，因而银结晶点位数量随硝酸银浓度升高而增多。银结晶点越多，越容易和汞结合，形成银汞齐，因此载银后活性碳纤维汞吸附性能随着硝酸银浓度的增大而升高。

表 10-7　各载银 ACFs 表面银含量

样　品	Ag 含量（质量分数）/%
0.001mol/L AgNO$_3$	0.94
0.006mol/L AgNO$_3$	1.50
0.018mol/L AgNO$_3$	11.20

10.3.3　锰改性活性碳纤维对汞吸附性能的影响

天然软锰矿能强烈地吸收汞蒸气，也能吸收全液态的细小汞珠主要是由于 MnO_2 对汞蒸气有极强的吸附能力，MnO_2 本身水溶性很差，由高锰酸盐在水溶液中氧化低价的锰离子得到，本实验用 $KMnO_4$ 水溶液氧化 $Mn(NO_3)_2$ 来制备 MnO_2，因此选用 MnO_2 对活性碳纤维进行改性。$KMnO_4$ 本身具有极强的氧化性，对汞蒸气也有极强的氧化能力，因此选用 $KMnO_4$ 对活性碳纤维进行改性。$Mn(NO_3)_2$ 是活性二氧化锰合成的原料之一，也选用 $Mn(NO_3)_2$ 对活性碳纤维进行浸渍改性，考查其改性对活性碳纤维脱汞性能的影响。锰改性的活性碳纤维对汞的吸附性能影响如图 10-20 所示。

图 10-20 为锰改性活性碳纤维对汞的吸附穿透曲线。从图中可以看出，对活性碳纤维进行 $Mn(NO_3)_2$ 浸渍处理后，吸附效果大大降低，120min 左右穿透率已经达到 100%，而用高锰酸钾和活性二氧化锰处理后，吸附效果均有所提高，穿透时间大大增加，约为未改性活性碳纤维的 2 倍。图 10-21 为锰改性活性碳纤维对汞的吸附量的影响，由图可知，$Mn(NO_3)_2$ 浸渍的活性碳纤维在吸附汞的过程较早穿透，吸附量很小，而 $KMnO_4$ 和 MnO_2 浸渍的活性碳纤维对汞吸附能力大大提高，穿透吸附量为 179.86μg/g，是未改性活性碳纤维的 4 倍。

对活性碳纤维进行 $Mn(NO_3)_2$ 浸渍处理后，吸附效果有所下降，$Mn(NO_3)_2$ 与汞不能直接发生化学反应，浸渍后的 MnO_2 颗粒可能会堵塞活性碳纤维的孔道，从而导致其改性的活性碳纤维吸附效果的下降。活性碳纤维经 MnO_2 浸渍后，汞在活性碳纤维表面发生化学反应生成新的化合物 Hg_2MnO_2，反应过程如式

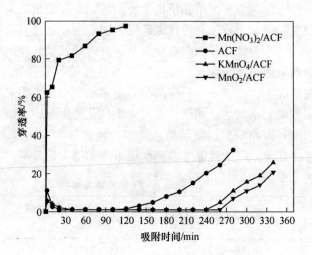

图 10-20　改性 ACF 对汞的吸附穿透曲线

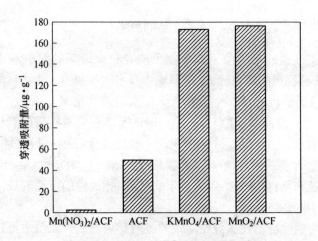

图 10-21　锰改性 ACF 对汞的吸附量的影响

（10-2）所示：

$$2Hg + MnO_2 \longrightarrow Hg_2MnO_2 \tag{10-2}$$

从化合物的分子整体来看，不存在电子的得失，但实际上，在化合物内部电子由汞原子向锰原子转移，使两者以较强的化学键结合起来。$KMnO_4$ 氧化后的活性碳纤维脱汞能力提高这是由于在氧化过程中生成 MnO_2，在酸性和加热条件下，高锰酸钾会发生氧化还原反应生成 MnO_2，反应式如式（10-3）和式（10-4）所示：

$$MnO_4^- + 8H^+ + 5e \longrightarrow Mn^{2+} + 4H_2O \tag{10-3}$$

$$2MnO_4^- + 3Mn^{2+} + 2H_2O \longrightarrow 5MnO_2 + 4H^+ \qquad (10\text{-}4)$$

生成的 MnO_2 和汞结合生成 Hg_2MnO_2，同时活性碳纤维表面基团受到高锰酸钾的强氧化作用会生成大量的 $C=O$ 含氧基团，这都有利于对汞的吸附。因此高锰酸钾和活性二氧化锰改性的活性碳纤维对汞的吸附能力都会有所增强。

10.3.4 氯改性活性碳纤维对汞吸附性能的影响

由于氯和 Hg^0 能发生较强的化学吸附作用，许多学者进行载氯活性炭脱汞实验的研究，结果发现对活性炭进行载氯后，其对汞的吸附过程受物理吸附和化学吸附双重因素的影响，吸附汞能力大大增强。因此本节考察了一些过渡金属氯化物浸渍的活性碳纤维对汞的吸附性能，过渡金属氯化物浸渍量为 10%，其对汞的吸附性能如图 10-22 和图 10-23 所示。

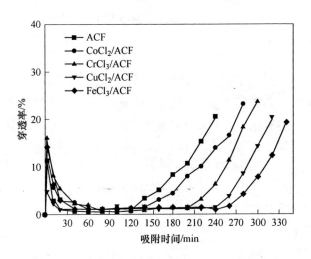

图 10-22　氯改性 ACF 对汞的吸附穿透曲线

图 10-22 为几种过渡金属氯化物改性活性碳纤维对汞的吸附穿透曲线，由图中可知，活性碳纤维经 $CoCl_2$、$CrCl_2$、$CuCl_2$、$FeCl_3$ 溶液浸渍处理后，对汞的吸附性能均好于未改性的活性碳纤维，穿透时间增加，其中 $FeCl_3$ 浸渍处理的活性碳纤维吸附效果最佳，穿透吸附量也最多，如图 10-23 所示。

浸渍在活性碳纤维表面的氯化物先一步与汞接触，与汞发生化学反应，在活性炭的纤维表面，氯原子可能和单质汞发生如下反应（式(10-5)~式(10-7)）：

$$Hg^0 + Cl^- \longrightarrow HgCl^- + 2e \qquad (10\text{-}5)$$

$$HgCl^- + Cl^- \longrightarrow HgCl_2 + 2e \qquad (10\text{-}6)$$

$$Hg^0 + Cl_2 \longrightarrow HgCl_2 \qquad (10\text{-}7)$$

有的学者认为当氯离子足量的时候，还可以进一步反应，生成复杂的四氯化

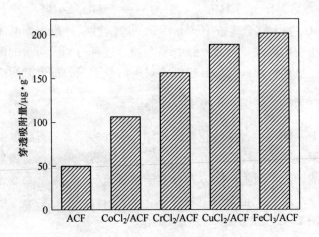

图 10-23　氯改性 ACF 对汞的吸附量的影响

汞的形式：

$$HgCl_2 + 2Cl^- \longrightarrow [HgCl_4]^{2-} \tag{10-8}$$

反应式（10-5）所需的吉布斯自由能很低，一般在室温下就能发生。由于 Fe^{3+} 本身具有较强的氧化性，其氧化性强于 Cu^{2+}、Cr^{2+}、Co^{2+}，可以将汞氧化为高价态，可能发生如下反应：

$$FeCl_3 + Hg \Longrightarrow FeCl_2 + HgCl \tag{10-9}$$

故 $FeCl_3$ 改性的活性碳纤维对汞的吸附能力要好于其他三种。总之 $CoCl_2$、$CrCl_2$、$CuCl_2$、$FeCl_3$ 改性的活性碳纤维对汞的吸附性能均强于未改性的活性碳纤维，在吸附过程中，同时发生化学吸附和物理吸附，将单质汞氧化成高价态的汞化合物，更容易吸附脱除。

10.4　吸附条件对改性活性碳纤维脱除气态汞的研究

本章采用了简单的对比法，在流量、反应温度、吸附剂用量等一定的情况下，比较了几种改性活性碳纤维脱汞吸附效果，筛选出吸附效果最佳的改性脱汞吸附剂。然后进一步考察了最佳改性吸附剂在不同载气，不同浸渍量，不同温度下对汞的吸附性能。

10.4.1　最佳吸附剂的筛选

图 10-24 和图 10-25 分别为各改性活性碳纤维对汞的吸附穿透曲线和穿透吸附量。从图中可知，$FeCl_3$ 改性的活性碳纤维对汞的吸附效果相对最佳，穿透时间最长，穿透率相对较小，且 $FeCl_3$ 改性的活性碳纤维对汞的穿透吸附量最高。

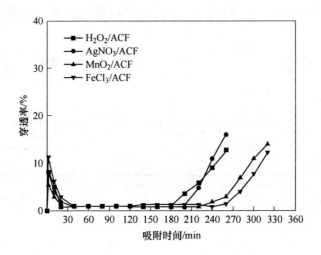

图 10-24　改性 ACF 对汞的吸附穿透曲线

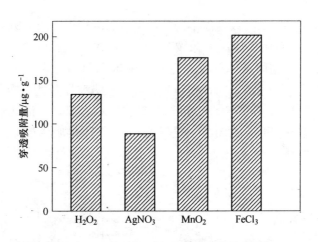

图 10-25　改性 ACF 对汞的吸附量的影响

10.4.2　不同载气对汞吸附性能的影响

　　测定了 $FeCl_3$ 改性活性碳纤维在不同载气下的对汞吸附量的影响，结果如表 10-8 所示。从表 10-8 可知，当载气流量和反应温度一定，以 N_2 作载气时，$FeCl_3$ 改性活性碳纤维对汞的吸附性能优于 CO_2 作载气时，穿透时间和穿透吸附量都高于 CO_2 作载气时的穿透时间和穿透吸附量。可见，CO_2 的存在会直接导致活性碳纤维对汞的吸附能力降低，这可能由于活性碳纤维对 CO_2 存在一定的吸附能力，汞和 CO_2 之间必然存在着竞争吸附，CO_2 分子占据了活性碳纤维吸附汞的活性位，使得吸附汞的活性位减少，所以活性碳纤维对汞的吸附能力会降低。

表 10-8　不同载气下 FeCl₃ 改性 ACF 对汞吸附性能的影响

载 气	载气流量 /mL · min⁻¹	反应温度 /℃	穿透时间 /min	穿透吸附量 /μg · g⁻¹
N_2 为载气	200	20	240	202.25
CO_2 为载气	200	20	180	115.45

10.4.3　不同载体对汞吸附性能的影响

分别以活性碳纤维、活性炭、MCM-41 分子筛作载体，用 $FeCl_3$ 对其进行浸渍改性，$FeCl_3$ 的浸渍量为 10%，考察 $FeCl_3$ 改性的不同载体对汞的吸附性能影响。

图 10-26 为汞在 $FeCl_3$ 改性的不同载体上的吸附穿透曲线。由图可知，$FeCl_3$ 改性的活性碳纤维对汞的吸附效果要好于 $FeCl_3$ 改性的活性炭和 $FeCl_3$ 改性的 MCM-41 分子筛，在相同条件下吸附能力：$FeCl_3/ACF > FeCl_3/AC > FeCl_3/MCM-41$。MCM-41 分子筛对汞的吸附性能很差，几乎没有吸附能力，经 $FeCl_3$ 浸渍改性后，吸附效果得到提高。由前面可知，就载体本身而言，活性碳纤维对汞的吸附能力要强于活性炭和 MCM-41 分子筛，载体对汞的吸附能力：$ACF > AC > MCM-41$，可见载体本身的孔道结构、表面性质等在吸附过程中起到很重要作用。

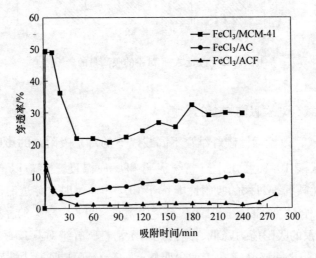

图 10-26　$FeCl_3$ 改性不同载体对汞的吸附穿透曲线

10.4.4 浸渍量对汞吸附性能的影响

测定了 $FeCl_3$ 改性活性碳纤维在不同担载量下的对汞吸附量的影响，结果如图 10-27 所示。

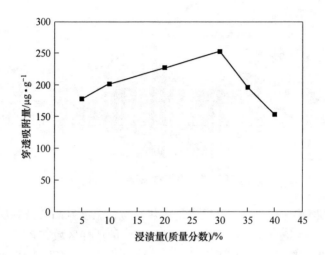

图 10-27 $FeCl_3$ 浸渍量对汞吸附量的影响

由图 10-27 可见 $FeCl_3$ 改性活性碳纤维对汞的吸附量随着 $FeCl_3$ 担载量的增加而增加，而后又随着担载量的增加而减小，当担载量为 30% 时，吸附量达到最大，约 250μg/g。$FeCl_3$ 改性活性碳纤维对汞的吸附过程中发生了化学吸附，增加 $FeCl_3$ 的担载量有利于汞的吸附，但并非 $FeCl_3$ 的担载量越高越有利，活性碳纤维在负载 $FeCl_3$ 过程中，随着 $FeCl_3$ 担载量的增加，有序的石墨微晶不断受到破坏，可能会使活性碳纤维的孔道结构遭到破坏，比表面积下降，还可能使活性碳纤维的导电性能和电子传递能力下降，进而影响到其表面的氧化还原能力，使氧化还原能力下降，这样对汞的吸附又是不利的。因此，应选用适当浸渍量来改性处理活性碳纤维，才能获得有效除汞的吸附剂。

10.4.5 吸附温度对汞吸附性能的影响

测定了 $FeCl_3$ 改性活性碳纤维在不同吸附温度下的对汞吸附量的影响，结果如图 10-28 所示。由图 10-28 可知，随着反应温度的升高，$FeCl_3$ 改性活性碳纤维对汞的吸附量逐渐降低，吸附能力减弱。

温度是影响物理吸附和化学吸附很重要的因素，汞在活性碳纤维表面上的吸附首先发生的是物理吸附，物理吸附的吸附能力是随着温度升高而下降的，物理吸附的汞数目减少，与 $FeCl_3$ 发生反应的汞的数目也会相应减少；再者，Hg^0 与

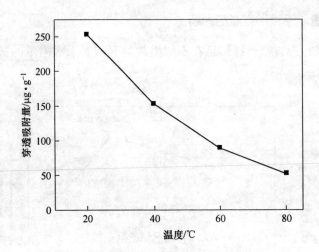

图 10-28 吸附温度对汞吸附量的影响

Cl 的反应在室温下就能进行，且反应是放热反应，温度升高会抑制反应进行，低温更有利于反应发生；活性碳纤维表面吸附 Hg^0 的活性区域在较高温度时减损和钝化也会导致其吸附能力的下降。因此，温度升高会使 $FeCl_3$ 改性活性碳纤维对汞的吸附能力下降。

参 考 文 献

[1] 黎洪亮. 纳米碳纤维薄膜的制备与表征 [D]. 青岛：青岛科技大学，2014.

[2] 聂松，陈建，曾宪光，等. 特殊结构螺旋纳米碳纤维的制备及电化学性能 [J]. 化工新型材料，2017（2）：85~87，90.

[3] 李宁，寇开昌，晁敏，等. 螺旋纳米碳纤维的研究进展 [J]. 材料导报，2011（17）：89~92，100.

[4] 李正一. 木质素基纳米碳纤维的制备及电化学性能研究 [D]. 天津：天津工业大学，2018.

[5] 卢建建，应宗荣，刘信东，等. 静电纺丝法制备交联多孔纳米碳纤维膜及其电化学电容性能 [J]. 物理化学学报，2015，31（11）：87~96.

[6] 任娇，金永中，陈建，等. 前驱体法制备螺旋纳米碳纤维及性能研究 [J]. 化工新型材料，2018，46（7）：256~259.

[7] 廖建军. 电纺法制备过渡金属氧化物/纳米碳纤维复合材料及其电化学性能 [D]. 厦门：厦门大学，2016.

[8] 吴元强，许宁，陆振乾，等. 静电纺丝设备的研究进展 [J]. 合成纤维工业，2018，41（6）：52~57.

[9] 王紫君，朱贻安，成洪业，等. 鱼骨式纳米碳纤维的微观结构研究 [J]. 石油化工，2016，45（9）：1037~1042.

[10] 陈燕. CeO_2-Fe_2O_3/ACF 催化剂低温选择性催化还原烟气中 NO_x 的研究 [D]. 长沙：湖南大学，2009.

[11] 李甫，康卫民，程博闻，等. 负载银中空纳米碳纤维的制备及电化学性能 [J]. 材料工程，2016，44（11）：56~60.

[12] 韩丹辉，王艳芝，梁宝岩，等. ZnO/PAN 基纳米碳纤维膜的制备及其光催化性能的研究 [J]. 合成纤维工业，2017，40（6）：43~46.

[13] 贾冰. 负载型碳纤维催化剂的制备及其对甲苯催化燃烧性能的研究 [D]. 北京：北京化工大学，2016.

[14] 何一涛，王鲁香，贾殿赠，等. 静电纺丝法制备煤基纳米碳纤维及其在超级电容器中的应用 [J]. 高等学校化学学报，2015，36（1）：157~164.

[15] 夏久林. 多孔木素/醋酸纤维素基微纳米碳纤维的制备及功能化应用 [J]. 中国造纸，2019（7）：42~48.

[16] 盛凤翔. 活性炭纤维负载钴酞菁催化氧化有机污染物的研究 [D]. 杭州：浙江理工大学，2011.

[17] 徐威，夏磊，周兴海，等. 纺丝工艺及预氧化条件对离心纺聚丙烯腈基纳米碳纤维的影响 [J]. 纺织学报，2016，37（2）：7~12.

[18] 张晓星，刘恒，张英，等. 同轴电纺法制备纳米空心碳纤维 [J]. 高电压技术，2015，41（2）：403~409.

[19] 殷求义. 吸附法脱除模拟烟气中气态汞的研究 [D]. 大连：大连理工大学，2011.

[20] 钮东方，丁勇，马智兴，等. 纳米碳纤维的表面改性对水电解析氢反应催化活性的影响

[J]. 化学学报, 2015, 73 (7): 729~734.

[21] 苏薇薇, 李英琳, 徐磊. 分级多孔聚丙烯腈/聚甲基丙烯酸甲酯纳米碳纤维的制备及结构研究 [J]. 化工新型材料, 2017 (12): 100~102.

[22] 高占明. 纳/微米炭材料吸附去除水中重金属离子的基础研究 [D]. 大连: 大连理工大学, 2009.

[23] 姜锦锦, 刘建平, 林浩强, 等. 水辅助制备螺旋结构纳米碳纤维若干影响因素的研究 [J]. 炭素, 2015 (1): 30~35.

[24] 惠旭. 电泳沉积法制备碳纤维基多尺度微纳米复合电极 [D]. 南京: 南京理工大学, 2017.

[25] 王紫君. 螺旋锥形鱼骨式纳米碳纤维的微观结构及其稳定性研究 [D]. 上海: 华东理工大学, 2016.

[26] 龚勇. 螺旋纳米碳纤维在锂离子电池负极中的应用研究 [D]. 自贡: 四川理工学院, 2015.

[27] 武光顺. 碳纤维表面纳米结构修饰及其 MPSR 复合材料性能研究 [D]. 哈尔滨: 哈尔滨工业大学, 2016.

[28] 喻伯鸣. 木质素基碳铁复合纳米碳纤维在超级电容器电极材料的应用 [D]. 广州: 华南理工大学, 2018.

[29] 贺海军. 静电纺丝法制备聚丙烯腈基纳米碳纤维及过程机理研究 [D]. 西安: 西安工程大学, 2017.

[30] 王旭东. 碳纤维表面多功能涂层的制备及其增强羟基磷灰石复合材料的研究 [D]. 西安: 陕西科技大学, 2017.

[31] 燕迎春. 复合 PAN 基纳米活性碳纤维的制备及低浓度 SO_2 吸附性能 [D]. 大连: 大连交通大学, 2012.

[32] 李建斐. 基于 Fe_3C/炭纳米纤维催化剂电催化降解有机砷研究 [D]. 天津: 河北工业大学, 2015.

[33] Xin Zhao, Xiaofei Ma, Pengwu Zheng. The preparation of carboxylic-functional carbon-based nanofibers for the removal of cationic pollutants [J]. Chemosphere, 2018, 202: 298~305.

[34] Krzyszt of Kuśmierek. The removal of chlorophenols from aqueous solutions using activated carbon adsorption integrated with H_2O_2 oxidation [J]. Reaction Kinetics Mechanisms & Catalysis, 2016, 119 (1): 19~34.

[35] Ali Moayeri, Abdellah Ajji. High Capacitance Carbon Nanofibers from Poly (acrylonitrile) and Poly (vinylpyrrolidone)-Functionalized Graphene by Electrospinning [J]. Journal of Nanoscience & Nanotechnology, 2017, 17 (3): 1820~1829.

[36] Xin Wu, Zhen Liu, Jianhuang Zeng, et al. Platinum Nanoparticles on Interconnected Ni_3P/Carbon Nanotube-Carbon Nanofiber Hybrid Supports with Enhanced Catalytic Activity for Fuel Cells [J]. Chemelectrochem, 2017, 4 (1): 109~114.

[37] Jiang, Xin. CVD growth of carbon nanofibers [J]. Physica Status Solidi, 2014, 211 (12): 2679~2687.

[38] Cansu Boruban, Emren Nalbant Esenturk. Activated carbon-supported CuO nanoparticles: a hy-

brid material for carbon dioxide adsorption [J]. Journal of Nanoparticle Research, 2018, 20 (3): 59.

[39] Andrey N. Zagoruiko, Shinkarev Vasiliy, Kuvshinov Gennady. Kinetics of H_2S selective oxidation by oxygen at the carbon nanofibrous catalyst [J]. Reaction Kinetics Mechanisms & Catalysis, 2018, 123 (2): 1～15.

[40] Zhiming Zhao, Yingjie Hua, Chenghang You, et al. Coconut-based bacterial cellulose carbon nanofibers [J]. Materials Research Innovations, 2016, 21 (2): 1～6.

[41] Norli Abdullah, Imran Syakir Mohamad, Sharifah Bee Abd Hamid. Removal of Iron, Manganese and Boron from Industrial Effluent Water Using Carbon Nanofibers [J]. Advanced Materials Research, 2015, 1109: 158～162.

[42] Mathana Wongaree, Siriluk Chiarakorn, Surawut Chuangchote, et al. Photocatalytic performance of electrospun CNT/TiO_2 nanofibers in a simulated air purifier under visible light irradiation [J]. Environmental Science & Pollution Research, 2016, 23 (21): 1～12.

[43] Wang G, Ren W, Tan H R, et al. Carbon Nanoparticles Modified Multi-Wall Carbon Nanotube with Fast Adsorption Kinetics for Water Treatment [J]. Nanotechnology: 2016, 28 (8): 085703.

[44] Kamran Zarrini, Rahimi Abd Allah, Farzaneh Alihosseini, et al. Highly efficient dye adsorbent based on polyaniline-coated nylon-6 nanofibers [J]. Journal of Cleaner Production, 2016, 142: 3645～3654.

[45] Xiaotian Zhang, Donghai Lin, Weixing Chen. Nitrogen-doped porous carbon prepared from liquid carbon precursor for CO_2 adsorption [J]. Rsc Advances, 2015, 5 (56): 45136～45143.

[46] Foteini Giannakopoulou, Constantina Haidouti, Dionisios Gasparatos, et al. Characterization of multi-walled carbon nanotubes and application for Ni^{2+} adsorption from aqueous solutions [J]. Desalination & Water Treatment, 2016, 57 (25): 11623～11630.

[47] Chen Aibing, Yu Yifeng, Zang Wenwei, et al. Nitrogen-doped Porous Carbon for CO_2 Adsorption [J]. Journal of Inorganic Materials, 2015, 30 (1): 9～16.

[48] Laurila T, Sainio S. The role of extra carbon source during the pre-annealing stage in the growth of carbon nanofibers [J]. Carbon: 2016, 100: 351～354.

[49] Serp P, Corrias M, Kalck P. Carbon nanotubes and nanofibers in catalysis [J]. Applied Catalysis A: General, 2004, 253 (2): 337～358.

[50] Chen J, Yu D, Liao W, et al. WO_3-X nanoplates grown on carbon nanofibers for an efficient electrocatalytic hydrogen evolution reaction. [J]. Journal of Materials Chemistry A, 2015, 3 (35): 18132～18139.

[51] M. X. Wang, Z. Y. Guo, Z. H. Huang, et al. Preparation of porous carbon nanofibers with controllable pore structures for low-concentration NO removal at room temperature [J]. New Carbon Materials, 2016, 31 (3): 277～286.

[52] Norshafiqah Mohamad Saidi, Noor Azilah Mohd Kasim, Mohd Junaedy Osman, et al. The Influences of Chemical and Mechanical Treatment on the Morphology of Carbon Nanofibers [J].

Solid State Phenomena, 2017, 264: 107～111.

[53] Zharkova G M, Streltsov S A, Podyacheva O Yu. Structured liquid-crystal composites doped with carbon nanofibers [J]. Journal of Optical Technology C/c of Opticheskii Zhurnal, 2015, 82 (4): 252.

[54] Li F, Kang W M, Cheng B W, et al. Preparation and Electrochemical Properties of Silver Doped Hollow Carbon Nanofibers [J]. Journal of Materials Engineering, 2016, 44 (11): 56～60.

[55] Qing Han, Bing Wang, Jian Gao, et al. Graphitic Carbon Nitride/Nitrogen-Rich Carbon Nanofibers: Highly Efficient Photocatalytic Hydrogen Evolution without Cocatalysts [J]. Angewandte Chemie International Edition, 2016, 55 (36): 11007～11011.

[56] Xiang Qi, Zongyu Huang, Jianxin Zhong. Effect of Spark Plasma Sintering Pressure on the Microstructure of Carbon Nanofibers [J]. Fullerene Science & Technology, 2015, 23 (6): 513～517.

[57] Xin Zhang, Shao Changlu, Li Xinghua, et al. In_2S_3/carbon nanofibers/Au ternary synergetic system: hierarchical assembly and enhanced visible-light photocatalytic activity. [J]. Journal of Hazardous Materials, 2015, 283 (17): 599～607.

[58] Suslova E, Chernyak S, Egorov A, et al. CO hydrogenation over cobalt-containing catalysts [J]. Kinetics & Catalysis, 2015, 56 (5): 646～654.

[59] Wang D, Li Y, Puma G L, et al. Dye-sensitized photoelectrochemical cell on plasmonic Ag/AgCl @ chiral TiO_2 nanofibers for treatment of urban wastewater effluents, with simultaneous production of hydrogen and electricity [J]. 2015, 168～169: 25～32.

[60] Nabeel Jarrah. Nitrite hydrogenation over palladium-carbon nanofiber foam: a parametric study using factorial design of experiments [J]. Reaction Kinetics Mechanisms & Catalysis, 2018, 125 (1): 1～15.

[61] Corinne Jacqueline Hofer, Robert N Grass, Elia Michael Schneider, et al. Water dispersible surface-functionalized platinum/carbon nanorattles for size-selective catalysis [J]. Chemical Science, 2017, 9 (2): 362.

[62] John W F To, Jia Wei Desmond Ng, Samira Siahrostami, et al. High-performance oxygen reduction and evolution carbon catalysis: From mechanistic studies to device integration [J]. Nano Research, 2017, 10 (4): 1163～1177.

[63] To J W F, Jia W D N, Siahrostami S, et al. High-performance oxygen reduction and evolution carbon catalysis: From mechanistic studies to device integration [J]. Nano Research, 2016, 10 (4): 1～15.

[64] Bingfeng Chen, Fengbo Li, Zhijun Huang, et al. Carbon-coated Cu-Co bimetallic nanoparticles as selective and recyclable catalysts for production of biofuel 2, 5-dimethylfuran [J]. Applied Catalysis B Environmental, 2016, 200: 192～199.

[65] Qing Xin, Yi Zhang, Zhongjian Li, et al. Mn/Ti-doped carbon xerogel for efficient catalysis of microcystin-LR degradation in the water surface discharge plasma reactor [J]. Environmental Science & Pollution Research International, 2015, 22 (21): 17202～17208.

[66] Hongying Zhao, Ying Chen, Qiusheng Peng, et al. Catalytic activity of MOF (2Fe/Co)/carbon aerogel for improving H_2O_2 and OH generation in solar photo-electro-Fenton process [J]. Applied Catalysis B Environmental, 2017, 203: 127 ~ 137.

[67] Liwen Ji, Zhan Lin, Andrew J Medford, et al. Porous carbon nanofibers from electrospun polyacrylonitrile/SiO_2 composites as an energy storage material [J]. Carbon, 47 (14): 3346 ~ 3354.

[68] Mordkovich V Z. Carbon Nanofibers: A New Ultrahigh-Strength Material for Chemical Technology [J]. Theoretical Foundations of Chemical Engineering, 2003, 37 (5): 429 ~ 438.

[69] Liu Q, Cui Z M, Ma Z, et al. Highly Active and Stable Material for Catalytic Hydrodechlorination Using Ammonia-Treated Carbon Nanofibers as Pd Supports [J]. Journal of Physical Chemistry C, 112 (4): 1199 ~ 1203.

[70] Ashfaq M, Verma N, Khan S. Copper/Zinc bimetal nanoparticles-dispersed carbon nanofibers: A novel potential antibiotic material [J]. 2016, 59: 938 ~ 947.